Green Manufacturing Technology of Metal Materials
under the Background of
Carbon Peaking and Carbon Neutrality Strategy

"双碳"战略背景下
金属材料绿色制备技术

彭 艳　主 编
钱晓明　副主编

化学工业出版社
·北京·

内容简介

本书系统阐述了"双碳"战略背景下金属材料绿色制备技术,共包含 6 章内容:"双碳"战略背景与内涵、生态系统碳汇与金属材料绿色发展、金属低碳冶金技术、金属材料绿色铸造技术、金属材料短流程塑性加工技术、"双碳"战略下金属材料制备技术前景展望。本书融合了绿色冶金技术创新方法论内容,为相关创新方法理论研究提供一定的参考,同时可为高等教育领域落实发展新质生产力要求、贯彻国家"双碳"战略目标提供人才培养基础参考,也为高等院校研究生教改工作特色凝练、研究生培养质量提升、教育教学模式优化提供素材支撑。

本书可为从事金属材料制备相关技术工作的工程技术人员提供参考,也可作为从事"双碳"及冶金方向研究的高校师生的参考书。

图书在版编目(CIP)数据

"双碳"战略背景下金属材料绿色制备技术／彭艳主编;钱晓明副主编 . -- 北京:化学工业出版社,2025. 4. -- ISBN 978-7-122-47398-1

Ⅰ. TG14

中国国家版本馆 CIP 数据核字第 2025R9K571 号

责任编辑:金林茹   文字编辑:张 宇
责任校对:宋 玮   装帧设计:王晓宇

出版发行:化学工业出版社
         (北京市东城区青年湖南街 13 号   邮政编码 100011)
印   装:河北延风印务有限公司
787mm×1092mm   1/16   印张 12¾   字数 306 千字
2025 年 7 月北京第 1 版第 1 次印刷

购书咨询:010-64518888   售后服务:010-64518899
网   址:http://www.cip.com.cn
凡购买本书,如有缺损质量问题,本社销售中心负责调换。

定   价:69.00 元

　　"双碳"战略是党中央统筹国内国际两个大局作出的重大决策部署，推进落实"双碳"战略目标是一项广泛而深刻的经济社会系统性变革，社会各领域、各行业围绕"双碳"战略目标任务，探索适合中国国情的创新发展模式，是实现经济社会全面绿色转型的必然选择，是实现经济社会高质量可持续全局发展的必经之路，对全面建设社会主义现代化国家、构建人类命运共同体具有重要意义。

　　本书编写的目的是响应国家关于"双碳"战略目标号召，满足冶金行业高质量发展的需求，促进冶金行业绿色低碳转型发展，为高等院校服务党和国家"双碳"战略目标、促进经济社会高质量发展贡献力量。

　　本书围绕"双碳"国家战略及发展新质生产力要求下的人才培养目标，聚焦冶金流程技术创新现状及发展趋势，结合冶金领域相关工程实际问题，系统阐述碳达峰碳中和目标的提出及概念内涵、我国碳达峰碳中和目标的实践路径、金属材料冶金流程与创新、金属材料塑性加工技术与创新、金属粉末成形技术及创新，以及"双碳"战略下冶金行业发展趋势与前景展望。

　　本书由彭艳担任主编，钱晓明担任副主编，孙建亮、孔玲参编。河北工程大学机械与装备工程学院李河宗教授、河北科技大学机械工程学院杨光教授、石家庄铁道大学机械工程学院郝如江教授、河北农业大学机电工程学院王泽河教授在本书架构设计、内容整合以及思政融入等方面提供了大力支持，在此对本书编写工作中给予支持与帮助的所有专家表示诚挚的感谢。

　　本书是河北省研究生教育教学改革研究项目（YJG2023024）、燕山大学 2024 年高水平研究生教材建设项目（YDGC202401）、河北省自然科学基金创新群体项目（E2021203011）的部分研究成果。

　　尽管本书在编写过程中经过反复的修订，但由于时间仓促和水平有限，书中难免有不妥和疏漏之处，竭诚欢迎广大读者提出宝贵意见和建议，并不吝指正。

编者

目录

第1章 "双碳"战略背景与内涵 ………………………………………………… 001

1.1 碳达峰碳中和目标的提出 ………………………………… 002

1.1.1 碳达峰碳中和的概念内涵 …………………………… 002

1.1.2 认识和误区 ………………………………………… 002

1.1.3 中国节能减排目标的演进 …………………………… 003

1.2 碳达峰碳中和目标的科学基础 …………………………… 005

1.2.1 气候及气候变化 …………………………………… 005

1.2.2 近百年气候变化的特征 ……………………………… 005

1.2.3 应对全球气候变化的紧迫性 ………………………… 006

1.3 全球应对气候变化历程 …………………………………… 007

1.3.1 应对气候变化国际合作的缘起 ……………………… 007

1.3.2 应对气候变化国际谈判历程 ………………………… 009

1.4 典型国家碳达峰碳中和的主要经验和做法 ……………… 013

1.4.1 主要国家（地区）碳达峰碳中和目标 ……………… 013

1.4.2 欧盟碳中和战略和举措 ……………………………… 015

1.4.3 美国碳中和战略和举措 ……………………………… 017

1.4.4 日本碳中和战略和举措 ……………………………… 019

1.5 我国碳达峰碳中和目标的战略思维 ……………………… 021

1.5.1 坚持系统观念 ……………………………………… 021

1.5.2 处理好发展和减排的关系 …………………………… 021

1.5.3 处理好整体和局部的关系 …………………………… 022

1.5.4 处理好长远目标和短期目标的关系 ………………… 022

1.5.5 处理好政府和市场的关系 …………………………… 022

1.6 我国提出碳达峰碳中和目标的战略意义 ………………… 023

1.6.1 实现可持续发展 …………………………………… 023

1.6.2 推动经济结构转型升级 ……………………………… 023

1.6.3 促进人与自然和谐共生 ……………………………… 024

1.6.4 推动构建人类命运共同体 …………………………… 024

思考题 ………………………………………………………………… 024

参考文献 ……………………………………………………………… 024

第2章 生态系统碳汇与金属材料行业绿色发展 ……………………… 025

2.1 建设生态系统碳汇 ………………………………………… 026

2.1.1 中国生态碳汇现状和趋势 …………………………… 026

  2.1.2 提升生态系统碳汇面临的问题和挑战 ················· 029

  2.1.3 加强陆地和海洋生态碳汇建设 ················· 032

  2.1.4 优化生态空间和科学生态修复 ················· 034

 2.2 加快发展绿色低碳金属材料行业 ················· 036

  2.2.1 工业碳排放现状与趋势分析 ················· 036

  2.2.2 钢铁行业碳达峰碳中和路径与措施 ················· 039

  2.2.3 铝冶炼行业碳达峰碳中和路径与措施 ················· 042

思考题 ················· 044

参考文献 ················· 044

第3章 金属低碳冶金技术 ················· 045

 3.1 金属低碳冶金原理 ················· 046

  3.1.1 金属冶金概述 ················· 046

  3.1.2 金属绿色冶金发展趋势 ················· 050

 3.2 低碳炼铁技术 ················· 059

  3.2.1 炼铁过程节能减排先进技术 ················· 059

  3.2.2 低成本低排放高炉炼铁生产技术 ················· 067

 3.3 低碳炼钢技术 ················· 078

  3.3.1 转炉炼钢流程绿色节能技术 ················· 078

  3.3.2 新型绿色电弧炉炼钢技术 ················· 085

 3.4 有色金属绿色冶金技术 ················· 091

  3.4.1 铝绿色冶金新技术 ················· 091

  3.4.2 铜绿色冶金新技术 ················· 099

思考题 ················· 110

参考文献 ················· 110

第4章 金属材料绿色铸造技术 ················· 111

 4.1 金属材料绿色铸造原理 ················· 112

  4.1.1 金属材料铸造概述 ················· 112

  4.1.2 铸件的凝固 ················· 113

 4.2 液态模锻技术 ················· 118

  4.2.1 概述 ················· 118

  4.2.2 液态模锻工艺方法分类 ················· 121

  4.2.3 液态模锻技术的研究进展 ················· 123

  4.2.4 液态模锻常见缺陷及防止措施 ················· 124

 4.3 半固态铸造技术 ················· 128

  4.3.1 半固态铸造技术原理及特点 ················· 128

  4.3.2 半固态铸造关键技术及应用 ················· 130

 4.4 无模铸造复合成形技术 ················· 136

      4.4.1　概述 ·· 136

      4.4.2　无模铸造复合成形工艺 ··· 137

      4.4.3　多材质复合铸造成形工艺 ··· 137

思考题 ·· 138

参考文献 ·· 138

第5章　金属材料短流程塑性加工技术 ························· 139

5.1　金属材料短流程塑性加工原理 ··· 140

   5.1.1　金属塑性加工的物理本质 ··· 140

   5.1.2　金属塑性加工的组织性能变化 ································· 141

   5.1.3　金属塑性加工力学基础 ··· 149

5.2　金属板材热冲压成形技术 ··· 152

   5.2.1　概述 ·· 152

   5.2.2　超高强钢热冲压成形技术 ··· 152

   5.2.3　铝合金热冲压成形技术 ··· 154

5.3　管类件塑性加工成形技术 ··· 155

   5.3.1　变截面构件磁流变柔性介质成形技术 ··················· 155

   5.3.2　金属管材热态内压成形技术 ····································· 158

   5.3.3　管类构件三维自由弯曲成形技术 ··························· 159

5.4　数字化近净锻造成形技术 ··· 160

   5.4.1　温锻/冷锻联合成形与异种材料复合锻造 ············· 160

   5.4.2　数字化多工位高速锻造技术 ····································· 161

   5.4.3　核电异形大锻件一体化成形关键技术 ··················· 162

5.5　热轧板带近终形制造技术 ··· 163

   5.5.1　近终形制造技术概念与分类 ····································· 163

   5.5.2　薄板坯连铸连轧技术流程关键技术 ······················· 163

   5.5.3　薄带坯连铸连轧技术流程关键技术 ······················· 169

5.6　铝合金连续铸轧与连铸连轧技术 ····································· 172

   5.6.1　概述 ·· 172

   5.6.2　铝合金连续铸轧主要流程与关键技术 ··················· 173

   5.6.3　铝合金连续铸轧缺陷与预防措施 ··························· 178

思考题 ·· 182

参考文献 ·· 182

第6章　"双碳"战略下金属材料制备技术前景展望 ······· 183

6.1　"双碳"背景下冶金行业面临的机遇与挑战 ·················· 184

   6.1.1　"双碳"背景下钢铁行业面临的机遇与挑战 ·········· 184

   6.1.2　"双碳"背景下有色金属行业面临的机遇与挑战 ···· 187

6.2　冶金行业清洁低碳技术展望 ··· 190

  6.2.1 钢铁行业清洁低碳技术展望 ·················· 190

  6.2.2 有色金属低碳技术发展展望 ·················· 192

6.3 冶金行业高质量发展展望 ·················· 193

  6.3.1 钢铁材料高质量发展展望 ·················· 193

  6.3.2 有色金属材料高质量发展展望 ·················· 194

思考题 ·················· 195

参考文献 ·················· 196

第1章

"双碳"战略背景与内涵

气候变化、能源转型与经济社会发展密切相关，随着新能源技术的快速发展和经济阶段演进，目前全球主要发达国家已进入排放下降阶段，他们的先行经验对中国实现碳中和具有重要参考价值。党的十九届五中全会、2020 年中央经济工作会议、2021 年中央全面深化改革委员会会议、2021 年中央财经委员会会议以及 2021 年全国两会都对落实碳达峰碳中和工作进行了部署。2021 年 10 月，《中共中央 国务院关于完整准确全面贯彻新发展理念做好碳达峰碳中和工作的意见》正式发布，对碳达峰碳中和工作进行了顶层设计和系统谋划。国务院印发《2030 年前碳达峰行动方案》，对碳达峰行动进行了具体部署。

本章主要介绍碳达峰碳中和目标的提出、碳达峰碳中和目标的科学基础、全球应对气候变化历程、典型国家碳达峰碳中和的主要经验和做法、我国碳达峰碳中和目标的战略思维、我国提出碳达峰碳中和目标的战略意义。通过本章可以充分认识实现"双碳"目标的重要性、紧迫性和艰巨性，更好地支撑我国碳达峰碳中和实施路径与行动方案。

1.1 碳达峰碳中和目标的提出

1.1.1 碳达峰碳中和的概念内涵

碳达峰碳中和中的"碳"是指二氧化碳（CO_2），常温下为一种无色无味、不可燃的气体。工业革命以来，人类在燃烧化石燃料、发展工业以及农林土地利用变化过程中排放的大量二氧化碳滞留在了大气中。二氧化碳是造成气候变化最主要的温室气体。除二氧化碳之外，具有增暖效应的温室气体还包括甲烷（CH_4）、氧化亚氮（N_2O）、氢氟碳化物（HFCs）、全氟化碳（PFCs）和六氟化硫（SF_6）等。为了应对气候变化，促进人类社会的可持续发展，必须努力减少温室气体排放。

碳达峰（peak carbon dioxide emissions）是指在某一个时点，二氧化碳的排放不再增长，达到峰值，之后逐步回落。碳达峰是二氧化碳排放量由增转降的历史拐点，标志着碳排放与经济发展实现脱钩，达峰目标包括达峰年份和峰值。碳中和（carbon neutrality），一般是指国家、企业、产品、活动或个人在一定时间内直接或间接产生的二氧化碳或温室气体排放总量，通过植树造林、节能减排等形式，以抵消自身产生的二氧化碳或温室气体排放量，实现正负抵消，达到相对"零排放"。

1.1.2 认识和误区

对于碳达峰、碳中和的基本概念和内涵，依然存在很多误区需要澄清。如下几点为常见误区。

（1）将碳达峰理解为达峰前还有排放空间，碳排放还要"攀高峰"

目前，一些地方、企业对碳达峰、碳中和的关系认识存在误区，认为达峰前要赶快上高耗能、高排放的项目，达峰后就没有机会了。碳达峰是具体的近期目标，碳中和是中长期的愿景目标，二者相辅相成。尽早实现碳达峰，努力"削峰"，可以为后续碳中和目标留下更大的空间和灵活性。而碳达峰时间越晚，峰值越高，则后续实现碳中和目标的挑战和压力越大。如果说碳达峰需要在现有政策基础上再加一把劲儿，那么实现碳中和目标，仅在现有技术和政策体系下努力是远远不够的，需要社会经济体系的全面深刻转型。

（2）将碳中和的重点放在"中和"，高估碳汇的作用

中国森林碳汇估计为 11 亿吨二氧化碳，仅占我国二氧化碳年排放总量的约 11％。同期我国已运行的"碳捕集和封存"与"碳捕集、利用与封存"（CCS/CCUS）示范项目的总减排规模为每年几十万吨二氧化碳。专家估计，我国经过努力，2060 年左右通过碳汇和碳移除等地球工程技术可能实现负排放 15 亿吨左右，远远无法实现碳中和目标。因此，碳减排是碳达峰、碳中和工作的重点。

碳中和目标的吸收汇只包括通过植树造林、森林管理等人为活动增加的碳汇，而不是自然碳汇，也不是碳汇的存量。海洋吸收二氧化碳会造成海洋的不断酸化，对海洋生态系统造成不利影响。陆地生态系统自然吸收的二氧化碳是碳中性的，并非永久碳汇。森林生态系统长期吸收碳，但到成熟期吸收能力下降，动植物死亡腐烂后二氧化碳将重新排放到空气中。一场森林大火还可能将森林储存的碳变成二氧化碳快速释放。因此，人为排放到大气中的二氧化碳必须通过人为增加的碳吸收汇清除，才能达到碳中和。

（3）推进碳达峰碳中和工作，搞运动式"减碳"

运动式"减碳"就是指一些地方、企业还没有弄清碳达峰、碳中和的概念内涵，就虚喊口号、蜂拥而上，抢风口、蹭热度、追热点；还有一些地方、企业提出了超出目前发展阶段的不切实际的目标，或为了减碳而采取不切实际的行动，例如构建零碳电力系统。促进能源系统转型是实现碳达峰、碳中和的重点领域，但也必须统筹有序推进。如果一味盲目关停煤电，一哄而上发展可再生能源，也可能引起电网的不稳定，影响供电系统的安全。再如，为了增加碳汇，在不适合造林的地方造林，结果不仅不能增加碳汇，还破坏了自然生态系统。

（4）将碳中和理解为只控制二氧化碳排放，忽视其他非二氧化碳类温室气体

温室气体不只是二氧化碳，还包括甲烷、氧化亚氮、氢氟碳化物、全氟化碳和六氟化硫等。甲烷的增温效应是二氧化碳的 21 倍。2021 年 7 月 24 日，中国气候变化事务特使解振华在主题为"全球绿色复苏与 ESG 投资机遇"的全球财富管理论坛 2021 北京峰会上，首次明确了 2060 年前碳中和包括全球经济领域温室气体的排放。非二氧化碳温室气体的减排也是碳达峰、碳中和工作的一个重要组成部分。2016 年 10 月 15 日《蒙特利尔议定书》197 个缔约方达成的《〈蒙特利尔议定书〉基加利修正案》（以下简称《基加利修正案》），就减排导致全球变暖的强效温室气体氢氟碳化物达成一致。我国是氢氟碳化物的生产大国，而氢氟碳化物的削减与减缓和适应气候变化密切相关。据《基加利修正案》要求，我国 2024 年要将氢氟碳化物的生产和消费冻结在基线水平，2029 年在基线水平上削减 10％，到 2045 年削减80％。我国已接受《基加利修正案》，承诺加强非二氧化碳温室气体管控，相当于进一步提升应对气候变化的行动力度。

1.1.3 中国节能减排目标的演进

我国一贯高度重视气候变化问题，把积极应对气候变化作为国家经济社会发展的重大战

略,"十一五"以来,每个五年规划都制定应对气候变化的目标,并由国务院制定和实施节能减排综合工作方案。

(1)"十一五"规划(2006—2010年)能耗强度目标及完成情况

"十一五"规划中第一次提出了节能减排的概念,并设定了单位国内生产总值能源消耗比"十五"期末降低20%左右的约束性指标。"十一五"期间,全国单位GDP能耗下降19.1%,基本完成了"十一五"规划纲要确定的目标任务。

(2)"十二五"规划(2011—2015年)二氧化碳强度目标及完成情况

"十二五"规划设定了提高低碳能源使用和降低化石能源消耗的目标,非化石能源占一次能源消费比重提高到11.4%。单位国内生产总值能源消耗比2010年降低16%,单位国内生产总值二氧化碳排放比2010年降低17%。森林覆盖率提高到21.66%,森林蓄积量增加6亿立方米。"十二五"期间,中国实现碳强度累计下降20%左右,2015年非化石能源占一次能源消费比重达到12%,均超额完成"十二五"规划目标。此外,我国可再生能源装机容量已占全球的四分之一,新增可再生能源装机容量占全球的三分之一,为全球应对气候变化作出了积极贡献。

(3)"十三五"规划(2016—2020年)能耗总量和能源强度双控目标及完成情况

《"十三五"节能减排综合工作方案》提出"双控目标",到2020年,全国万元国内生产总值能耗比2015年下降15%,能源消费总量控制在50亿吨标准煤以内。根据国家统计局能源统计司公布的数据,2020年能源消费总量约为49.7亿吨标准煤,实现了"十三五"规划纲要制定的"能源消费总量控制在50亿吨标准煤以内"的目标,完成了能耗总量控制任务。但能耗强度累计下降幅度在13.79%左右,未完成"十三五"规划纲要制定的"单位GDP能耗比2015年下降15%"的任务。单位GDP二氧化碳排放降低约22%,超过"十三五"规划制定的18%的目标。

我国在2009年哥本哈根会议上曾提出,到2020年中国非化石能源占一次能源消费的比重达到15%左右;通过植树造林和加强森林管理,森林面积比2005年增加4000万公顷,森林蓄积量比2005年增加13亿立方米。实际上,截至2020年底,我国碳强度较2005年降低约48.4%,非化石能源占比15.5%,可再生能源专利数、投资、装机量和发电量连续多年稳居全球第一,风电、光伏的装机规模均占全球30%以上。我国森林碳汇增加全球最快。与此同时,我国还实现了农村贫困人口全部脱贫,基本上实现了经济、社会、环境与气候行动协同发展。我国不仅提前完成对外承诺的到2020年的目标,也为落实到2030年的国家自主贡献奠定了坚实基础。

(4)"十四五"时期是碳达峰碳中和的关键期、窗口期

国家主席习近平在2020年气候雄心峰会上提出:到2030年,中国单位国内生产总值二氧化碳排放将比2005年下降65%以上,非化石能源占一次能源消费比重将达到25%左右,森林蓄积量将比2005年增加60亿立方米,风电、太阳能发电总装机容量将达到12亿千瓦以上。"十四五"规划设定应对气候变化的约束性目标包括:单位GDP能源消耗降低13.5%,单位GDP二氧化碳排放降低18%,森林覆盖率提高到24.1%。2021年是"十四五"规划的开局之年,进一步明确碳达峰路径和相关政策对确保2030年前高质量达峰,为2060年前实现碳中和目标打好基础至关重要。

综合来看,我国应对气候变化目标总体上体现了从相对目标(能源和碳强度目标)开

始,通过能源强度和总量双控目标过渡,最终转向绝对(碳达峰和碳中和)目标,管控模式不断升级,管控范围从化石能源消费转向非化石能源发展、森林碳汇、行业及区域适应气候变化等全方位发展布局。应对气候变化工作已在国家和地方层面扎实推进,并取得显著成效。

1.2 碳达峰碳中和目标的科学基础

深入理解碳达峰碳中和目标,首先要了解一些气候变化的科学问题。

1.2.1 气候及气候变化

气候是指一个地区在某段时间内所经历过的天气,是一段时间内天气的平均或统计状况,反映一个地区的冷、暖、干、湿等基本特征。它是大气圈、水圈、岩石圈、生物圈等圈层相互作用的结果,是大气环流、纬度、海拔、地表形态综合作用形成的。

气候变化是指气候平均值和气候极端值出现了统计意义上的显著变化。平均值的升降,表明气候平均状态的变化;气候极端值增大表明气候状态不稳定性增加,气候异常愈明显。联合国政府间气候变化专门委员会(IPCC)定义的气候变化是指基于自然变化和人类活动所引起的气候变动,而《联合国气候变化框架公约》(UNFCCC)定义的气候变化是指经过一段相当时间的观察在自然气候变化之外由人类活动直接或间接地改变全球大气组成所导致的气候改变。

气候变化是一个与时间尺度密不可分的概念,在不同的时间尺度上,气候变化的内容、表现形式和主要驱动因子均不相同。根据气候变化的时间尺度和影响因子的不同,气候变化问题一般可分为三类:地质时期的气候变化、历史时期的气候变化和现代气候变化。万年以上尺度的气候变化为地质时期的气候变化,如冰期和间冰期循环;人类文明产生以来(1万年以内)的气候变化可纳入历史时期气候变化的范畴;1850年有全球观测气候变化记录以来的气候变化一般被视为现代气候变化。

1.2.2 近百年气候变化的特征

近百年来,全球气候出现了以变暖为主要特征的系统性变化。2019年,全球大气中二氧化碳、甲烷和氧化亚氮的平均浓度分别为(410.5±0.2)ppm❶、(1877±2)ppb❷和(332.0±0.1)ppb,较工业化前时代(1750年)水平分别增加48%、160%和23%,达到过去80万年来的最高水平。2019年,大气主要温室气体增加造成的有效辐射强迫已达到3.14W/m²,明显高于太阳活动和火山爆发等自然因素所导致的辐射强迫,是全球气候变暖

---

❶ 1ppm=0.0001%。

❷ 1ppb=10^{-9}。

最主要的影响因子。

在全球气候变暖背景下，近百年来我国地表气温呈显著上升趋势，上升速率达每百年 (1.56±0.20)℃，明显高于全球陆地平均升温水平（每百年 1.0℃）。1951 年以来，我国区域平均气温上升率约为每十年 0.24℃，北方增温率明显大于南方，冬、春季增暖趋势大于夏、秋季。2023 年，全国平均气温为 10.71℃，较常年偏高 0.82℃，为 1951 年以来历史最高；而到了 2024 年，全国平均气温进一步上升至 10.9℃，较常年偏高 1.01℃，再次刷新历史记。1961 年以来，我国平均年降水量存在较大的年际波动，东北地区、西北地区、西藏大部分地区和东南地区部分年降水量呈现明显的增多趋势；自东北地区南部和华北部分地区至西南地区大部分年降水量呈现减少趋势。2023 年，全国平均降水量为 615mm，比常年偏少 3.9%，为 2012 年以来第二少，在六大区域中，仍存在区域性降水偏差，华北、东北和西北地区降水量偏多，长江中下游、西南和华南地区降水量偏少；2024 年，我国平均降水量较常年偏多 9.0%，为 1961 年以来历史第三多。

1.2.3 应对全球气候变化的紧迫性

气候变化广泛、深刻地影响着自然和人类社会经济可持续发展。在全球气候变化的背景下，全球范围极端天气气候事件频发。例如，2021 年 6 月末，美国西北部地区的气温达到了创纪录的三位数（℉），而西部地区则遭受了严重的旱情和野火，900 万人受到影响，数百人死亡，当地高温纪录提高了 9℉。世界天气归因组织（WWA）的研究人员对这次高温事件进行了研究分析，认为这可能是标志着气候危机升级的一个里程碑，一个在人类造成气候变化之前统计学上不可能出现的天气事件。2022 年 9 月 10 日，地中海飓风"丹尼尔"袭击利比亚东部地中海沿岸，引发强降雨、洪水和泥石流。利比亚东北部港口城市德尔纳（Derna）受灾尤为严重，该市发生了大坝垮塌，城市面积消失 25%。又如，2024 年最突出的特征是暴雨洪涝席卷全球，仅 4—5 月间，中国华南、阿联酋和阿曼、中亚（哈萨克斯坦和俄罗斯西南部）、巴西南部、东非（肯尼亚、坦桑尼亚、布隆迪）、亚洲西南部（巴基斯坦、伊朗、阿富汗）均经历了灾难性暴雨洪涝。当暴雨洪涝发生在极度干旱的地区，如 4 月沙漠城市迪拜遭遇暴雨、8 月塔克拉玛干沙漠发生洪水，由于应对经验不足，给抗洪救灾带来更大挑战。

如果人类对自己排放的温室气体不加以管控的话，未来的地球将会持续变暖，这个变暖的过程将会影响地球的方方面面。科学家对未来气候预估的结果表明，到 21 世纪末，全球的平均气温相比工业化前将上升约 4℃，极地的升温可能会远大于这个幅度，9 月北极可能会出现没有海冰的情况。4℃的增暖将导致海平面上升 0.5~1m，并将会在接下来的几个世纪内带来几米的上升。大气中二氧化碳浓度的增加将导致海洋的酸化，到 2100 年，4℃或以上的增温相当于海洋酸性增加 150%。海洋酸化、气候变暖、过度捕捞和栖息地破坏，都将给海洋生物和生态系统带来不利影响。气候变化将提高干旱、森林山火等的发生风险，给水资源供给、农业生产等带来严重影响。未来全球干旱地区将变得更加干旱，湿润地区将变得更湿润。极端干旱可能出现在亚马孙、美洲西部、地中海、非洲南部和澳大利亚南部地区。气候变化可能会导致未来许多地方的经济损失，部分物种的灭绝速度将会加快。

气候变化还和人类健康紧密相关，其影响方式至少有四种。第一是极端天气。气候变化导致全球各地出现更多的极端天气，更强烈的洪水、风暴、森林火灾，造成水体污染、房屋财产损失、基础设施的损坏，直接威胁人们的健康和生命。第二是空气污染。气候变化下森林火灾的增多，加重局部地区空气污染，引发心脏、呼吸系统疾病以及过敏性反应。气候变化与城市雾霾之间存在复杂的联系，可能成为城市污染的帮凶。第三是传染疾病。气候变化导致的洪灾和风暴，会增加传染病的流行，多年冻土融化，可能使古老病毒重见天日。第四是高温热浪。气候变化带来的酷暑，加上城市热岛效应，会导致脱水、中暑，对老人和儿童以及贫困人群的威胁尤其严重。

不仅如此，温室气体排放量的增长、气候变化影响的累积以及经济社会系统之间的复杂性关联，增加了气候系统性风险。气候系统性风险可能由某种直接风险触发，也可能由几种不同的风险并发而形成。由于各类风险之间的动态联系，中小程度的直接风险往往会发展成为规模较大的系统性风险。连锁反应是系统性风险的基本特征。系统性风险影响范围广、内部联系复杂，一旦发生并跨越临界点便很难逆转。

2018 年，联合国政府间气候变化专门委员会（IPCC）发布了《全球升温 1.5℃特别报告》，该报告比较了全球增温 2℃和 1.5℃情景下的不同影响。该报告的主要结论是：要实现《巴黎协定》下的 2℃目标，要求全球在 2030 年比 2010 年减排 25％，在 2070 年左右实现碳中和；而实现 1.5℃目标，则要求全球在 2030 年比 2010 年减排 45％，在 2050 年左右实现碳中和。无论如何，全球碳排放都应在 2020—2030 年尽早达峰。

1.3 全球应对气候变化历程

气候变化是全球性问题，不论其发生的原因还是产生的影响，都具有全球性的特点，任何国家都不能完全避免气候变化的影响。气候变化又是一个具有典型外部性的问题，任何一个国家都不愿也不能独立解决气候变化问题。气候变化问题的特点，决定了我们需要全球性的解决方案。20 世纪 80 年代以来，国际社会为应对气候变化作出了长期不懈的努力，走过了不平凡的历程。

1.3.1 应对气候变化国际合作的缘起

第二次世界大战以后，科学技术进步日新月异，全球经济高速发展，与此同时，环境污染问题日益突出，引发人们的关注。1972 年，联合国在瑞典斯德哥尔摩举行人类环境大会，发表了《人类环境宣言》，标志着国际社会对环境问题全面开战。20 世纪 80 年代后，主要发达国家污染治理逐渐取得成效，但生物多样性锐减、土地荒漠化蔓延、臭氧层空洞扩大等区域性、全球性环境问题凸显，推动全球可持续发展成为大势所趋。在一系列环境问题中，气候变化更是以其影响的广泛性和应对的艰难性成为全球关注的热点。开展应对气候变化的国际合作，需要两个方面的条件：一是对于气候变化的科学认识，深入了解气候变化的成因、气候变化的影响以及如何应对气候变化；二是达成应对气候变化的政治共识，建立全球气候治理规则体系。

1.3.1.1 IPCC 推进气候变化问题的科学认知

世界气象组织在推进气候变化相关研究方面发挥了积极作用。1987 年，世界气象组织提出，已有国别和国际关于气候变化的研究都表明，大气中温室气体浓度的提高将导致全球气候变化，而气候变化可能造成潜在的严重后果。为理解温室气体浓度提高对地球气候的影响以及气候变化对社会经济影响的方式，需要多学科的知识。世界气象组织将通过世界气候计划向成员国提供有关全球气候长期变化的最新预测，并要求成员国开展对气候重要的大气组分及其影响的研究，要求其执行理事会评估现有关于温室气体的国际协调机制，评估世界气候计划在理解温室气体在全球气候中的作用以及在预测全球气候变化的能力方面取得的进展，评估世界气候计划与其他大气化学和相关环境影响方面的国际计划的工作协调。

1989 年各国外交部签署的 IPCC 谅解备忘录，确定 IPCC 的工作任务是：评估已有气候变化科学信息；评估气候变化的环境和社会、经济影响；提出应对气候变化挑战的战略。截至 2022 年，IPCC 先后组织完成了六次气候变化评估报告，并编写了多份特别报告和技术报告。这些成果一方面总结了科学界对气候变化及其影响的认识，突出表明了气候变化挑战的严峻性；另一方面也提出了应对气候变化的对策措施，展示了应对气候变化的可能性。

1990 年，第二届世界气候大会通过的《部长宣言》指出：自工业革命以来人类的大量生产活动导致温室气体不断积聚，未来全球气候变暖速度将是史无前例的，人类的生存与发展将因此而遭到严重威胁，作为温室气体主要排放源的西方工业国家对此负有特殊的责任，因而必须起带头作用；同时还必须加强同发展中国家的合作，向发展中国家提供充分的额外资金，并以公平和最优惠的条件转让技术。

1996 年，IPCC 发布第二次评估报告，有力地促进了包括具有法律约束力的定量减排目标的《京都议定书》的通过。IPCC 第二次评估报告指出，二氧化碳排放是人为导致气候变化的最重要因素，并表示气候变化带来许多不可逆转的影响。报告还为《联合国气候变化框架公约》第二条所述之"将大气中温室气体浓度稳定在防止气候系统受到危险的人为干扰的水平"提供了科学信息，并提出制定气候变化政策及落实可持续发展过程中应重点兼顾公平原则。

2001 年，IPCC 第三次评估报告明确了观测到的地表温度上升主要归因于人类活动，称由人类活动引起气候变化的可能性为 66%，并预测未来全球平均气温将继续上升，几乎所有地区都可能面临更多热浪天气的侵袭。IPCC 认为，随着气候变化加剧，全球各地将遭到更多不利影响，而发展中国家及贫困人口更易遭受气候变化的不利影响。2007 年，IPCC 第四次评估报告称全球气候系统的变暖毋庸置疑，观测到的全球平均地面温度升高非常可能是人为排放的温室气体浓度增加导致的（可能性达到 90%）；而太阳辐射变化和城市热岛效应并非导致气候变化的主要原因。根据 IPCC 的预测，到 21 世纪中叶，全球干旱影响地区范围将进一步扩大，与此同时，暴雨、洪涝等极端天气的风险也将增加，极地冰川和雪盖的储水量则将减少。

2014 年，IPCC 第五次评估报告首次提出了全球碳排放预算（简称"碳预算"）的概念。IPCC 表示，为实现 2℃ 温控目标，全球可以排放的碳预算额度约 1 万亿吨二氧化碳，目前全球碳排放已经超过碳预算的 50%。按照目前排放速度，全球将在 30 年内耗尽剩余额度。IPCC 指出，如果要实现 2℃ 温控目标以避免气候变化的灾难性影响，到 2050 年，全球应在 2010 年温室气体排放水平基础上减少 40%～70%，并于 2100 年前实现净零排放。

IPCC 受托于 2018 年提供一份特别报告，说明全球平均温度较工业革命前水平升高 1.5℃的潜在影响，并提供实现这一目标的温室气体减排路径。报告指出，全球应在土地、能源、工业、建筑、交通、城市等方面进行快速而深远的转型，到 2030 年全球 CO_2 排放量应比 2010 年下降约 45%，到 2050 年达到"净零"排放。

1.3.1.2 联合国大会决议启动全球气候治理进程

IPCC 的建立及其开展的全球气候变化评估，促进了各国政府和社会对气候变化问题的理解和认识，奠定了应对气候变化的科学基础。

1988 年 9 月 9 日，马耳他常驻联合国代表奥列维尔致信联合国秘书长，要求将"宣布气候为人类共同继承财产的一部分宣言"列入第 43 届联合国大会临时议程，随函所附的解释性备忘录指出，"气候是一种自然资源，它可因人类的活动而在区域和全球范围内发生重大变化，必须制定一项全面的战略，以为人类的利益维护气候"。马耳他政府建议大会宣布气候为人类的共同继承财产，并建立一种机制审议和协调联合国系统内外的各主管机关和方案正在进行的有关工作，并审查目前的状况，以便制定一项维护气候的全球战略，确保地球上生物的继续生存。

1988 年 12 月 6 日，联合国大会第四十三届大会通过题为《为人类当代和后代保护全球气候》的 43/53 号决议，承认气候变化是人类共同关心的问题，决定必须及时采取行动以便在全球性方案范围内处理气候改变问题，核准成立 IPCC，敦促各国政府、政府间和非政府组织以及科学机构将气候变化作为优先问题，呼吁联合国系统所有有关组织支持 IPCC 的工作，呼吁各国政府和各政府间组织进行合作，防止对气候的有害影响和各种影响生态平衡的活动，并呼吁各非政府组织、工业界和各生产部门发挥其适当作用。

1989 年 12 月 22 日，联合国大会第四十四届大会 208 号决议再次敦促各国政府与政府间组织合作，尽力限制、减少和防止对气候产生不利影响的活动，并呼吁非政府组织、工业界和其他生产部门发挥其应有的作用。208 号决议支持联合国环境规划理事会在其 15/36 号决议中要求联合国环境规划署执行主任同世界气象组织秘书长合作，开始筹备关于气候问题的纲领性公约的谈判。决议敦促各国政府、政府间和非政府组织及科学机构通力合作，紧急拟订关于气候问题的纲领性公约和相关议定书。

1990 年 12 月 21 日，联合国大会第四十五届大会通过 45/212 号决议，注意到 IPCC 已经完成了第一次评估报告，决定在大会主持下，联合国环境规划署及世界气象组织支持下成立一个单一的政府间谈判机构，以拟定一项有效的气候变化框架公约，列载适当的承诺，要求相关工作应在 1992 年 6 月联合国环境与发展会议之前完成，并在会议期间开放签署。

1.3.2 应对气候变化国际谈判历程

1.3.2.1 《联合国气候变化框架公约》

(1)《联合国气候变化框架公约》的谈判历程及焦点

按照联合国大会决议的授权，IPCC 从 1991 年 2 月开始，历经 15 个月，到 1992 年 5 月

9 日，在美国纽约通过《联合国气候变化框架公约》（以下简称《公约》），完成了文本的谈判任务。谈判的时间虽然不算长，但却是相当艰难的。在谈判中，各国政府根据自己对问题的理解和自身的利益诉求，充分表达了自己的观点和关注，对于气候变化问题的重要性，形成了基本一致的认识，但在不少问题上，也存在尖锐的对立。

在《公约》的内容上，一些国家认为框架公约应包含基本原则和一般性义务，此后谈判的议定书可以确定更具体的有约束力的义务，另一些国家则强调一个有效的框架公约应该包括坚定的承诺。

在《公约》的原则问题上，许多国家强调一个有效的框架公约应该基于"公平、共同但有区别"的责任原则。发展中国家强调全球应对气候变化的努力必须遵循"共同但有区别"的责任原则，充分考虑发展中国家的特殊情况，充分考虑发展中国家能源增长以促进经济发展的需求。一些国家强调"污染者付费"原则应该成为框架公约的基石。

在各方义务问题上，一些国家提出所有国家都应作出应对气候变化的承诺，许多国家提出发达国家应作出向发展中国家提供技术转让和额外资金支持的承诺；一些国家强调那些人均排放高、总量排放多的国家应减少其排放，并通过提供增量成本补偿的方式与发展中国家合作。

在气候变化不确定性问题上，所有国家都承认需要继续开展研究加强对全球气候变化及其影响的理解。一些国家提出应对气候变化行动应基于预防原则和当前的最佳科学知识，科学上的不确定性不应成为拒绝行动的借口，一味等待科学证据将威胁人类共同的未来。

在温室气体减排目标方面，各方同意应充分考虑所有的温室气体源与汇，要考虑灵活的、阶段性的长期战略。各方比较一致的看法是，当前就应采取那些不管有无气候变化都应采取的行动，例如提高能源效率、发展可再生能源。一些国家提出到 2000 年温室气体的排放应稳定在 1990 年的水平，应制定温室气体减排目标；一些国家要求工业化国家应该立即大幅消减二氧化碳和其他温室气体排放；有些国家认为发达国家应该改变他们的消费模式。

政府间谈判委员会第一次会议上，决定建立两个工作组来完成相关任务并确定最后达成的《公约》应包括以下内容：①排放；②碳汇；③技术转让；④支持发展中国家的资金机制；⑤国际科技合作；⑥应对气候变化影响的措施，特别是对小岛屿发展中国家、海岸带低地、干旱半干旱地区、易发季节性洪水的热带地区和易发干旱与荒漠化的地区。

经过紧张激烈的谈判，各方于 1992 年 5 月在纽约完成了《公约》文本的谈判。1992 年 6 月，在巴西里约热内卢举行的联合国环境与发展大会上正式开放签署《公约》。1994 年 3 月 21 日，《公约》正式生效。

2007 年 12 月，联合国气候变化会议在印度尼西亚旅游胜地巴厘岛举行，确立了"巴厘路线图"，为气候变化国际谈判的关键议题确立了明确议程。"巴厘路线图"建立了双轨谈判机制，即以《京都议定书》特设工作组和《联合国气候变化框架公约》长期合作特设工作组为主进行气候变化国际谈判。按照"双轨制"要求，一方面，签署《京都议定书》的发达国家要执行其规定，承诺 2012 年以后的大幅度量化减排指标；另一方面，发展中国家和未签署《京都议定书》的发达国家则要在《联合国气候变化框架公约》下采取进一步应对气候变化的措施。

2015 年 12 月 12 日，联合国气候变化会议第二十九次缔约方大会在巴黎举行，为 2020 年后全球应对气候变化行动作出安排。随后于 2016 年生效的《巴黎协定》是《联合国气候变化框架公约》下继《京都议定书》后第二份有法律约束力的气候协议，对全球应对气候变化有着重要意义。

2022 年 5 月 11 日,联合国气候变化会议第二十七次缔约方大会在埃及的红海度假胜地沙姆沙伊赫(Sharm El-Sheikh)举办。埃及外交部公布了代表埃及和非洲文化象征的 COP27 官方标志。作为一届强调"落实"的大会,最终通过了数十项决议,其中,建立损失与损害基金成为一大亮点,它将用于补偿气候脆弱国家因气候变化而遭受的损害。

2023 年 11 月 30 日,联合国气候变化会议第二十八次缔约方大会国际图联再次规划一系列活动,既考虑气候变化对图书馆以及更广泛层面上文化和遗产的影响,也强调图书馆机构和专业人员在为气候行动赋能方面可以发挥的作用。

2024 年 11 月 11—22 日,联合国气候变化会议第二十九次缔约方大会在阿塞拜疆首都巴库举办。11 月 11 日,世界大学气候变化联盟年度"气候变化协同"高级别活动于《联合国气候变化框架公约》第二十九次缔约方大会(COP29)蓝区中国角举办。受奥林匹克休战启发,约 130 个国家加入"COP 休战"倡议,呼吁各国在联合国气候变化大会期间停止军事行动,团结应对气候变化。

(2)《联合国气候变化框架公约》的主要内容

《公约》为应对气候变化国际合作进程打下了良好的基础,其取得的最重要的成果是确立了目标、原则和各方义务。

第一,《公约》第二条确立了应对气候变化的目标,即"将大气中温室气体的浓度稳定在防止气候系统受到危险的、人为干扰的水平上。这一水平应当在足以使生态系统能够自然地适应气候变化、确保粮食生产免受威胁并使经济发展能够可持续地进行的时间范围内实现。"尽管没有量化的浓度目标或减排目标,《公约》这段话还是为后续的减缓和适应气候变化指明了方向。

第二,《公约》明确了应对气候变化国际合作应遵循的原则,包括共同但有区别的责任原则、公平原则、各自能力原则、预防原则、成本有效性原则、考虑特殊国情和需求原则、可持续发展原则和鼓励合作原则,为各国参与和开展国际合作提供了基础和遵循。

第三,《公约》根据各国的历史责任和现实能力作出了国家分类,即将所有缔约方分为附件一国家、附件二国家和非附件一国家,并明确了各类缔约方应对气候变化的不同义务:附件一国家应率先开展控制和减少温室气体排放的行动,到 2000 年将排放降低至 1990 年的水平;附件二国家应为非附件一国家提供新的和额外的资金支持,并采取有效措施促进气候友好技术向非附件一国家的转让。

第四,《公约》建立了缔约方会议及其附属机构,建立了若干机制包括资金机制、国家信息通报、争端解决机制等来保障其实施。

同时,《公约》还明确指出,注意到历史上和目前全球温室气体排放的最大部分源自发达国家,发展中国家的人均排放仍相对较低,发展中国家在全球排放中所占的份额将会增加,以满足其社会和发展需要。

1.3.2.2 《京都议定书》

(1)《柏林授权书》与《京都议定书》的谈判

鉴于《公约》虽然明确了国际合作应对气候变化的原则和缔约方的一般义务,但没有确定具体的减、限排温室气体目标。为此,1995 年举行的《公约》第一次缔约方大会通过了第 1 号决议，即《柏林授权书》，决定启动一项进程，包括通过一项议定书或另外一种法律文书，以强化附件一国家的义务。决议指出，在这一进程中，发达国家缔约方应当率先应对气候变化及其不利影响，应当考虑发展中国家实现经济持续增长和消除贫穷的合理需要，"对附件一未包括的缔约方（即发展中国家）不引入任何新的承诺"。

为完成新的谈判任务，《柏林授权书》特设工作组在 1995 年 8 月—1997 年 10 月组织召开了 8 次会议。在关于议定书文本的谈判中，最引人注目的当属关于减、限排温室气体目标问题。尽管《柏林授权书》非常明确，仍然有国家提出所有国家都应承担目标。讨论比较多的有：包括哪些温室气体种类、确定国别目标考虑的因素、目标期和具体目标、帮助各国完成减排义务的手段等。小岛屿国家联盟建议，2005 年实现减少二氧化碳排放 20%；有的提出附件一国家在 2000 年后保持 1990 年温室气体排放水平；也有的提议要求 2010 年达到比 1990 年减少 5%～10% 的目标；还有的提出到 2020 年等不同目标期。在确定每个国家减排责任时，考虑的因素包括人均国内生产总值、人均和单位面积净排放量、碳吸收率、人均能源生产和消费水平等；在具体的政策方面，则提出能效标准、自愿协议、碳税/能源税、联合开展活动和排放量交易等。最终，在 1997 年底《公约》第三次缔约方大会上达成了《京都议定书》（以下简称《议定书》）。

（2）《京都议定书》的主要内容

第一，《议定书》充分体现了共同但有区别的责任原则，首次确定发达国家具有法律约束力的量化减、限排目标。按照规定，附件一国家应该确保其 6 种温室气体排放总量在 2008—2012 年承诺期内比 1990 年水平减少 5.2% 以上；到 2005 年，附件一缔约方应在履行这些承诺方面取得能够证实的进展。《议定书》还为其确定了有差别的减排指标，其中，欧盟国家 8%、美国 7%、日本和加拿大均为 6%；根据实际情况，允许俄罗斯、乌克兰、新西兰零减排；澳大利亚增排 8%、冰岛增排 10%。

第二，《议定书》为帮助发达国家实现减排目标建立了排放贸易、联合履约机制和清洁发展三种灵活机制，旨在通过经济手段为承担减排义务的缔约方提供更灵活、更低成本的履约方式，使发达国家可以通过这些机制获得国外的减排量，从而能够以比较低的成本实现其在《议定书》下承担的减排义务。

第三，《议定书》的其他规定，包括对温室气体排放源与汇估算的方法学问题、附件一缔约方提交信息问题，以及所提交信息的审评问题作出了原则性规定，并提请缔约方会议规定具体指南。《议定书》重申了《公约》确定的所有缔约方的义务并要求制定一个有关《议定书》的遵约程序，"用以断定和处理不遵守本《议定书》规定的情势"。

按照《议定书》规定，其生效条件是"双 55"，即需要至少 55 个《公约》缔约方批准，且其中附件一国家缔约方 1990 年排放量之和要占到全部附件一国家缔约方 1990 年总排放量的 55% 以上。由于占当时附件一缔约方排放量 36% 的美国宣布不批准《议定书》，因此占比超过 17% 的俄罗斯的批准成为关键。尽管 2001 年缔约方会议就通过了关于《议定书》的实施细则（即《马拉喀什协定》），2002 年底批准《议定书》的国家已经超过 100 个，但直到 2004 年俄罗斯完成核准后，《议定书》才最终满足生效条件，于 2005 年 2 月 16 日得以生效。尽管在 2012 年多哈会议上通过了包含部分发达国家第二承诺期量化减、限排指标的《〈京都议定书〉多哈修正案》，但这并不属于对《京都议定书》本身的修改或增加内容，而是对其执行细节的补充和调整，以确保全球应对气候变化的努力更加有效和具体。

1.3.2.3 《巴黎协定》

2011 年，南非德班缔约方大会决定启动一个名为"加强行动德班平台"（简称"德班平台"）的新进程，要求于 2015 年达成一项具有法律约束力的国际协议，对各方 2020 年后加强行动作出安排，协议应包括减缓、适应、资金、技术、能力建设、透明度等要素。2012年的多哈会议，进一步提出要在 2014 年形成协议案文基本要素，以确保 2015 年如期达成协议。2013 年，波兰华沙缔约方大会首次提出了"国家自主贡献"的概念，初步确立"自下而上"的行动模式，并邀请各方于 2015 年提交国家自主贡献。2014 年，秘鲁利马缔约方大会明确了巴黎气候大会产生的协议要体现《公约》"共同但有区别"的责任原则和各自能力原则，并形成了协议案文基本要素，为达成《巴黎协定》做好了准备。

2015 年，在法国巴黎召开《公约》第 21 次缔约方大会，主要目标是要达成关于 2020年后应对气候变化的安排。在各缔约方共同努力下，最终通过了具有里程碑意义的《巴黎协定》。协定规定了全球温升幅度的限制和温室气体减排的长期目标，即到 21 世纪末将全球平均温度升高控制在工业革命前 2℃之内，并努力控制在 1.5℃之内。全球温室气体排放需尽快达峰，到 21 世纪下半叶实现排放源与碳汇之间的平衡，即实现净零排放。巴黎会议不仅在减缓、适应、资金、技术等方面作出了安排，确定了各国以国家自主贡献形式作出承诺，还建立了全球盘点机制，旨在未来强化全球行动力度。

《巴黎协定》获得了广泛的支持，在通过后不到一年的时间里即迅速生效，充分体现了各国采取行动的决心。然而，美国特朗普政府上台后，宣布退出《巴黎协定》，一度给《巴黎协定》的前景投下阴影。但众多国家未受影响，中国政府多次重申坚持《巴黎协定》，信守承诺的立场提振了国际社会积极应对气候变化的决心与信心。作为一份全面、均衡、有力度、体现各方关切的协定，毫无疑问，《巴黎协定》是继《公约》《议定书》后，国际气候治理历程中第三个具有里程碑意义的文件。事实上，美国拜登政府上台后即宣布美国重返《巴黎协定》，也充分表明《巴黎协定》具有强大的生命力。

2018 年，在波兰卡托维兹举行的缔约方会议上，各国基本完成了关于《巴黎协定》实施细则的谈判，但仍遗留若干问题未彻底解决，包括《巴黎协定》第六条、国家自主贡献共同时间框架、透明度等，最终经过努力在 2021 年格拉斯哥会议上达成共识。

1.4 典型国家碳达峰碳中和的主要经验和做法

实现碳中和是应对气候变化、控制全球升温的必然选择。目前，世界大多国家都提出了各自的碳中和目标与计划，并通过法律、政策、承诺或提议等进行宣示。开展碳中和路径研究是推动实现国家碳中和愿景的基础性工作。

1.4.1 主要国家（地区）碳达峰碳中和目标

从碳中和目标时间上看，已提出碳中和目标的国家和地区，大部分计划在 2050 年实现碳中和，如欧盟、美国、英国、加拿大、日本、新西兰、南非等。一些国家计划实现碳中和的时间更早，如马尔代夫将实现碳中和年份设定在 2030 年、芬兰设定为 2035 年、冰岛和奥地利设定为 2040 年、德国和瑞典设定为 2045 年。另外，苏里南和不丹已经分别于 2014 年和 2018 年实现了碳中和目标，进入负排放时代。发展中国家多计划在 2060 年实现碳中和，如中国（2060 年前）和巴西（2060 年）承诺将在 21 世纪后半叶实现碳中和。越来越多的国家开始将碳中和转变为国家战略，并提出了未来愿景。从实现碳达峰和碳中和的时间上看，不少发达国家已实现碳排放和经济脱钩，从碳达峰到碳中和平均用时 48 年。

碳中和政策状态包括写入法律、提出政策、承诺和提议等不同程度的宣示。加拿大、丹麦、法国、牙利、德国、新西兰、日本、瑞典和英国等国家，将碳中和写入法律。中国、智利、芬兰、新加坡、奥地利、乌克兰等，将实现碳中和作为目标并提出政策（政策宣示）。阿根廷、巴西、哥伦比亚、南非等，提出了碳中和承诺。瑞士、斯洛伐克、尼泊尔和格林纳达等国的碳中和目标还在提议中。表 1.1 所示为世界主要国家（地区）实现碳达峰碳中和时间及政策。

表 1.1　世界主要国家（地区）实现碳达峰碳中和时间及政策

国家（地区）	碳达峰时间	碳中和时间	碳达峰到碳中和间隔/年	当前状态	国家（地区）	碳达峰时间	碳中和时间	碳达峰到碳中和间隔/年	当前状态
阿根廷	2015 年	2050 年	35	承诺	马绍尔群岛	—	2050 年	—	提出政策
比利时	1972 年	2050 年	78	提出政策	马拉维	—	2050 年	—	承诺
巴西	2014 年	2060 年	46	承诺	马尔代夫	—	2030 年	—	提出政策
加拿大	2018 年	2050 年	32	法律	毛里求斯	—	2050 年	—	提议
中国	2030 年前	2060 年前	30	提出政策	瑙鲁	—	2050 年	—	提议
智利	2019 年	2050 年	31	提出政策	尼泊尔	—	2045 年	—	提议
哥斯达黎加	—	2050 年	—	提出政策	新西兰	2019 年	2050 年	31	法律
丹麦	1996 年	2050 年	54	法律	挪威	2004 年	2050 年	46	法律
埃塞俄比亚	—	2050 年	—	提议	巴拿马	—	2050 年	—	提出政策
欧盟	1979 年	2050 年	71	法律	葡萄牙	2005 年	2045 年	45	法律
斐济	—	2050 年	—	法律	斯洛伐克	1984 年	2050 年	66	提议
芬兰	2003 年	2035 年	32	提出政策	南非	2020—2025 年	2050 年	25～30	承诺
法国	1973 年	2050 年	77	法律	韩国	2018 年	2050 年	32	法律
匈牙利	1978 年	2050 年	72	法律	西班牙	2007 年	2050 年	43	法律
冰岛	2018 年	2040 年	22	联盟协议	瑞典	1979 年	2045 年	66	法律
德国	1973 年	2045 年	72	法律	瑞士	2001 年	2050 年	49	提议
爱尔兰	2007 年	2050 年	43	法律	英国	1973 年	2050 年	77	法律
日本	2008 年	2050 年	42	法律	美国	2007 年	2050 年	43	提出政策
哈萨克斯坦	—	2050 年	—	承诺	乌拉圭	—	2050 年	—	提出政策
老挝	—	2050 年	—	提出政策	奥地利	2003 年	2040 年	37	提出政策
哥伦比亚	—	2050 年	—	承诺	格林纳达	—	2050 年	—	提议
新加坡	2017 年	2050 年	33	提出政策	乌克兰	—	2060 年	—	提出政策

1.4.2 欧盟碳中和战略和举措

1.4.2.1 欧盟碳中和战略进程

欧洲各国是全球应对气候变化、减少温室气体排放行动的有力倡导者，近年来坚定履行《巴黎协定》承诺，引领经济绿色低碳发展。欧盟 2019 年出台的碳中和计划，更是走在各国应对气候变化的前列。

2018 年 11 月 28 日，欧盟委员会在"给所有人一个清洁星球"（A Clean Planet for All）提案中，首次提出将在 2050 年前实现气候中性，成为世界上第一个实现气候中性的主要经济体。2019 年 12 月，联合国在马德里召开气候变化大会之际，新一届欧盟委员会发布了《欧洲绿色协议》，阐明欧洲迈向气候中性循环经济体的行动路线，提出欧盟 2030 年温室气体排放量在 1990 年基础上减少 50%～55%，2050 年实现净零排放的碳中和目标。2020 年 3 月，欧盟理事会向《公约》秘书处提交了《欧盟及其成员国长期温室气体低排放发展战略》，承诺将于 2050 年前实现气候中性（净零排放）。为保障欧盟长期温室气体低排放发展战略和绿色新政的顺利实施，2020 年 3 月 4 日，欧盟委员会还公布了《欧洲气候法》的草案，旨在为 2050 年前实现碳中和目标建立法律框架并启动修订相关法规，该法案为欧盟所有政策设定了目标和努力方向。2020 年 10 月，欧洲议会投票通过，到 2030 年温室气体排放在 1990 年基础上减少 60%，这一目标比欧盟委员会此前提出的目标更高。2021 年，提出应对气候变化的一揽子提案"适应 55"，其中 2035 年禁售碳排放型新燃油车是该提案的核心部分。2022 年，欧盟发布《欧洲廉价、安全、可持续能源联合行动方案》，提出到 2030 年将可再生能源在欧盟能源消费中的比重至少提高至 42.5%、争取提高到 45% 等。2023 年，欧盟委员会公布"欧洲风电行动计划"，称要实现欧盟的可再生能源占比目标，将需要大幅增加风电装机容量，预计将从 2022 年的 204GW 增加到 2030 年的 500GW 以上。此外，欧盟修订了欧盟排放交易系统，引入碳边境调节机制，制定《可再生能源指令》和《能源效率指令》，并成立社会气候基金，希望通过完善立法和提供资金进一步推进绿色行动。2024 年 6 月，欧盟委员会发表声明，建议到 2040 年，将欧盟的温室气体净排放量在 1990 年水平的基础上减少 90%，这将推动欧盟到 2050 年实现碳中和。

欧盟从包括能源、交通、工业和农业在内的所有关键经济部门着眼，研究了 2050 年碳中和愿景的实现之道。欧盟还探讨了一系列备选情景，意在强调基于现有以及一些新兴技术的解决方案，可以在 2050 年之前实现温室气体净零排放，在产业政策、金融或研究等关键领域赋权于民并统一行动，同时确保社会公平，实现公正转型。

1.4.2.2 欧盟碳中和主要举措

在欧盟提出的各种减排情景下，电力部门是脱碳最快的部门。电力部门是第一个通过使用与碳捕集和封存（carbon capture and storage，CCS）技术相关的生物能源在所有情景下达到零排放，甚至在最雄心勃勃的情景下达到净负排放的部门。得益于能源效率的提高，建筑部门和第三产业部门的脱碳速度也快于平均水平。相反，在工业部门（包括过程中的二氧化碳排放）和交通运输部门，减排量体量较小，这在交通运输部门尤为显著。就 CCS 技术的部署而言，不同情景设想的途径差异很大，但在任何净零温室气体情景下，用于使用或存储的二氧化碳的捕集量都很大，尤其是在 1.5 技术情景下捕集的二氧化碳达到 6 亿吨（图 1.1）。

(a) 1.5技术(1.5TECH)情景

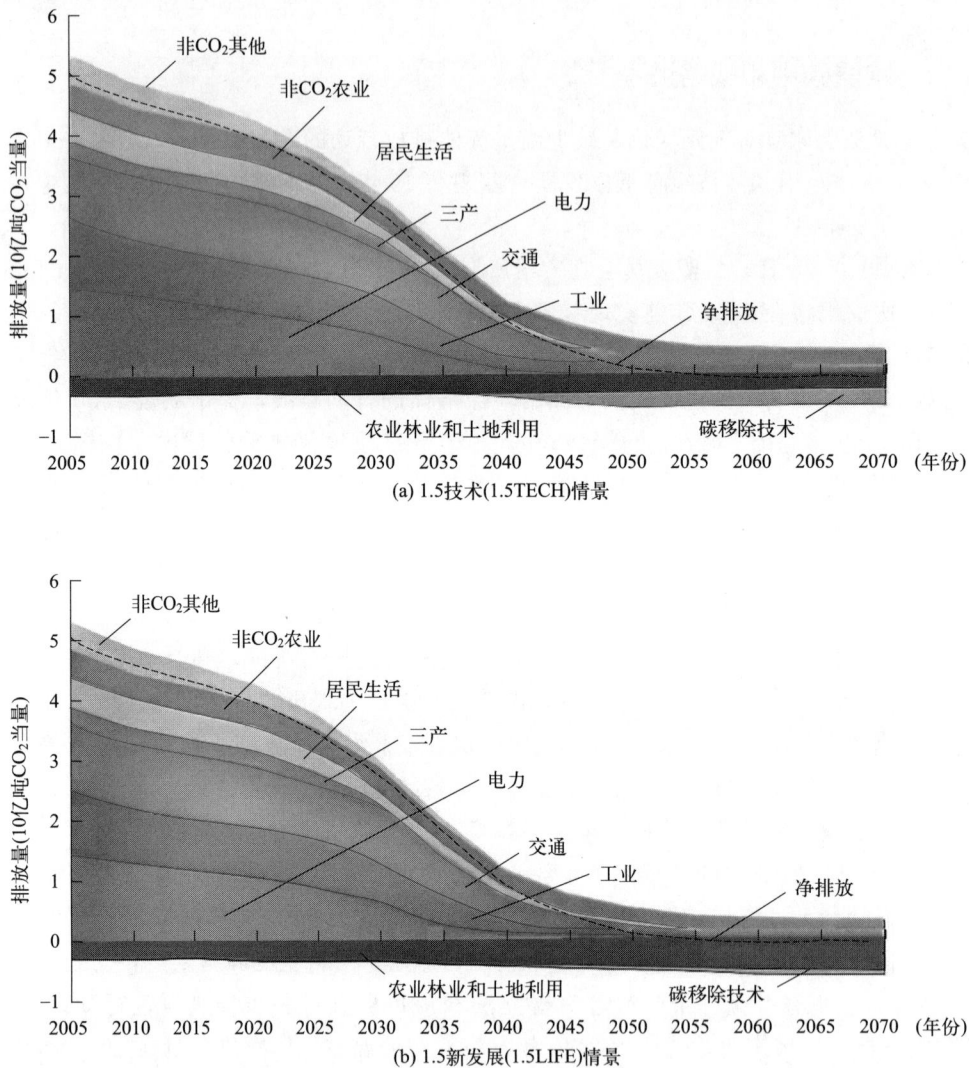

(b) 1.5新发展(1.5LIFE)情景

图 1.1　欧盟实现温室气体净零排放的两种途径

注：1.5TECH 情景专注于实现温室气体净零排放的技术解决方案，假设来自土地利用碳汇的改善有限；

1.5LIFE 情景更关注需求方措施以及增加土地利用碳汇来解决减排问题。

提高能源效率将帮助欧盟比 2005 年减少多达一半的能耗，对于到 2050 年实现温室气体净零排放起着关键作用。可再生能源的大规模部署，将去中心化并增加发电量。到 2050 年，欧盟超过 80% 的电力将来自可再生能源，而电力将满足欧盟境内一半的最终能源需求。欧盟于 2020 年 7 月发布了氢能战略，推进氢技术开发。就工业过程碳排放而言，部分碳排放虽然很难消除，但仍然可以使用 CCS 等技术来减少。此外，可再生氢和可持续生物质可以取代化石燃料，成为某些工业生产过程中的原料（如钢铁生产）。生物质可以取代碳密集型材料，也可以直接供热，转化为生物燃料和沼气，并通过供气网输送，成为天然气的替代品。如果使用生物质来发电，可运用 CCS 技术实现负排放。CCS 技术最初被视为电力生产的主要去碳化方式。如今，由于可再生能源的成本下降，工业部门存在其他的减排方式，再加上 CCS 技术的社会接受度低，对它的潜在需求似乎降低了。尽管如此，它作为生产氢的潜在途径以及工业中不可避免的排放物的一种消除机制，还能与可持续生物质结合形成二氧化碳去除技术，所以其仍然有存在的必要性。

1.4.3 美国碳中和战略和举措

1.4.3.1 美国碳中和长期战略

2021 年，美国决定重返《巴黎协定》，并制定了雄心勃勃的国家自主贡献，同时发起全球甲烷承诺，在国内和国际上采取更多应对气候变化的行动。2021 年 11 月，美国发布了《美国长期战略：到 2050 年实现温室气体净零排放的途径》（以下简称《战略》），阐述了美国如何在 2050 年前实现其净零排放的最终目标。《战略》表明，最晚在 2050 年实现净零排放将需要跨部门的行动。美国 2050 年净零排放目标是颇具雄心的，它对清洁能源、交通和建筑电气化、工业转型、减少甲烷和其他非二氧化碳温室气体排放提出了要求，需要通过30 年的投资来实现。美国最新提交的国家自主贡献中承诺到 2030 年温室气体净排放量将比2005 年的水平减少 50%～52%。2020—2030 年是决定减排趋势的关键十年，这要求美国迅速扩大部署如电动汽车和热泵等新技术，以及建设国家电网等关键系统的基础设施，从而使近期的减排行动能够为 2050 年目标奠定基础（图 1.2）。2022 年 8 月，美国通过了《通胀削减法案》，在能源领域主要包括：通过激励太阳能、风能、碳捕获和清洁氢等清洁能源技术的国内生产，建立美国清洁能源供应链；通过有针对性的税收优惠支持美国工人，旨在制造美国制造的产品，如电池、太阳能和海上风电组件以及碳捕集和封存（CCS）等技术。2023年 6 月 5 日，拜登政府正式发布了《美国国家清洁氢能战略路线图》，全面概述了美国氢气生产、运输、储存和应用的潜力，实现清洁氢能的主要挑战，及促进氢能发展的关键战略，旨在加速美国清洁氢的发展。同年 3 月，美国白宫科技政策办公室发布了《美国生物技术和生物制造的宏大目标》，强调生物技术和生物制造在减少温室气体排放和增加碳封存能力方面的作用，提出要提升生物技术与生物制造的研发力度。2024 年 9 月 27 日，美国政府将中国制造的电动汽车的关税税率上调至 100%，太阳能电池的关税税率上调至 50%，电动汽车

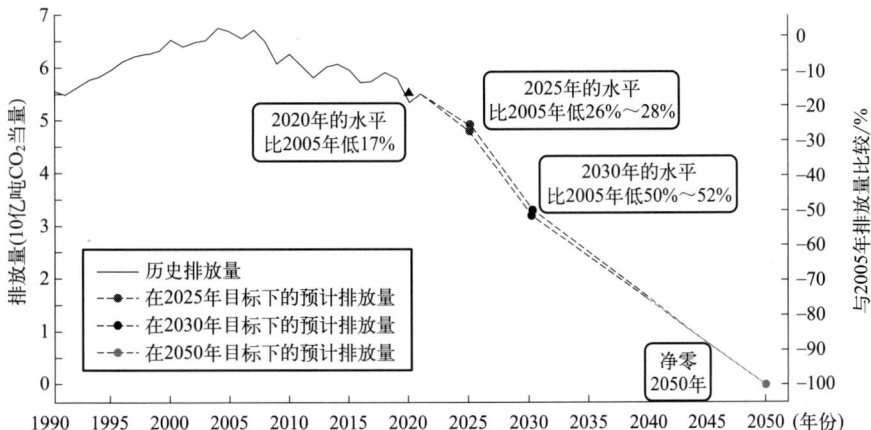

图 1.2 美国 2050 净零排放途径

电池等关税税率将上调至 25％，以加强所谓 "对美国国内战略产业的保护"。2024 年 5 月，美国政府发布一项旨在规范自愿碳市场（VCM）的管理规则，以期在部分碳抵消项目未能达到预期减排效果之后，重振市场信心。财政部、能源部、农业部负责人及总统高级气候和经济顾问在联合声明中指出，高诚信的自愿碳信用市场能够有效支持国内外减碳行动，促进温室气体排放的减少，同时降低减排成本。新出台的《负责任参与自愿碳市场原则》提出了严格的碳信用项目开发标准，确保减排的真实性和可量化，同时促进去碳化进程。

《战略》指出，采取行动实现净零排放将为美国带来巨大的净收益。降低温室气体排放将刺激投资，加速美国经济现代化，解决环境污染和气候脆弱性问题，同时改善社区的公共卫生状况，并降低气候变化带来的严重风险。具体包括：

① 经济增长方面，对新兴清洁产业的投资将提高竞争力并推动经济持续增长，使美国在电池、电动汽车和热泵等关键清洁技术方面处于领先地位。

② 公共卫生方面，到 2030 年，通过清洁能源减少空气污染将避免 8.5 万～30 万人的过早死亡，以及减少 150 亿～2500 亿美元的健康和气候损失。仅在美国，到 2050 年将避免 1 万亿～3 万亿美元的损失。

③ 环境公平性方面，减排措施还将有助于减轻有色人种社区、低收入社区和土著社区不成比例地承担着污染负担的问题。

④ 减少冲突方面，美国国防部认为气候变化是一个至关重要的、破坏全球稳定的国家安全威胁。气候变化引发的干旱、洪水和其他灾害会导致大规模流离失所和冲突，迅速减缓气候变化的行动对于安全和稳定有益。

⑤ 居民生活质量方面，经济现代化可以从根本上改善生活方式，如高铁和交通发展等措施不仅可以减少排放，还可以创造更互联、更方便、更健康的社区。

美国可以通过多种途径实现 2050 年净零排放，核心都涉及五个关键方面的转变：

① 电力脱碳。电力为美国经济的所有部门提供支撑服务。近年来，在太阳能和风能技术成本下降、联邦和地方政策的推动下，电力一直在加速向清洁电力系统的转型。美国制定了到 2035 年实现 100％清洁电力的目标，这将是 2050 年实现净零排放的重要基础。

② 终端电气化和清洁燃料转变。无论是汽车、建筑还是工业过程中，都可以用经济、高效的电气化来替代现有能源。对于电气化颇具挑战性的领域，例如航空、航运和部分工业行业，可以考虑用清洁燃料（如氢能和生物质能）替代现有能源。

③ 提升能效，减少能源浪费。利用现有技术和技术创新，在保证相同服务的情况下减少能源使用，以更快速、低成本和可行的方式向清洁能源转变，如使用更高效的设备设置、提高既有建筑和新建建筑能效水平、可持续的工业制造流程。上述三项能源系统转型，每年可以贡献约 45 亿吨二氧化碳当量的减排，占总减排的 70％。

④ 减少甲烷和其他非二氧化碳温室气体排放。考虑甲烷、氢氟碳化物、氧化亚氮等对气候变暖有着显著贡献，单是甲烷就贡献了全球升温 1℃的一半，可以考虑通过低成本的方式，例如对石油和天然气系统实施甲烷泄漏检测和维修，以及在冷却设备中从氢氟碳化物转向气候环境友好的工质。此外，美国将优先考虑技术研发以实现深度排放。这项措施每年将减少 10 亿吨二氧化碳当量排放。

⑤ 增加二氧化碳移除量。考虑到 2050 年来自农业的非二氧化碳排放将很难完全脱碳，

因此需要碳移除技术来保证净零目标的实现，有必要扩大陆地碳汇和碳移除战略工程，这将带来每年 10 亿吨的负排放。

1.4.3.2 美国应对气候变化行政令

2021 年 1 月 27 日，美国总统拜登签署了新的应对气候变化行政令，主要包括七个方面。

① 将气候危机置于美国外交政策和国家安全考虑的中心：该命令明确将气候因素确定为美国外交政策和国家安全的基本要素。在实施和巩固《巴黎协定》目标的过程中，美国将发挥领导作用，以促进全球雄心的显著增加；设立总统气候问题特使；启动根据《巴黎协定》以及气候融资计划制订美国国家自主贡献的过程。

② 对气候危机采取一整套政府措施：成立白宫国内气候政策办公室及国家气候工作组，采取一整套应对气候危机的措施。

③ 利用联邦政府的碳足迹和购买力来以身作则：指示联邦机构采购零碳电力和零排放汽车，以创造高薪的工作机会，刺激清洁能源产业；指示内政部长尽可能暂停在公共土地或近海水域签订的石油和天然气租赁协议，对在公共土地和水域的与化石燃料开发有关的所有现有租赁和许可进行严格审查，并确定到 2030 年采取措施，使海上风能的发电量翻一番；指示联邦机构在符合法律的情况下取消化石燃料补贴，并确定刺激清洁能源技术和基础设施的创新、商业化和部署的新机会。

④ 为可持续经济重建基础设施：促进建筑业、制造业、工程和技术行业的就业，采取措施确保每项联邦基础设施投资能降低气候风险，在联邦选址和许可程序下以环境可持续的方式加快清洁能源和输电项目。

⑤ 促进保护农业和再造林：致力于到 2030 年保护至少 30％的土地和海洋，并确定让各方人员广泛参与的战略；呼吁建立民间气候团倡议，致力于保护和恢复公共土地和水域，增加再造林，增加农业部门的碳固存，保护生物多样性。

⑥ 振兴能源社区：设立煤炭和发电厂社区及经济振兴机构间工作组，并指示联邦机构协调投资和其他工作，以协助煤炭、石油、天然气以及发电厂社区，推进旨在减少现有和废弃基础设施中有毒物质和温室气体排放的项目，以及防止损害社区和对公共健康和安全构成风险的环境损害项目。

⑦ 确保环境公平和刺激经济机会：通过指示联邦机构制定方案、政策和活动，促进环境公平，降低对处于不利社区的不相称的健康、环境、经济和气候影响；设立白宫环境公平机构间委员会和白宫环境公平咨询委员会，以优先考虑环境公平，解决当前和历史上的环境不公正问题。

1.4.4 日本碳中和战略和举措

2020 年，日本宣布将在 2050 年实现碳中和目标。在此背景下，日本经济产业部于 2020 年 12 月 25 日发布日本 2050 碳中和《绿色增长战略》（以下简称《战略》）。《战略》提到，电力行业脱碳化是大前提；除电力部门外，各行业都在加快电气化发展，通过氢能和二氧化碳回收来满足能源需求；在电力、工业、交通和建筑等领域还需发展储能和数字基础设施建设。图 1.3 所示为日本碳中和路线。

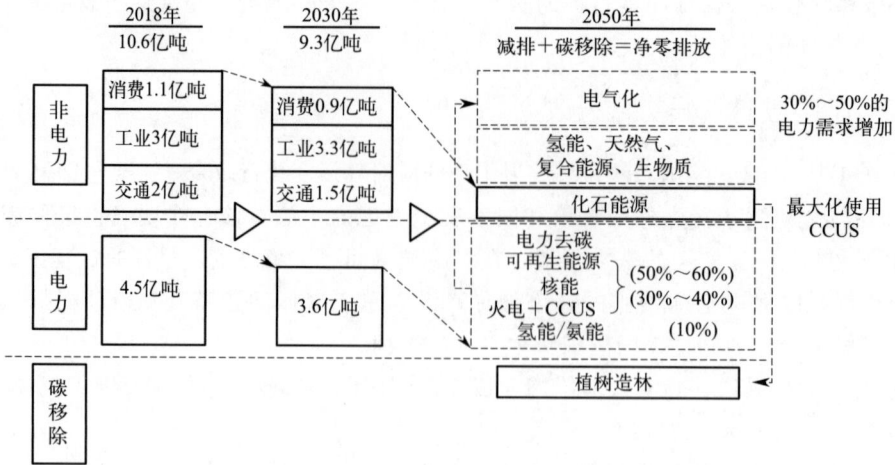

图 1.3　日本碳中和路线

《战略》的具体目标包括：

① 非电力部门。电气化方面，2050 年，因住宅、交通运输业、建筑业进一步电气化，电力需求将比 2018 年增加 30%～50%，为 1.3 万亿～1.5 万亿千瓦·时；使用低碳燃料，如氢氢气、生物质等；同时加大对化石燃料中二氧化碳的回收和再利用。

② 最大限度部署可再生能源。可能面临的问题，如可再生能源高比例并网、波动性、基础设施、成本控制等问题；可再生能源无法满足所有的电力需求，到 2050 年将有 50%～60% 发电量由可再生能源提供；如果不考虑灾害时的停电风险，每年估计有 30%～40% 的发电量来源于可再生能源，即使在发电厂选址限制问题上放宽限制，估计可再生能源发电量最多也只能满足 50% 的电力需求。

③ 电力部门二氧化碳回收技术和氢能发电。二氧化碳回收相关技术依然处于开发、示范阶段，因此其应用取决于今后的技术和产业发展情况，核电和配备二氧化碳回收设施的火力发电占发电量的 30%～40%。此外，氢能发电方面，假设按照计划顺利进行，未来氢气和氨气发电约占 10%。

《战略》的实现途径主要通过预算、税收、金融、监管改革与标准化、国际合作等政策工具实现，具体如下：

① 预算。2020—2030 年间，设立一个 2 万亿日元的绿色创新基金，作为推进企业研发和资本投资的激励手段（撬动 15 万亿日元）。

② 税收。建立促进碳中和投资和研发的税收优惠制度，预计在未来十年内推动约 1.7 万亿日元的民间投资。

③ 金融。建立碳中和的转型金融体系，设立长期资金支持机制和成果利息优惠制度（2020—2023 年内 1 万亿日元的融资规模），大力引导尖端低碳设备投资超过 1500 亿日元，成立"绿色投资促进基金"提供风险资金支持，推进企业信息公开促进脱碳融资。

④ 监管改革与标准化。加强制定环境监管法规和碳交易市场、碳税等制度，激励优先使用无碳技术，制定减排技术与设备国际标准，向国际市场推广应用。

⑤ 国际合作。加强与欧美在创新政策、关键技术标准化和规则制定等方面的合作，从争取市场的角度推进与新兴经济体的双边和多边合作。

1.5 我国碳达峰碳中和目标的战略思维

实现"双碳"目标是一场广泛而深刻的变革，也是一项复杂的系统工程，需要我们提高战略思维能力，把系统观念贯穿"双碳"工作全过程，准确把握立足新发展阶段、贯彻新发展理念、构建新发展格局对做好"双碳"工作提出的新任务、新要求，重点处理好发展和减排等重大关系。

1.5.1 坚持系统观念

应对气候变化是一项系统工程。控制温室气体排放涉及经济社会发展诸多方面，需要在多重目标中寻求动态平衡和优化路径，从系统工程和全局角度寻求新的治理之道。

实现碳达峰碳中和是一场广泛而深刻的经济社会系统性变革。强化系统观念，加强前瞻性思考，科学预见全球温室气体排放趋势及未来走势，科学研判全球绿色低碳转型的机遇和挑战，把握低碳发展规律；加强全局性谋划，统筹国内、国际两个大局，既维护好国家利益，又树立负责任大国形象，在降碳的同时确保能源等安全；加强战略性布局，推动新兴技术与绿色低碳产业深度融合，聚焦可再生能源大规模利用、新型电力系统、氢能、储能等实施一批具有战略性的国家重大前沿科技项目；加强整体性推进，发挥有条件地区、重点行业、重点企业三大主体率先达峰带动，确保有力、有序、有效做好碳达峰工作。

1.5.2 处理好发展和减排的关系

发展和减排是辩证统一的关系。在经济结构、技术条件没有明显提高的条件下，资源安全供给、环境质量、温室气体减排等约束强化，将压缩经济增长空间。减排不是减生产力，也不是不排放，而是要走生态优先、绿色低碳发展道路，在经济发展中促进绿色转型、在绿色转型中实现更大发展。

处理好减污降碳和能源安全。统筹发展和安全，是新时代国家安全的必然要求，既要高度警惕"黑天鹅"事件❶，也要防范"灰犀牛"事件❷。能源安全是关系国家经济社会发展的全局性、战略性问题，抓住能源就抓住了国家发展和安全战略的"牛鼻子"。粮食安全是实现经济发展、社会稳定、国家安全的重要基础，耕地是粮食生产的命根子，守住耕地红线是底线。保障国家能源安全，必须推进能源生产和消费革命，坚持节约优先，推动能耗"双控"向碳排放总量和强"双控"转变，加大力度规划建设新能源供给消纳体系，加快推动产业结构和能源结构调整，加快推进绿色低碳科技革命。

---

❶ "黑天鹅"事件是指非常难以预测且不寻常的事件，通常会引起市场连锁负面反应甚至颠覆。

❷ "灰犀牛"事件是指明显的、高概率的却又被人忽视、最终有可能酿成大危机的事件。

1.5.3　处理好整体和局部的关系

　　统筹好整体和重点关系。实现碳达峰碳中和不是"就碳论碳"，而是要在多重目标、多重约束条件下通盘谋划、整体推进，从现实出发，坚持目标导向，持续跟进发力，才能走出一条实现"双碳"目标的可持续发展之路。降碳、减污、扩绿、增长是一个有机联系的整体，需要从经济社会与生态系统整体性出发，更加注重综合治理、系统治理、源头治理。工业是中国二氧化碳排放的主要领域，占全国二氧化碳排放量的 85% 左右，因此实现重点行业尽早达峰并快速跨过平台期，是保证全国 2030 年前碳达峰的关键，要明确重点行业达峰目标，推动钢铁、建材等重化工行业尽早实现达峰。

　　把握好全局和局部关系。心怀"国之大者"，站在全局和战略的高度想问题、办事情，一切工作都要以贯彻落实党中央决策部署为前提，不能为了局部利益损害全局利益，为了暂时利益损害根本利益和长远利益。坚持全国一盘棋、一体推进，既要立足实际、因地制宜，结合自身特点科学设定碳达峰目标，又要充分考虑不同地区间、上下游产业链以及行业内部工序间等相互影响，不能简单层层分解和摊派任务。统筹确定各地区梯次达峰目标任务，以自上而下为约束，鼓励各地自下而上主动作为，鼓励国家优化开发区域和有条件地区尽早实现率先达峰。

1.5.4　处理好长远目标和短期目标的关系

　　把握好目标导向和问题导向的关系。坚持目标导向就是要制定顺应时代要求、符合客观实际、富有号召力的发展目标，碳达峰碳中和的目标任务极其艰巨，需要我们科学认识并准确把握两个"前"的战略导向，科学把握节奏。坚持问题导向，就是要跟着问题走、奔着问题去，把解决实际问题作为打开工作局面的突破口，必须深入分析推进碳达峰碳中和工作面临的新问题、新挑战，围绕加快推进煤炭有序替代转型和可再生能源发展，加快推动"双碳"的市场化机制和能耗"双控"向碳排放总量和强度"双控"转变等重大问题深化研究，形成可操作的政策举措。把握好两者关系就是坚持目标导向和问题导向相结合，既要放眼长远目标抓好顶层设计，又要解决问题落实好任务。

　　处理好长远目标和短期目标的关系，就是坚持中长期目标和短期目标相贯通，明确时间表、路线图。既要制定远景目标和长期规划，又要设置阶段性任务和短期目标，以长远规划引领阶段性任务，以战术目标的实现支撑战略目标的达成。既要立足当下，一步一个脚印解决具体问题，积小胜为大胜，又要放眼长远、克服急功近利、急于求成的思想，把握好降碳的节奏和力度，实事求是、循序渐进、持续发力。锚定努力争取 2060 年前实现碳中和，采取更加有力的政策和措施，就是要在明确时间表、路线图、施工图的基础上，坚持方向不变、力度不减，坚决遏制"两高"项目发展等有力、有序、有效的政策和行动推动重点任务与行动落实。

1.5.5　处理好政府和市场的关系

　　坚持政府和市场两手发力。推动有为政府和有效市场更好地结合，着力解决市场体系不完善、政府干预过多和监管不到位等问题，减少政府对资源的直接配置，减少政府对微观活动的直接干预,用好"看得见的手"和"看不见的手",推动资源配置实现效益最大化和效率最优化。政府和市场两手发力,构建新型举国体制,强化科技和制度创新,加快绿色低碳科技革命,深化能源和相关领域改革,发挥市场机制作用,形成有效的激励约束机制。

发挥市场在资源配置中的决定性作用,更好地发挥政府作用。完善绿色低碳政策和市场体系,完善能源"双控"制度,完善有利于绿色低碳发展的财税、价格、金融、土地、政府采购等政策,加快推进碳排放权交易,积极发展绿色金融。充分发挥市场机制作用,完善碳定价机制,加强碳排放权交易、用能权交易、电力交易衔接协调,更好地发挥中国的制度优势、资源条件、市场活力。

1.6 我国提出碳达峰碳中和目标的战略意义

碳达峰碳中和是在全球气候危机加剧,中国进入全面建设社会主义现代化国家新发展阶段,生态文明建设已进入以降碳为重点战略方向关键时期提出的国家重大战略。从这个大的时代背景出发,充分认识实现"双碳"目标的重要性、紧迫性和艰巨性,才能深刻认识开启新征程的战略意义。

1.6.1 实现可持续发展

积极应对气候变化是实现可持续发展的内在要求。气候变化归根结底还是发展问题。发展必须是遵循经济规律的科学发展,必须是遵循自然规律的可持续发展,必须是遵循社会规律的包容性发展。加大应对气候变化的力度,推动可持续发展,关系人类前途和未来。做好碳达峰碳中和工作是维护能源安全的重要保障,能源是经济社会发展须臾不可缺少的资源,坚持先立后破,以保障安全为前提构建现代能源体系,以绿色、可持续的方式满足经济社会发展所必需的能源需求,提高能源自给率,增强能源供应的稳定性、安全性、可持续性。

推进碳达峰碳中和是破解资源环境约束突出问题的迫切需要。当前中国生态文明建设仍然面临诸多矛盾和挑战,生态环境稳中向好的基础还不稳固,从量变到质变的拐点还没有到来。中国能源结构偏煤,产业结构偏重,资源环境对发展的压力越来越大。做好碳达峰碳中和工作,遏制高耗能、高排放项目盲目发展,有利于改变传统"大量生产、大量消耗、大量排放"的生产模式和消费模式,建立健全绿色低碳循环发展的经济体系。推进碳达峰碳中和,大力推行绿色低碳生产方式,促进经济社会发展全面绿色转型,是切实降低发展的资源环境成本、解决中国资源环境生态问题的基础之策,也是建设现代化经济体系的重要内容。

1.6.2 推动经济结构转型升级

推动绿色低碳技术实现重大突破是顺应技术进步趋势的内在要求。顺应当代科技革命和产业变革大方向,抓住绿色转型带来的巨大发展机遇,以科技创新为驱动,推进能源资源、产业结构、消费结构转型升级,推动经济社会绿色发展,探索发展和保护相协同的新路径。

推进碳达峰碳中和是推动产业结构优化升级的迫切需要。做好碳达峰碳中和工作,是推动产业结构调整的强大推动力和倒逼力量,不仅对产业结构调整提出更加紧迫的要求,如加快发展现代服务业、提升服务业低碳发展水平、运用高新技术和先进适用技术改造推动传统制造业水平提升，也要求严控高耗能高排放行业产能，发展战略性新兴产业，提升产品增加值率，生产更多绿色低碳产品。推进碳达峰碳中和，也为产业结构优化升级创造了重大战略机遇，不仅为加快经济社会全面绿色低碳转型创造条件，而且将带来巨大的绿色低碳转型收益。

1.6.3　促进人与自然和谐共生

加快绿色低碳发展是促进人与自然和谐共生的内在要求。"十四五"时期，中国生态文明建设进入了以降碳为重点战略方向、推动减污降碳协同增效、促进经济社会发展全面绿色转型、实现生态环境质量提高由量变到质变的关键时期。坚持绿色低碳，致力于将发展建立在高效利用资源、严格保护生态环境、有效控制温室气体排放的基础上，促进人与自然和谐共生。

推进碳达峰碳中和是为了满足人民群众日益增长的优美生态环境的迫切需要。实现碳达峰碳中和，有利于减少主要污染物和温室气体排放，实现减污降碳协同增效，有利于减缓气候变化不利影响，提升生态系统服务功能，满足人民日益增长的优美生态环境需要。推进碳达峰碳中和，不仅可以推动实现更高质量、更有效率、更加公平、更可持续、更为安全的发展，建设美丽中国，而且可以提升人民群众的参与感、获得感、幸福感和安全感。

1.6.4　推动构建人类命运共同体

积极参与和引领全球气候治理是推动构建人类命运共同体的内在要求。中国实施积极应对气候变化国家战略，积极参与全球气候治理，推动和引导建立公平合理、合作共赢的全球气候治理体系，为《巴黎协定》的达成和生效实施发挥了重要作用，引导应对气候变化的国家合作，成为全球生态文明建设的重要参与者、贡献者、引领者。

推进碳达峰碳中和是主动担当大国责任的迫切需要。中国历来重信守诺，狠抓国内控制温室气体排放工作，2020年单位GDP碳排放较2005年累计下降48.4%，超额完成应对气候变化行动目标。中国作为世界上最大的发展中国家，把碳达峰碳中和纳入生态文明建设整体布局和经济社会发展全局，将完成碳排放强度全球最大降幅，用历史上最短的时间从碳排放峰值实现碳中和，不仅体现了雄心力度，也体现了同世界各国一道合作应对气候变化的坚定决心和务实行动，为推进全球气候治理进程贡献了中国智慧、中国方案和中国力量。

思考题

1. 何谓"双碳"战略？碳达峰碳中和的基本概念和内涵是什么？
2. 气候与"双碳"战略的关系是什么？简述近百年气候变化的主要原因。
3. 简述欧盟、美国、英国、日本等国家针对碳中和实行的战略举措。
4. 我国从哪些方面入手实现碳达峰碳中和战略目标？

参考文献

[1] 袁志刚. 碳达峰·碳中和：国家战略行动路线图 [M]. 北京：中国经济出版社，2021.

[2] 王金南，徐华清. 碳达峰碳中和导论 [M]. 北京：中国科学技术出版社，2023.

第 2 章

生态系统碳汇与金属材料行业绿色发展

生态系统碳汇可促进温室气体减排和自然环境改善，缓解气候变化对人类和地球的影响。我国幅员辽阔，多种多样的生态系统具有较大的碳汇潜力。建设生态系统的碳汇是人类文明进步的重要物质基础和动力，攸关国家安全和经济发展全局，也关乎生态环境保护与应对气候变化进程。工业部门是国民经济中最重要的物质生产部门，长期引领我国经济快速增长，同时也是我国能源消耗和二氧化碳排放的重点领域。推动工业实现碳达峰碳中和，对于中国整体实现"双碳"目标具有关键意义。工业领域要加快绿色低碳转型和高质量发展，力争率先实现碳达峰。本章梳理我国生态系统碳汇现状，预测未来趋势，提出我国生态系统碳汇研究面临的问题与挑战，展望我国生态系统碳汇建设及其提升路径，以更好地支撑我国碳中和实施路径与行动方案。同时以制造业为研究对象，重点分析使用化石能源较高、碳排放较大的钢铁、铝冶炼两个行业的碳排放现状特点、未来排放情景预测以及碳达峰碳中和路径和政策措施。

2.1 建设生态系统碳汇

生态系统碳汇是指陆地和海洋生态系统通过光合作用和碳循环过程，将大气中的二氧化碳固定下来的所有过程、活动或机制。根据全球碳收支评估报告，2014—2023 年，海洋碳汇年均值约为 $(2.9 \pm 0.4)GtC$（占全球二氧化碳排放总量的 26%）。2014—2023 年，陆地碳汇年均值约为 $(3.2 \pm 0.9)GtC$（占全球二氧化碳排放总量的 30%）。2023 年，陆地碳汇为 $(2.3 \pm 1)GtC$，比 2022 年低 1.6GtC，是 2015 年来最低值（全球碳项目发布《2024 年全球碳预算》报告，最新报告中截止年限为 2023 年）。因此，生态系统碳汇是减缓大气二氧化碳浓度上升和全球变暖的重要手段，也是实现我国碳中和目标的有效途径之一。我国幅员辽阔，多种多样的生态系统具有较大的碳汇潜力。

2.1.1 中国生态碳汇现状和趋势

陆地和海洋生态系统具有碳汇功能，能够吸收并固定大气中的二氧化碳，从而降低大气中的二氧化碳浓度，在一定程度上减缓气候变化及其负面影响。

陆地生态系统碳循环可以描述为以下过程：

① 总初级生产力（GPP），植物通过光合作用同化大气中的二氧化碳形成有机物；

② 净初级生产力（NPP=GPP－Ra），植物的自养呼吸（Ra）作用会将一部分同化的碳转化为二氧化碳释放至大气，一部分则以植被生物量的形式储存起来；

③ 净生态系统生产力（NEF=NPP－Rh），植物的凋落物、死亡根系以及根系分泌物等会经过土壤微生物的分解（Rh）再次以二氧化碳的形式释放回大气；

④ 净生物群系生产力（NBP=NEF－NR），火灾、采伐、收获等非呼吸作用（NR）释放一部分的碳，如果 NBP 为正值，则生态系统表现为碳汇，否则为碳源。

海洋生态系统捕获的碳主要是有机碳，其机制包括依赖于生物固碳及其之后的以颗粒态有机碳沉降为主的生物泵，以及依赖于微型生物过程的海洋微型生物碳泵。生物泵在近海及中、高纬度海区具有相对优势，微型生物泵则在低纬度热带、亚热带以及广大的贫营养海区具有相对优势，这与不同特征海洋生态系统的结构密切相关，但对于这些过程机制的了解和认识迄今仍然非常有限。

2.1.1.1　陆地生态系统碳汇现状与趋势

20 世纪 90 年代以来，许多科学家利用多种不同方法对中国陆地生态系统的碳汇进行了估算，研究结果一致表明中国陆地生态系统是一个重要的碳汇。但由于采用的方法、数据来源和评估范围（时段、生态系统、碳库类型）的差异，估算结果存在非常高的不确定性。其中，清查法估算中国陆地碳汇为 2.1 亿~3.3 亿吨碳/年，与基于生态系统过程模型的估算结果相当，但基于大气反演法估算的结果具有很大的不确定性，不同研究结果可相差一个数量级。

LULUCF（土地利用、土地利用变化和林业部门）国家温室气体清单参考 IPCC 国家温室气体清单指南的方法，评估了全国包括林地、农地、草地、湿地、建设用地和其他土地以及木质林产品在内的温室气体源吸收汇状况，其中 2010 年、2012 年和 2014 年结果分别相当于 9.93 亿吨碳/年、5.76 亿吨碳/年、和 11.15 亿吨碳/年，到 2018 年，其为 7.70 亿吨碳/年。

将不同方法的现有研究结果进行整合后发现，我国陆地生态系统的碳汇强度为 1.95 亿~2.46 亿吨碳/年，大体呈现东、南部高，西、北部低的格局，空间异质性明显。20 世纪 60 年代至 20 世纪末，我国陆地碳汇变化不明显或呈微弱下降趋势，2000 年后，中国陆地碳汇有所增加，但存在一定的不确定性。

① 森林生态系统：1949—2022 年，中国森林生态系统逐步从碳源转变为碳汇。20 世纪 80 年代以前，森林采伐和毁林导致森林面积锐减、森林碳储量显著下降。20 世纪 80 年代以来，通过实施多项重大生态工程，坚持不懈地植树造林，同时制定和实施了一系列森林保护政策，中国森林面积和森林蓄积量呈稳步上升趋势。在全球森林面积减少的背景下，2010—2022 年，中国人工林面积以及森林面积年均增加量均排在全球第一位，并且远超其他国家，从而使中国森林的固碳增汇能力大大加强，中国的森林生态系统也逐步从碳源转变为碳汇。整合不同研究结果后发现，2000—2022 年，中国森林生态系统碳汇量约为 2.08 亿吨碳/年，占全国陆地生态系统碳汇量的 80% 以上，是中国陆地生态系统碳汇的绝对主体。2023 年底，中国森林覆盖率超过 25%，森林蓄积量超过 200 亿立方米，年碳汇量达到 12 亿吨以上，人工林面积居世界首位，成为全球增绿最多的国家。至 2050 年，中国森林将持续发挥碳汇的功能。2030 年中国森林植被碳储量为 84.6 亿~108.4 亿吨碳，2050 年将为 99.7 亿~130.9 亿吨碳。综合文献数据表明，在面积扩增假设情景下，我国乔木林生物质碳储量到 2020—2029 年约为 1.72 亿吨碳/年，2030—2039 年约为 1.56 亿吨碳/年，2040—2049 年约为 1.47 亿吨碳/年；我国森林土壤碳储量在 2050—2059 年的年均变化量将达到 0.21 亿~1.67 亿吨碳/年。在不考虑极端事件和人为干扰的情况下，未来中国森林生态系统的平均固碳速率将达到 3.8 亿吨碳/年。但要达到预期的固碳潜力，需要国家实施有效林管理策略和制定合适的造林政策。

② 草地生态系统：中国草地碳源汇特征表现出明显的时间动态。其中草地植被过去几十年逐渐由碳汇转变为碳中性或弱碳源，而草地土壤则表现出由碳中性逐渐转变为碳汇的变化规律。中国草地总碳储量为 289.5 亿吨碳，其中植被碳储量为 18.2 亿吨碳、土壤有机碳储量为 271.3 亿吨碳。基于中国科学院"应对气候变化的碳收支认证及相关问题"专项数据

的估算，中国草地生态系统在2001—2010年总体上是一个弱的碳源（-0.034亿吨碳/年）。值得注意的是，中国90%以上的天然草地发生了不同程度的退化，其中60%以上为中度和重度退化。通过退化草地的修复、改进放牧地管理、在牧场和人工草地中种植豆科植物等措施，草地生态系统固碳具有非常大的潜力。假设所有退化的草地生态系统通过有效管理措施能恢复到退化前的状态，由此估算的未来草地生态系统植被固碳和土壤固碳将分别增加10亿吨碳和163亿吨碳。

③ 灌丛生态系统：现有的研究显示，我国灌丛生态系统整体表现为碳汇。但由于不同研究使用的灌丛面积差异较大，灌丛生态系统碳汇能力的估算结果存在较大不确定性。清查统计的结果显示，中国灌丛生态系统碳储量在100亿~325亿吨碳；基于过程模型和统计模型的估算，在74亿~120亿吨碳。2000—2013年中国灌丛年均碳汇约为0.6吨碳/公顷，东南地区高，其次是西南地区，北方省份较低。基于清查数据估算的中国灌丛植被碳储量2050年约为6.57亿吨碳。

④ 荒漠生态系统：目前的研究结果显示，我国荒漠生态系统整体表现为碳汇。土壤被认为是荒漠生态系统碳汇的主体，1980—2010年中国荒漠土壤有机碳库增加了约2亿吨碳。荒漠生态系统还可以通过非生物过程固碳，主要是耕种和灌溉干旱/盐碱地会导致盐类下渗，将溶解的无机碳冲刷至咸水层，形成较大的碳汇。通量观测显示，毛乌素沙漠、古尔班通古特沙漠等荒漠生态系统的碳汇速率为0.3~0.8吨碳/公顷/年。

⑤ 湿地生态系统：目前国家尺度的湿地碳汇研究尚不多见，总体上看全国湿地呈碳中性或非常弱的碳汇，2000—2020年基于项目的湿地碳汇能力<100万吨二氧化碳当量/年。但从不同区域看，辽河和长江三角洲滨海湿地表现为较强的碳汇（46吨碳/公顷/年），松嫩平原和三江平原湿地也表现为碳汇（11吨碳/公顷/年和0.6吨碳/公顷/年），但青藏高原湿地则表现为弱源（-0.08吨碳/公顷/年）。从不同类型湿地的碳汇速率来看，滨海湿地>河流和湖泊湿地>内陆沼泽。值得注意的是，1978—2008年我国湿地面积约减少50%，1980—2010年我国湿地土壤碳库由152亿吨碳减少至76亿吨碳。

⑥ 农田生态系统：20世纪30~80年代，我国农田土壤有机碳储量略有下降。但自20世纪80年代以来，我国农田土壤有机碳库呈增加趋势，表现为明显的碳汇。20世纪80年代至20世纪末，我国农田表层土壤的固碳速率为0.07~0.28吨/7公顷/年，碳汇强度为0.096亿~0.26亿吨碳/年。当改善我国农田现有耕作制度和管理措施时，预估的农田土壤有机碳固存速率将从2011年的0.306亿~0.309亿吨/年增加到2050年的0.505亿~0.884亿吨碳/年。除黑龙江外，我国东部、中部、南部和西南地区的农田土壤有机碳均显著增加。自20世纪末开始推广的少免耕、秸秆还田、有机肥投入等保护性农业措施，是我国农田土壤碳汇增强的主要原因。

2.1.1.2　海洋生态系统碳汇现状与趋势

中国海域总面积约470万平方千米，纵跨热带、亚热带、温带等多个气候带。其中，南海连接着"世界第三极"青藏高原以及号称"全球气候引擎"的西太平洋暖池；东海则有着温带最宽广的陆海架区，跨陆架物质运输显著；黄海则是典型的温带陆架海，季节特征明显，水团更替、冷暖流交汇；渤海则是受人类活动高度影响的内湾浅海。中国海内有长江、黄河、珠江等大河输入，外邻全球两大西边界流之一的黑潮。

中国海洋碳库总碳储量约为 1677.7 亿吨碳，其中溶解的无机碳碳库储量约为 1641.8 亿吨碳，溶解的有机碳碳库约为 34.6 亿吨碳，颗粒有机碳 1.33 亿吨碳。如果仅考虑海-气界面的二氧化碳交换，中国海总体上是大气二氧化碳的"源"，净释放量为 601 万～903 万吨碳/年。但考虑了河流、大洋输入、沉积输出以及微型生物碳泵作用后，中国海是重要的储碳区。

就海气通量而言，渤海向大气中释放二氧化碳约 22 万吨碳/年，黄海吸收二氧化碳约 115 万吨碳/年，东海吸收二氧化碳 692 万～2330 万吨碳/年，南海释放二氧化碳 1386 万～3360 万吨碳/年。在河流和大洋输入中，渤黄海、东海、南海的无机碳分别为 504 万吨碳/年、1460 万吨碳/年和 4014 万吨碳/年，邻近大洋的无机碳更是高达 14481 万吨碳/年，远超中国海向大气释放的碳量。从沉积输出来看，渤海、黄海、东海、南海的沉积有机碳通量分别为 200 万吨碳/年、360 万吨碳/年、740 万吨碳/年、749 万吨碳/年。就生态系统而言，中国沿海红树林、盐沼湿地、海草床有机碳埋藏通量为 36 万吨碳/年，海草床溶解有机碳输出通量为 59 万吨碳/年。中国近海海藻养殖移出碳通量为 68 万吨碳/年，沉积和有机碳释放通量分别为 14 万吨碳/年和 82 万吨碳/年。总体而言，中国海有机碳年输出通量为 8172 万～10317 万吨碳/年。中国海的有机碳输出以溶解有机碳形式为主，东海向邻近大洋输出的溶解有机碳通量为 1500 万～3500 万吨碳/年，南海输出约 3139 万吨碳/年。

① 红树林生态系统：中国红树林主要分布在广东、广西、福建和海南，大多生长在低能海岸潮间带上部。中国红树林碳储量约为 691 万吨碳，未来碳储量是现有碳储量的 1.42～4.78 倍，其中 82% 存在于表层 1 米的土壤中，18% 来自红树林生物量。红树林生产力较高，初步估算中国红树林生态系统年平均净固碳量超过 20 克碳每平方米。红树林碳循环的关键过程除了根系分泌物和凋落物在土壤、沉积物中的储存，还包括红树植物群落与大气间的垂直交换和各形态碳向邻近海域的横向输运。

② 盐沼湿地生态系统：我国盐沼植被生长在渤海、黄海、东海的海滨湿地，主要包括芦苇、碱蓬等盐生植物。盐沼湿地全球平均净固碳量为 218 克碳每平方米，高于红树林和泥炭湿地。盐沼植被根冠比可达 1.4～5，初级生产力固定的碳通过根系周转进入土壤碳库，在海洋潮汐和地表径流的作用下以有机碳形式进入邻近水域。我国盐沼植被中初级生产力总体上不高，但生态系统二氧化碳净吸收量相对较高，黄河三角洲盐沼湿地年均初级生产力为 585～1004 克碳每平方米，年均碳吸收量则达到 164～261 克碳每平方米。

③ 海草床生态系统：海草床是一类典型且重要的海洋生态系统，具有较高的生产力，也是底栖藻类固着和繁衍的重要生态环境。海草床生态系统主要通过海草植物的光合作用以及海草叶片附着的生物群落固碳，一部分被运输到地下根状茎和根部储存，有 15%～18% 的初级生产力固定的碳可以被长期埋存于海底。另外，海草截获大量有机悬浮颗粒物，并促使其沉积和埋藏于沉积物中，在厌氧状态下比较稳定。目前研究显示，全球海草床的年均固碳能力约为 138 克碳每平方米，分布在桑沟湾大叶藻海草床的初级生产力达到每年 543 克碳每平方米。

2.1.2　提升生态系统碳汇面临的问题和挑战

2.1.2.1　国土生态空间提升有限

近年来，中国陆地生态系统碳汇功能的提升，主要得益于中国森林面积的不断增加。近

20 年中国森林覆盖率从 16.55％增加至 23.04％，乔木林生物质碳储量从 45.6 亿吨碳增加至 79.7 亿吨碳。林地面积增加对于中国森林生物质碳储量增长起到了非常重要的作用，1977～2008 年中国森林生物质碳储量的增长有 50.4％源自森林面积的增加。中国森林生物质碳储量 2008 年约为 6 亿～7 亿吨碳，2020 年为 9 亿～10 亿吨碳。2008—2024 年间，中国的森林生物质碳储量呈现显著增长趋势，主要得益于森林面积的扩大和森林质量的提升。

然而，我国森林覆盖率增长已逐渐进入瓶颈期，未来仅依托造林面积"量"的增长来发挥森林固碳作用不可持续。中国制定了到 2005 年森林覆盖率达到 26％的目标，这相当于要新增森林面积约 3000 万公顷。目前，华北、华东、中南等宜林地区的森林覆盖率均已超过40％；西北地区森林覆盖率不足 9％，但干旱缺水和沙漠地表导致西北地区植树造林难度较大。全国目前尚存的各类迹地的面积总计约 5240 万公顷，但有约 34％分布在内蒙古，29％分布在西北五省区，造林成活率和森林生长速率均较低，很大程度上只适宜于营造灌木林，未来通过新增森林面积来提升碳汇的难度也将越来越大。预测研究结果显示，2010～2060年通过新增森林面积增加的固碳速率仅约 0.25 亿吨碳/年。

另外，1980—2018 年我国重要生态空间内生态用地呈收缩趋势。生态用地减少的主要原因一方面在于农业开发活动增强，同时生态用地增加也主要来源于农业用地，这说明退耕还林还草生态保护工程修复成效已经凸显；另一方面开发建设和农业活动持续侵占和破坏生态用地，生态保护形势依然严峻。

2.1.2.2 生态系统固碳能力亟待提升

21 世纪以来，我国林业发展已从数量增长进入数量和质量并重的新阶段，但人工林质量差、天然林低质化等突出问题普遍存在。根据第九次全国森林资源清查结果，我国乔木林平均蓄积只有 94.83 立方米每公顷，不到德国等林业发达国家的 1/3，也远低于世界平均水平。森林年均生长量为 4.73 立方米每公顷，只有林业发达国家的 1/2 左右。全国乔木林中，质量"好"的面积仅 20.68％，"中"的占 68.04％，"差"的占 11.28％。人工林面积占森林面积的 36.45％，平均蓄积只有 59.30 立方米每公顷，而且幼、中龄林面积占比超过 70％。天然林的幼、中龄林面积占比也在 60％以上。森林质量反映了森林所有生态、社会和经济效益的功能和价值，也包括森林提供的碳汇功能。提升森林质量成为今后相当长一个时期内林业的目标和任务，而森林经营是实现森林质量提升的根本途径。

自 1984 年实施《中华人民共和国森林法》以来，我国严格限制天然林采伐，全国多地颁布并实施"禁伐令"，长期实施以养护为主的森林管理措施。"十三五"以来，我国全面取消了天然林商业性采伐指标。2017 年，全国所有国有天然林均纳入停伐补助范围，非国有天然商品林停伐也分步骤纳入管护补助范围。采伐限额制度一定程度抑制了森林经营者投入造林管护的时间、资本及劳动力，导致"只种不管"或转投其他行业现象出现。"十四五"期间，我国通过扩大森林面积、提升森林质量、加强资源管理、推动碳汇发展等多方面措施，全面推进森林资源的可持续管理和生态保护。目前，我国森林资源中，乔木林中成熟林、过熟林面积超过 3600 万公顷，面积占比超过 20％，蓄积量占比近40％，达到 65.8 亿立方米。而对比"十三五"期间全国森林采伐限额，全国每年总额为

25 亿立方米，远低于我国成熟林、过熟林蓄积量。全国乔木林中近熟林、成熟林、过熟林的年均生长量分别为 4.52 立方米/公顷、3.73 立方米/公顷和 2.99 立方米/公顷，呈现出随着森林的成熟而明显下降的趋势。成熟林、过熟林面积占比增多，大量枯立木、病腐木积压、腐烂，可能会导致森林整体固碳能力下滑，甚至有可能演变成碳排放源。对"天然林资源保护工程"实施以来的多次森林资源清查结果分析显示，工程区内过熟林的碳汇能力呈下降趋势。

2.1.2.3　海洋碳汇能力尚待保护和发掘

《中共中央 国务院关于完整准确全面贯彻新发展理念做好碳达峰碳中和工作的意见》提出："整体推进海洋生态系统保护和修复，提升红树林、海草床、盐沼等固碳能力。稳定现有海洋固碳作用。开展海洋碳汇本底调查和碳储量评估，实施生态保护修复碳汇成效监测评估。"作为推动实现"双碳"目标的重要内容，海洋碳汇能力建设需将系统观念作为谋划其长远发展的核心观念。

中国沿海海平面持续上升，风暴潮、海岸侵蚀和海水入侵威胁着沿海地区经济社会安全。海岸带作为柔性海堤，削浪固滩以适应气候变化作用更为重要。海岸带蓝碳生态系统是鸟类、海洋生物的栖息地和育幼场，对于维护物种多样性，补充渔业资源具有重要意义。我国红树林生态系统受到气候变化导致的海平面上升、工业化和城市化等对海岸的威胁，面临严重退化和丧失的风险。根据第三次国土空间调查数据，2019 年我国红树林面积仅约 3 万公顷。我国通过加快实施红树林保护修复专项行动，近 5 年累计营造红树林 8800 多公顷、修复红树林 8200 公顷。2025 年我国红树林面积已达 3.03 万公顷，相较本世纪初增加 0.83 万公顷，是世界上少数几个红树林面积净增加的国家之一。受全球升温、水体污染和富营养化，以及人类活动的影响，我国海草床退化严重，与 1950 年相比，超过80% 的海草床退化甚至消失。据估计，我国现存的海草床面积 23062.44 公顷。滨海盐沼是我国温带和亚热带主要的滨海湿地类型，总面积约 10.43 万公顷，其中近一半为外来物种互花米草。近些年受疏浚、围填海、排水和道路建设影响，盐沼生态系统消失速度加快。

目前我国海洋碳汇能力建设涉及自然资源部、生态环境部、国家林草局等多个部门职责，建设思路不统一，海洋碳汇监测调查评估方法不清晰，海洋碳汇底数基数不清或不统一等问题普遍存在。部分海洋碳汇理论和实践都较为成熟，而部分新兴类型的海洋碳汇仅处于基础理论研究阶段，导致不同类型的海洋碳汇研究和建设定位并不明确。

2.1.2.4　政策机制与配套措施不完善

目前，我国的重大生态工程仍以政府投入为主，投资渠道比较单一，资金投入整体有待提高。由于生态保护工程具有明显的公益性、外部性、经济收益低、项目风险高等特征，且目前我国市场投入机制、生态保护补偿机制仍不完善，缺乏激励社会资本投入生态保护、生态修复的有效政策和措施，社会资本参与生态保护工程的意愿并不高。另外，由于生态工程建设的重点区域多为老少、边、穷等地区，缺乏鼓励各地统筹多层级、多领域资金，吸引社会资本积极参与重大工程建设的内生动力。

以生态林业工程为例，目前尚存在法治观念落后、生态林业建设发展滞后等问题。由于生态林业工程建设系统性较强，必须借助相应的法律法规来推动，现行部分法律法规已不能满足林业发展需求，反而会影响工程建设效率。以重大水利工程为例，工程实施过程中征地补偿相关政策、补偿资金分配政策、移民安置办法等在落实过程中存在一定问题，款项分配透明度不够、分配不合理等，极易引发关联人群负面情绪，甚至阻碍工程进展。

2.1.3 加强陆地和海洋生态碳汇建设

2.1.3.1 森林生态系统固碳增汇

无论从过去还是未来的减排潜力看，森林路径都是中国最重要的基于自然的气候解决方案。中国现阶段陆地生态系统碳汇能力的提升，主要得益于森林面积和森林蓄积量的双增长，植树造林、退耕还林、天然林保护等生态工程都对当前中国陆地生态系统碳汇增加起了很大作用。目前，中国人工林面积约 8000 万公顷，居全球首位。中国人工林当前以幼龄林和中龄林为主，整体林龄较低，处于森林演替的早期阶段，生态系统碳汇潜力较大。有研究表明，2000—2040 年，林龄增加将使中国森林植被碳储量增加 66.9 亿吨。

在基于自然的解决方案中，比较重要的包括造林、再造林、森林可持续管理避免毁林和森林退化、混农（牧）林系统等，同时具有气候减缓、适应和可持续发展的协同作用。研究表明，2000—2020 年中国通过森林恢复、天然林经营和火管理措施的减排贡献分别为 2.47 亿吨二氧化碳当量/年、1.89 亿吨二氧化碳当量/年和 0.1 亿吨二氧化碳当量/年。2020 年后，中国森林恢复的潜在最大面积约为 3180 万公顷，到 2030 年和 2060 年时，森林恢复的最大增汇潜力将分别达到 0.77 亿吨二氧化碳当量/年和 2.35 亿吨二氧化碳当量/年；而天然林经营的最大增汇潜力在未来 40 年可能会倍增至 3.36 亿吨二氧化碳当量/年，此外毁林排放 0.06 亿～0.07 亿吨二氧化碳当量/年。

我国林业已经进入了提高森林资源质量和转变发展方式的关键阶段。森林可持续管理、造林和再造林、减少毁林和加强林火管理，是巩固和提升未来中国森林生态系统固碳增汇能力的关键路径。当前应致力于应用和发展的技术措施包括：

① 实施生态保护修复重大工程，开展不同地理单元的山水林田湖草沙冰一体化保护和修复，持续增加森林面积和蓄积量。

② 大力推进国土绿化行动，巩固退耕还林还草成果，实施森林质量精准提升工程。

③ 采取多样化的森林经营和管理措施，如延长森林间伐时间、人工林抚育、防火和病虫害防治等。

2.1.3.2 草地生态系统固碳增汇

草地生态系统碳汇功能的维持和提升有赖于合理有效的管护。2000—2020 年，中国通过改良放牧管理和草地恢复措施，分别贡献了约 0.59 亿吨二氧化碳当量/年和 0.21 亿吨二氧化碳当量/年的碳汇量。中国草地减排潜力主要受制于草地管理活动的面积。2030 年和 2060 年全国草地改良放牧管理的面积将分别达到 1560 万公顷和 6240 万公顷，减排增汇潜力仅约 0.08 亿吨二氧化碳当量/年和 0.29 亿吨二氧化碳当量/年；未来中国退耕还草的面积也十分有限，仅约 54 万公顷，因此退耕还草也仅能贡献约 0.03 亿吨二氧化碳当量/年的碳汇量。此外，开垦、放牧、刈割、施肥等人为管理措施对草原碳汇的影响也较大。

不过，目前中国农田面积的扩增导致每年草地面积减少约 53 万公顷，因此未来通过防止草地转化可以提供新的减排机遇，将产生约 0.5 亿吨二氧化碳当量/年的减排量。退耕还草、围栏封育、补播和人工种草等也是实现草地生态系统增汇经济可行的途径；围封禁牧通过减少人畜对草地土壤的干扰、防止草地植被退化来提高草地生物量和凋落物量；人工种草可以增加优良牧草种类，提高草地生产力和改善土壤质量，促进草地恢复和提升固碳能力。

2.1.3.3　湿地生态系统固碳增汇

尽管从全国平均水平看，中国湿地是非常弱的碳汇，但未来可能具有较高的增汇潜力。据估计，2030 年和 2060 年全国湿地碳汇将分别达到 0.35 亿吨二氧化碳当量/年和 0.52 亿吨二氧化碳当量/年。其中，未来 40 年，通过避免泥炭损失的减排潜力将达到 0.24 亿吨二氧化碳当量/年，泥炭地还湿恢复的减排潜力在 2030 年和 2060 年分别约为 0.04 亿吨二氧化碳当量/年和 0.14 亿吨二氧化碳当量/年。

《中华人民共和国湿地保护法》禁止在泥炭沼泽湿地开采泥炭或者擅自开采地下水；禁止将泥炭沼泽湿地蓄水向外排放，因防灾减灾需要的除外。这一条款将有利于维持现有泥炭地水位，防止水位下降和碳释放。同时，采取一定的措施使排水的泥炭地还湿和恢复植被，加强泥炭地水管理是减少泥炭地碳排放最基本、最有效的措施。

退耕还湿、退塘还湿可以作为增加湿地面积的主要举措，促进土壤碳积累的同时，减少甲烷等温室气体排放。例如，宁夏自 2002 年以来实施的湿地恢复工程，平均土壤碳密度增加 708.49 克碳每平方米，占湿地生态系碳汇总量的 50%。在实施湿地恢复的过程中，筛选合适的固碳植物，适当控制水域面积的水位，将有利于提升湿地碳汇功能。

2.1.3.4　农田生态系统固碳增汇

农田的增汇减排潜力主要来自改良农田管理。2000—2020 年，全国通过减少氮肥使用、改进施肥技术等农田养分管理措施，减少了 0.79 亿吨二氧化碳当量/年的氧化亚氮排放，种植覆土作物贡献了 0.05 亿吨二氧化碳当量/年的碳汇量。2014 年，中国农地通过秸秆还田、农家肥和外源有机碳投入，以及免耕措施，使农地土壤碳储量增加 0.49 亿吨二氧化碳当量/年。农业的保护性耕作和有机肥使用等措施的固碳潜力为 1.4 亿~1.7 亿吨二氧化碳当量/年。

通过对不同农田长期定位施肥实验的数据进行整合分析发现，化肥和有机肥配施的情况下土壤有机碳累积变化约 0.67 吨碳/公顷/年，高于仅施用有机肥的 0.49 吨碳/公顷/年，也高于仅采用秸秆还田的 0.44 吨碳/公顷/年。通过采取秸秆还田、少/免耕等保护性耕作措施，可以避免对农田土壤的物理性干扰，减少土壤有机碳的矿化，同时使残渣进入土壤来增加农田土壤有机碳含量，并减少温室气体排放。

2.1.3.5　加强海洋蓝色碳汇建设

中国海岸带及其陆架海固碳能力、储碳潜力远大于相同气候带的陆地生态系统和大洋生态系统。但由于沿海地区人口密集、人类活动强烈，不仅影响海岸带生物固碳过程，同时对近海碳循环的生物地球化学过程产生多方面的影响。另外，气候变化效应（如海平面上升、温度升高和海洋酸化等）会加剧对这些地区蓝碳生态系统的影响，直接或间接地影响碳汇过程。

目前，国际上海洋碳汇研发最多的是海岸带蓝碳，即红树林、海草、盐沼等类似陆地植被的碳汇形式。对中国海岸带蓝碳生态系统的蓝碳本底现状分析表明，中国海岸带蓝碳生态系统生态环境总面积为 16.16 万～38.16 万公顷，碳汇量为 127 万～308 万吨二氧化碳当量/年，可预期的海岸带蓝碳碳汇增量为 340 万～516 万吨二氧化碳当量/年。可见，我国海岸带蓝碳总量有限，无法形成碳中和所需的巨大碳汇量，因此必须开发其他负排放途径。

近些年，中国科学家针对我国"蓝色碳汇"，提出陆海统筹负排放生态工程策略：合理施肥，减少陆源营养盐输入，增加近海碳汇。农业生产中过量施肥导致大量陆源营养盐通过径流进入河流，最后输入近海。大量的陆源营养盐不仅导致近海环境富营养化，引发海洋赤潮等生态灾害，而且使海水中有机碳难以保存，河口和近海成为排放二氧化碳的源。在陆海统筹理念指导下，合理减少农田的氮、磷等无机化肥用量，从而减少河流营养盐排放量，缓解近海富营养化，在固碳量保持较高水平的同时减少有机碳的呼吸消耗，提高惰性转化效率，使总储碳量达到最大化。陆海统筹减排增汇，是一种成本低、效益高的海洋负排放途径。

此外，通过在缺氧/酸化海区添加矿物、增加碱度、提高自身碳酸盐产量并随有机碳一起埋藏，可以起到增加海洋储碳量的效果。在海水养殖区通过人工实现上升流，把海底富营养盐带到上层水体，供给养殖海藻等光合作用所需的营养盐，可望打造成可持续发展的健康养殖模式和海洋负排放综合工程。

2.1.4　优化生态空间和科学生态修复

生态系统碳汇地理格局及自然区划是制定碳中和行动空间布局的基础。提升生态系统碳汇的实施方案必须与现有的国土空间主体功能区划相协调，辨识出重要自然碳汇功能区、人工增汇功能区，进而融合到国家重要生态保护区、生态红线区及生态修复重大工程区的布局之中，强化国土空间范围内的各特定地域"山水林田湖草沙冰"的整体治理。

在规划理念上，要以提升碳汇能力为导向，从末端治理转向源头调控，依托新时代生态修复推动国土空间保护利用方式转型，构建绿色低碳的资源利用方式；要坚持因地制宜，从生态系统演替规律和内在机理出发，基于自然地理格局，关注陆地生态系统碳循环过程、固碳速率及潜力，综合考虑植被、土壤、环境条件和土地利用变化等影响因素及因素间的关联，统筹推进山水林田湖草沙冰的整体保护、系统修复、综合治理。

在重点区域布局上，严格规范生态、农业、城镇三类空间用途转用，将生态保护红线、整合优化后的自然保护地及识别的生态功能极重要区域作为自然恢复优先区，通过保护碳汇型途径夯实陆地生态系统碳汇的基础。基于不同情景下生态系统碳汇空间格局的预测，因地制宜地设计固碳增汇的修复措施，加强对碳汇潜力较高的区域空间的保护修复及碳收支监测。衔接全国重要生态系统保护和修复重大工程总体布局，摒弃以往局地修复的方式，转向"点-线-面-网"结合的系统性修复，助力碳汇能力稳中有升。

2.1.4.1　科学提升生态系统综合固碳能力

陆地碳汇功能是生态系统碳收支响应环境变化的动态结果，而非固有属性。当陆地生态系统的碳吸收量大于排放量时，该系统就成为大气二氧化碳的汇，反之则为碳源。就全球尺度而言，环境变化对生态系统碳输入过程的促进作用大于碳输出过程的作用，使目前全球陆地生态系统扮演着大气二氧化碳"汇"的角色。中国陆地生态系统碳汇的驱动因素主要受益于大气二氧化碳浓度升高，成熟生态系统进入非平衡态，其次是过去几十年以来广泛实施的国土绿化、植树造林和天然林保护等生态工程，使森林生态系统进入生产力较大的早期演替阶段，从而形成显著的碳汇。

随着各国"碳中和"战略的陆续实施，全球大气二氧化碳浓度上升趋势可望逐步减缓直到停止，陆地生态系统的碳汇功能将随之由持续上升转为持续下降并最终趋于零。而且，随着整体林龄的增加，成熟林和老龄林比例上升，森林生态系统趋于平衡，碳汇能力也将逐步降低。要想长期维持森林较高的碳汇能力，需要通过科学的森林经营管理措施，适当更新年龄结构，优化林龄时空布局，延长森林碳汇服务时间。

巩固和提升陆地生态系统碳汇功能，需要丰富多样的关键技术及生态系统管理模式应用与示范。传统的农林业减排增汇技术及生态工程增汇技术被认为是技术成熟度最高、经济成本最低、最易普及、规模效应最大的生态系统固碳增汇技术体系。但是，还需要因地制宜地对潜在增汇技术措施的有效性、可行性和经济性进行论证，形成有效的技术模式，并通过实验和示范使其得到普及应用。植树造林、天然林保护、森林管理等生态工程措施有助于实现增汇并延长陆地碳汇服务的窗口期，但造林的时机和宜林区选择要基于科学认知和预估进行优化布局。

2.1.4.2　创新技术完善海洋碳汇技术体系

继续完善海洋支撑碳中和的技术体系，加强布局前瞻性、颠覆性技术，加强微生物介导的有机-无机联合增汇机制和技术研发，关注多层次渔业碳汇扩增技术和综合养殖增汇技术，在养殖区开展微生物介导的碳酸盐增汇试点。评估滨海湿地碳汇时空格局与潜力，大力发展滨海湿地恢复和保护技术，建立典型滨海湿地-河口-近海碳汇联网观测技术体系，集成示范近海与淡水湿地生态系统固碳增汇关键技术和模式。加强海底碳固存区域潜力评估、二氧化碳地层内迁移机制及泄漏规律研究，开展海底碳固存安全监测研究和技术示范，开展增强海水碳吸收功能、增强矿物风化作用的低成本、高效率、变革性技术研究。

通过修护或种植的方式增加滨海湿地植被覆盖率，提升碳汇功能。在红树林方面已形成废弃虾塘生态修复技术、自然恢复技术、补苗改造技术、重建造林技术、红树林生态农场技术等；在盐沼增汇方面形成了斑块修复技术、多重修复技术等；在海草床增汇方面主要有种子法、草皮法、根状茎技术、海底土方技术等一系列修复技术；在海藻场增汇方面形成孢子育苗藻礁构建、网袋捆苗藻礁构建以及苗绳夹苗藻礁构建等技术。

发展海洋微生物介导的惰性有机碳生成、海水碱度增加和碳酸盐生产等联合增汇技术。主要包括近岸缺氧区微生物增汇技术、近海微型生物碳泵智能增汇技术和多泵协同微生物增汇技术等。发展人工上升流增汇技术和机械设备系统，促进海洋碳汇扩增，主要包括人工鱼礁式人工上升流技术、水泵式人工上升流技术、波浪式人工上升流技术和气力提升式人工上升流技术等。实施海水养殖区综合负排放工程，主要技术包括单一或多营养层次综合养殖增汇技术。通过在特定海域发展海洋牧场，可有效增殖养护渔业资源，扩增海洋渔业碳汇潜能，形成人工鱼礁生态修复碳汇扩增技术和渔业资源增殖放流碳汇扩增技术。

2.2 加快发展绿色低碳金属材料行业

2.2.1 工业碳排放现状与趋势分析

推动重点工业行业碳达峰碳中和是实现全国"双碳"目标的重要环节。同时,通过实现"双碳"目标,倒逼传统产业深度调整,推动战略性新兴产业等绿色低碳产业大力发展,产业链、供应链现代化水平不断提升,高耗能、高排放、低水平项目盲目发展得到有效遏制,产业结构实现全面优化升级。为此,2022 年 1 月,工信部、国家发改委和生态环境部联合印发《工业领域碳达峰实施方案》(以下简称《实施方案》)。《实施方案》从深度调整产业结构、深入推进节能降碳、积极推行绿色制造、大力发展循环经济、加快工业绿色低碳技术变革、主动推进工业领域数字化转型 6 个方面提出重点任务,并提出重点行业达峰、绿色低碳产品供给提升两个重大行动。

2.2.1.1 全国工业制造业发展形势

党的十八大以来,我国制造业发展取得历史性成就、发生历史性变革,综合实力、创新力和竞争力迈上新台阶,为全面建成小康社会、开启全面建设社会主义现代化国家新征程奠定了更加坚实的物质基础。

一是制造业综合实力持续提升。我国工业制造业增加值从 2012 年的 16.98 万亿元增加到 2024 年的 40.5 万亿元,占全球比重从 22.5% 提高到近 31.6%,保持世界第一制造大国地位。体系完整优势更加凸显,按照国民经济统计分类,我国制造业有 31 个大类、179 个中类和 609 个小类,是全球产业门类最齐全、产业体系最完整的制造业。产品竞争力也显著增强,我国技术密集型的机电产品、高新技术产品出口额分别由 2012 年的 7.4 万亿元、3.8 万亿元增长到 2024 年的 15.34 万亿元、5.8 万亿元,制造业中间品贸易在全球的占比达到 20% 左右。

二是制造业供给体系质量大幅提升。世界 500 种主要工业产品中有四成以上产品产量位居世界第一,我国汽车保有量从 2010 年的 0.78 亿辆大幅增长到 2024 年的 3.53 亿辆,特别是新能源汽车,产量已连续 7 年位居世界第一。2021 年我国第五代移动通信技术手机出货量达到 3.14 亿部,占同期手机出货量的 86.4%。截至 2021 年 7 月,国家新型工业化产业示范基地已有 445 家,工业增加值占全国工业增加值比重已超过三成。

三是制造业生产模式发生了深刻变革。制造业向智能、绿色方向升级取得显著成效。数字化方面,2024 年,我国重点工业企业关键工序数控化率、数字化研发设计工具普及率分别达到 62.9% 和 80.1%。绿色化方面,我国已初步形成绿色制造体系,规模以上工业单位增加值能耗"十二五""十三五"期间分别下降 28% 和 16%,2021 年和 2023 年下降 5.6% 和 7.62%。

我国制造业取得显著成就的同时,也面临更趋复杂严峻的发展环境,产业结构仍面临巨大挑战。当前,工业产业结构未跨越高耗能、高排放阶段,我国第二产业增加值占国内生产总值的 39.4%,但能耗占全国能源消费总量的 70%,二氧化碳排放占全国碳排放总量的

80%，传统资源型产业占比仍然偏高，能效水平还有较大提升空间。

一是工业产品有效需求不足，产能过剩问题凸显。目前我国产业结构仍然偏重，特别是高耗能产业占比较大，显著高于发达国家。在工业内部产业结构中，钢铁、铝冶炼等高耗能产业占比过高。作为"世界工厂"，2024 年中国生产世界上近 53.3% 的粗钢、53.86% 的原生钢和铝以及 30% 的初级化工产品。这些行业中先进产能占比还不够高，存在大量小钢铁、铝冶炼厂等落后产能尚未淘汰。

二是有效供给不能完全适应消费结构升级的需要。随着我国向高收入国家迈进，新型城镇化和消费升级将极大拉动基础设施和配套建设投资，促进钢铁、建材、能源、家电、汽车、高铁及日用品等方面转型升级，增加对绿色、安全、高性价比的高端工业产品需求。而我国工业部门产品结构不尽合理，中低端产品占比较大，高端和高附加值产品占比较小。

三是工业领域减污降碳协同治理不足。我国工业部门是污染物和二氧化碳排放大户，主要大气工业点源污染物中，几乎所有二氧化硫和氮氧化物，以及 50% 左右的挥发性有机物、85% 左右的一次 PM2.5（不含扬尘）排放源，都与二氧化碳排放源高度一致，而工业企业对污染物和温室气体协同控制远远不足。

2.2.1.2　工业行业发展和碳排放现状

（1）工业行业碳排放现状分析

工业部门 2023 年碳排放量为 126 亿吨。其中，钢铁、水泥、铝冶炼和石化化工碳排放占工业碳排放的 70% 左右。

"十一五"期间，全国工业碳排放总量（只计算能源相关的直接排放和工业过程排放，不包括间接排放）处于快速上升阶段，年均增速 7.6%，2009—2010 年增速最高，达到 13.6%。碳排放量"十一五"期间增长 14.7 亿吨，增幅 43.9%，能源相关的直接排放增长 11 亿吨，工业过程排放增长 3.7 亿吨。

"十二五"期间，全国工业碳排放于 2014 年达到最高，为 54.4 亿吨，能源相关的碳排放于 2013 年达到最高，为 41.2 亿吨，直到 2020 年工业碳排放均未超过这一峰值。整体年均增速 2%，2010—2011 年增速较快，达到 6.2%，之后增速明显下降，2014—2015 年碳排放总量出现了小幅度下降。"十二五"期间，碳排放量增长 4.8 亿吨，增幅 9.9%，能源相关的直接排放增长 2.5 亿吨，工业过程排放增长 2.3 亿吨。

"十三五"期间，全国工业碳排放在 2016—2018 年基本保持不变，2019—2020 年增速明显加快，年均增速 1%，2019 年和 2020 年增速分别为 3.1%、2.8%。"十三五"期间，碳排放量增长 0.45 亿吨，增幅 0.85%，能源相关的直接排放下降 1.25 亿吨，工业过程排放增长 1.7 亿吨。

"十四五"期间，全国工业碳排放量在 2021 年约为 43.8 亿吨，在 2022 年为 42 亿吨，在 2023 年为 28.32 亿吨。

（2）钢铁行业发展和碳排放现状

钢铁行业是我国国民经济和社会发展的重要基础产业，在现代化建设进程中发挥了不可替代的支撑作用。2021 年全国累计生产粗钢 10.05 亿吨，同比下降 1.7%，实现了产量下降的预期目标；生产生铁 8.52 亿吨，同比下降 2.3%；生产钢材 14.00 亿吨，同比增长 1.1%。

2010—2020 年，我国钢和生铁产量总体呈增长趋势，钢材出口量从 4256 万吨增加到

1.11 亿吨，进口量从 1643 万吨减少到 682 万吨。

分阶段来看，"十二五"期间，全国粗钢产量从 6.7 亿吨增长至 8.0 亿吨，年均增幅为 4.1%，期间单位 GDP 钢材消费系数年均下降 4.5%；"十二五"期间是 2000—2020 年全国粗钢产量增幅最低的时期，2015 年全国粗钢产量同比下降 2.2%；"十三五"期间，全国粗钢产量从 8.1 亿吨增长至 10.7 亿吨，年均增幅为 7.2%，对应单位 GDP 钢材消费系数年均增速为 2.5%。

从钢铁生产方式来看，我国钢铁生产工艺以长流程炼钢为主，对铁矿石资源以及煤炭、焦炭等能源高度依赖，导致资源、能源消耗突出。2024 年，我国电炉钢产量占粗钢比例仅为 10.5%，相较于美国 70%、欧盟 40%、韩国 33%、全球平均 28% 的电炉钢比例存在较大差距。炼钢废钢比仅为 22.71%，也显著低于美国（70%）、欧盟（55%）、日本（34%）等发达国家和地区的水平。

从钢材消费结构来看，我国钢铁行业的下游消费部门主要包括房屋建设、机械、汽车制造、基础设施建设、家电等，其中，房屋建设、机械以及汽车制造是最主要的钢材消费领域，合计钢材消费量约占全国总量的 70%，是决定未来钢铁产量需求的重要部门。

钢铁行业是我国重要的二氧化碳排放源。按照燃料燃烧排放、工业生产过程排放等直接排放以及净购入使用的电力、热力等间接排放为测算边界，2023 年，我国钢铁行业二氧化碳排放总量为 19.46 亿吨，占全国碳排放总量的比例为 12.21%，属于除电力行业之外碳排放最多的行业。从行业门类来看，钢铁行业的碳排放量位居制造业 31 个门类首位，占全国碳排放总量的 15% 左右。从不同生产工序的贡献来看，钢铁行业二氧化碳排放主要来自高炉铁、烧结（球团）、转炉炼钢、炼焦等工序环节，上述工序环节的二氧化碳排放占比分别为 72%、13%、9%、5% 左右。

（3）铝冶炼行业发展与碳排放现状

2024 年，我国电解铝产量 4310 万吨，较 2023 年的 4166.22 万吨增加了 143.78 万吨，增幅为 3.45%。我国是全球最大的电解铝生产国，占全球铝总产量的 57%。我国铝产业用电最大环节——电解铝，绿色能源占比超过 25%，火电占比持续下降。一批风力发电、太阳能发电项目投产，为持续优化能源结构增添了后劲。中国铝产业绿色能源占比的持续上升，有效地降低了对传统能源的依赖，推动铝工业向低碳转型的进度加快。再生铝产量突破千万吨大关，达到 1055 万吨，再生铝与原铝比例已迫近 1∶4，正向着 1∶2 快速迈进。随着再生铝与原铝、铝加工融合发展，铝加工材生产的碳足迹也将大幅降低，有望提前实现碳达峰目标。电解铝产能主要以低的电力成本为核心进行布局：2019 年之前，煤-电-铝一体化为主要特征，主要分布在山东、新疆、内蒙古、甘肃等地区；从 2019 年开始，转变为围绕清洁能源发展的水-电-铝，正在向云南等地进行新一轮产能转移。

再生铝为铝工业重要组成部分，2024 年产量为 1055 万吨，再生铝总量约占全球的 40%，总量较高；但再生铝占铝供应比重约为 17%，低于美国（40%）、日本（30%），且保级回收水平较低，尚有较大发展潜力。未来几年，再生铝行业的供给仍以电解铝为主，但再生铝产量预计将继续增长。专家预测，2025 年再生铝产量将达到 1150 万吨，未来 5 年复合增长率为 5%～6%。

铝广泛应用于建筑结构、交通运输、电子电力、包装容器、耐用消费、机械装备等众多领域。建筑结构是国内消费的第一大领域，占比 28%；交通运输、电力领域铝消费依次居第二、第三位，占比分别为 19.5% 和 10.0%。

2024 年，我国电解铝行业全年用电量 5615 亿千瓦·时，占全社会用电量的 7.5%。中国电解铝行业的供电模式分为自备电厂供电和购买网电两种类型，其中自备电厂的输电方式又分为自建局域电网和并网运行两种类型。

2024 年，国务院印发的《2024—2025 年节能降碳行动方案》要求严格落实电解铝产能置换，新建和改扩建电解铝项目须达到能效标杆水平和环保绩效 A 级水平，大气污染防治重点区域不再新增电解铝产能。国家发展改革委等五部门发布的《电解铝行业节能降碳专项行动计划》再度强调，到 2025 年底，电解铝行业能效标杆水平以上产能占比达到 30%，可再生能源使用比例达到 25% 以上，能效基准水平以下产能完成技术改造或淘汰退出。

2.2.2　钢铁行业碳达峰碳中和路径与措施

2.2.2.1　钢铁行业碳达峰研究方法

（1）粗钢产量预测

产量预测包括粗钢产量和废钢资源量两部分内容。粗钢产量预测首先采用消费系数和分部门预测两种方法，同时考虑出口需求等外部因素变化情况，对 2020—2035 年逐年粗钢产量进行综合预测，形成两个市场消费需求情景（高需求情景、低需求情景）。其中，消费系数法（高需求情景）立足于我国工业化发展所处阶段，综合参照"十二五""十三五"期间我国单位 GDP 钢材消费系数变化情况，对未来钢材消费量及粗钢产量开展预测；分部门预测法（低需求情景）按照房屋建设、机械、汽车、基建、家电等分类，对钢材消费需求分别开展预测。其次，在上述两个市场需求情景的基础上，从产能产量控制、产品替代、标准提升、进出口调节等角度考虑产量强化控制政策的影响，建立对应的产量强化政策情景（高需求-强化政策情景、低需求-强化政策情景），对相应情景下的粗钢产量进行预测。根据上述方法测算，我国钢需求当前已在高位徘徊，预计"十四五"时期达峰，之后逐步下降，但2030 年前总体仍将保持较高水平。其高需求的情景和高需求-强化政策情景下，预计粗钢产量 2025 年达峰。

废钢资源量根据中国工程院评估结果，采用社会钢铁蓄积量折算法，基于历史钢铁蓄积量、钢铁产品生命周期以及废钢进口形势综合判断，对 2021—2035 年废钢资源产生量进行预测。预计到 2025 年、2030 年我国废钢资源供给量将分别达 3.0 亿吨和 3.6 亿吨左右，是2020 年的 1.2 倍和 1.5 倍。

（2）钢铁行业碳排放分析

排放分析模块基于产量和废钢资源量预测结果以及控制情景设定，对不同情景下的碳排放变化趋势进行测算，分析各类措施的潜在减碳贡献，为行业碳排放达峰形势判定和关键举措以及配套政策措施的识别提供数据基础。根据碳排放核算边界和计算方法，对不同控制情景下的碳排放趋势进行评估。

在高需求情景（消费系数法）下，钢铁行业二氧化碳排放在 2021—2024 年处于峰值平台期，直接排放量和总排放量分别在 2021 年和 2024 年达峰，峰值为 16.4 亿吨和 18.5 亿吨；之后进入下降通道，到 2025 年、2030 年，二氧化碳直接排放量分别比峰值减少 0.3 亿吨、2.6 亿吨，二氧化碳总排放量分别比峰值减少 0.4 亿吨、3.0 亿吨。

2.2.2.2 钢铁行业碳达峰路径

2024 年，国务院关于印发《2024—2025 年节能降碳行动方案》中指出，要严格落实钢铁产能置换，严禁以机械加工、铸造、铁合金等名义新增钢铁产能，严防"地条钢"产能死灰复燃。2024 年，继续实施粗钢产量调控。"十四五"前三年节能降碳指标完成进度滞后的地区，"十四五"后两年原则上不得新增钢铁产能。新建和改扩建钢铁冶炼项目须达到能效标杆水平和环保绩效 A 级水平。大力发展高性能特种钢等高端钢铁产品，严控低附加值基础原材料产品出口。推行钢铁、焦化、烧结一体化布局，大幅减少独立焦化、烧结和热轧企业及工序。大力推进废钢循环利用，支持发展电炉短流程炼钢。到 2025 年底，电炉钢产量占粗钢总产量比例力争提升至 15%，废钢利用量达到 3 亿吨。推进高炉炉顶煤气、焦炉煤气余热、低品位余热综合利用，推广铁水一罐到底、铸坯热装热送等工序衔接技术。加强氢冶金等低碳冶炼技术示范应用。到 2025 年底，钢铁行业能效标杆水平以上产能占比达到 30%，能效基准水平以下产能完成技术改造或淘汰退出，全国 80% 以上钢铁产能完成超低排放改造；与 2023 年相比，吨钢综合能耗降低 2% 左右，余热余压余能自发电率提高 3% 以上。2024—2025 年，钢铁行业节能降碳改造形成节能量约 2000 万吨标准煤、减排二氧化碳约 5300 万吨。

2.2.2.3 钢铁行业碳达峰任务措施

到 2025 年，废钢铁加工准入企业年加工能力超过 1.8 亿吨，短流程炼钢占比达到 15% 以上。到 2030 年，富氢碳循环高炉炼铁、氢基竖炉直接还原铁、CCUS 等技术取得突破应用，短流程炼钢占比达 20% 以上。要实现上述目标，钢铁行业碳达峰行动包括以下任务。

研究制订钢铁产量"天花板"约束机制。坚持绿色发展理念先行，引导钢铁企业摒弃以量取胜的粗放发展方式。钢铁行业的发展应主要通过改善产品结构、提高附加值等方式提升综合竞争力。改变我国钢材需求完全由国内生产满足的传统观念，严格控制国内粗钢产能和产量，逐步建立粗钢产量约束机制，进一步巩固化解过剩产能成效，避免再次出现产能过剩的严重问题。在统筹考虑生态环境保护、国内外气候变化应对政策、铁矿石价格变化、宏观经济形势等综合因素下，进一步强化进口钢材及钢坯对粗钢产量的调节作用，研究限制废钢、钢坯（锭）和中低端钢材产品出口，出台鼓励再生钢铁料、钢坯（锭）、铁合金等钢铁初级产品进口等政策。研究提升建筑标准，加快推进汽车轻量化发展，通过加大高强度钢材、铝、镁等材料应用替代部分钢材消费需求。

完善废钢资源回收利用体系，促进废钢循环回收利用，充分发挥废钢在钢铁冶炼过程中对铁矿石的替代作用，是碳达峰目标背景下钢铁行业生产方式低碳转型、降低碳排放的核心举措。提升炼钢废钢比，随着社会钢铁积蓄量持续增长以及废钢进口政策的适度放开，未来我国废钢资源供应量将进一步增加，有利于促进废钢资源利用水平进一步提高。要加快建立完善废钢加工配送体系，构建有效促进废钢资源回收利用的相关政策引导机制，加大废钢资源回收利用力度。推进发展电炉短流程炼钢。有序引导电炉短流程炼钢发展，鼓励有环境容量、有废钢保障、有市场需求的地区布局短流程电炉炼钢厂，鼓励具有废钢、电价、市场等优势条件地区的高炉-转炉长流程炼钢厂通过就地改造转型发展电炉短流程炼钢，推进工艺结构调整，大力发展电炉短流程炼钢，加快对长流程炼钢产能替换，转变钢铁行业"高碳锁定"现状。

化解钢铁产能过剩。严格执行钢铁产能置换办法相关要求，全过程监管产能置换落实情况，定期组织开展专项检查，加强新建项目产能核实、开展退出产能淘汰检查。严格落实关于钢铁行业建成违规项目的相关处理规定，对未达到《产业结构调整指导目录（2019 年本）》准入标准，但不属于淘汰类的炼铁和炼钢装备，督促企业限期实施技术升级，并且按照最新产能置换要求进行减量置换。

全面提升系统能效水平，降低高炉燃料比。通过提高高炉球团矿配比，推进高炉"低焦比、高煤比冶炼技术"应用，强化焦炭、喷吹煤等能源介质计量管理和监控，大力推进行业整体高炉燃料比降低。提高余热余能自发电率，加快推广应用高温超高压及以上参数煤气发电机组，提高煤气发电、高炉煤气干式余压发电、烧结炼钢轧钢工序余热发电、干熄焦余热发电等设施发电效率，推动行业平均余热余能自发电率提升。

大力推广先进适用低碳节能技术，推进低碳技术示范应用。推广烧结烟气循环、高炉炉顶均压煤气回收、炼钢蓄热式烘烤、加热炉黑体强化辐射、无头轧制等工艺技术；重点推广焦炉工序上升管余热回收技术，高炉冲渣水余热回收技术，烧结、炼钢、轧钢工序余热蒸汽回收利用技术，以及低温烟气、循环冷却水等低品质余热回收技术；全面普及干熄焦、高炉煤气干法除尘、转炉煤气干法除尘的"三干"技术和钢铁副产煤气高参数发电机组提升改造技术；大幅提高节能水泵、永磁电机、永磁调速器、开关磁阻电机等高效节能机电产品使用比例。加强先进低碳技术试点示范。加快氧气高炉、富氢冶金、直接还原炼铁、CCUS 等新技术和突破性技术的研发和应用，为实现碳中和提早谋划布局。

2.2.2.4　钢铁行业碳中和展望

（1）钢铁行业碳中和路径

钢铁生产的二氧化碳排放量将从 2020 年的 18 亿吨下降到 2060 年的 1.2 亿吨左右，减排量 93％。实现路径：一是废钢使用增加，废钢使用贡献 2020—2060 年累计减排量的 50％左右，利用废钢的电弧炉炼钢产量将占钢铁总产量的一半以上；二是技术进步，以 CCUS 和电解氢技术为主，这两种技术将总共贡献累计减排量的 15％左右。

（2）钢铁行业碳中和主要措施

钢铁产业实现碳达峰以后，需要进行深度降碳脱碳，快速降低碳排放量。采取的主要手段：

① 要继续落实总量控制和结构调整。

② 要发展城市钢厂，实现流程结构与产业布局的调整，以全废钢电炉流程生产建筑用长材，替代以中、小高炉-转炉生产螺纹钢、线材等大宗产品，进一步加大废钢资源回收利用，有序引导全废钢电炉流程发展，提高钢铁产业电气化水平；薄板等产品以大型高炉-转炉流程为主。

③ 要采用先进的节能技术及装备，降低能源消耗，提高能源利用效率。

④ 要加强具有自主知识产权的高炉减排、氢还原、CCUS 等创新低碳技术的完善、开发及推广应用。

⑤ 要发展区域性的循环经济，形成工业生态链。

⑥ 开发高品质生态钢材产品，降低用钢强度。

⑦ 加强碳排放管理，关注碳排放权交易与碳税。

⑧ 增加生态碳汇的开发，研究不同情景下减碳效益及实现可能性，为实现碳中和提供方向。

2.2.3 铝冶炼行业碳达峰碳中和路径与措施

2.2.3.1 铝冶炼行业碳达峰研究方法

（1）铝冶炼行业产品产量预测

基于国内旧废铝、国内新废铝、进口废铝等几个方面综合判断，逐年预测再生铝产量；电解铝产量为铝需求总量减掉再生铝产量、未锻轧铝及铝合金和铝材净进口量，其中未锻轧铝及铝合金和铝材净进口量根据进出口政策历史趋势综合判断得出；氧化铝需求量主要取决于电解铝生产需求，综合考虑进口量等外部因素，逐年确定 2021—2035 年氧化铝产量。

再生铝由国内旧废铝、国内新废铝、进口废铝等几个方面组成。鉴于铝消费领域分散，回收周期不一；新废铝由当年铝消费量乘以系数进行测算，进口废铝则主要根据进口政策进行预测；同时参考发达国家再生铝在铝供应当中的比重进行测算，2025 年、2030 年、2035 年，再生铝产量分别为 1152 万吨、1786 万吨 2126 万吨。

电解铝产量预测基于铝需求总量、再生铝产量预测，同时结合对今后未锻轧铝及铝合金和铝材进口量和出口量的判断，可反推出电解铝产量。通过对历史数据、进出口政策、国际贸易局势的综合分析，认为未来锻轧铝及铝合金和铝材的进口量和出口量分别保持在 50 万吨和 500 万吨左右的规模。预计电解铝产量呈现先增后降的趋势，2020—2024 年五年间，中国电解铝产量年均增长 100 万吨以上，国内铝消费量达到峰值平台区及废铝替代的扩大，电解铝产量将趋于下降。到 2025 年、2030 年、2035 年电解铝产量分别达到 4082 万吨、3500 万吨、3136 万吨左右。

（2）铝冶炼行业碳排放分析

根据电力消耗量、煤炭和天然气等一次能源消耗量、碳阳极消耗以及对应的碳排放系数，测算铝冶炼行业各类排放。其中电解铝网电、自备电单位用电量排放系数来自电力行业相应排放系数预测值。经计算，在低需求情景下，铝冶炼行业二氧化碳排放量达峰年份为 2024 年，达峰排放量为 5.3 亿吨；在高需求情景下，铝冶炼行业二氧化碳排放量达峰年份为 2024 年，达峰排放量为 5.9 亿吨。

2.2.3.2 铝冶炼行业碳达峰路径

基于铝冶炼行业产量和碳排放预测结果，通过严格落实电解铝产能总量控制、提高再生铝利用水平、优化电解铝产业布局、改善供电结构、推动节能降耗等措施，可实现铝冶炼行业 2024 年达峰，峰值为 5.3 亿吨，比 2020 年增加 0.3 亿吨，达峰后保持 2 年左右平台期，之后进入持续下降通道，年均降速为 3.9%。不仅如此，从全生命周期来看，用铝材替代钢材等其他材料，由于重量减轻、使用寿命延长且可回收利用，将产生更大的节能减排效益。

在单位产品能耗、燃料结构、产品结构保持 2020 年现状的情况下，仅考虑铝冶炼行业各产品的变化，铝冶炼行业 2030 年基准情景排放量为 5.5 亿吨。从各项措施的减排贡献来看，提高废铝资源利用将是铝冶炼行业减少二氧化碳排放潜力最大的措施，在废铝消费量提高到铝需求量 34% 左右的情况下，到 2030 年有望带动铝冶炼行业二氧化碳排放量较基础情景减少 1 亿吨；电力清洁化和能效分别较基准情景碳排放量减少二氧化碳排放 0.4 亿吨和

0.03 亿吨左右。三项措施的减排贡献分别为 70.3％、27.9％和 1.8％。

2.2.3.3　铝冶炼行业碳达峰任务措施

到 2025 年，铝水直接合金化比例提高到 90％以上，再生铝产量达到 1150 万吨。到 2030 年，电解铝使用可再生能源比例提至 30％以上。要实现上述目标，铝冶炼行业碳达峰行动包括以下任务。

① 控制电解铝产能总量。未来铝冶炼行业的发展须在满足国民经济发展需要的前提下，坚持总量控制。电解铝发展立足于满足国内需求，在国内铝消费进入平台期之前，严控电解铝产能"天花板"4500 万吨/年不放松。氧化铝不追求完全自给自足，鼓励适量氧化铝进口，根据国内电解铝产量调整国内氧化铝产能规模。

② 提高行业准入门槛。新建和改扩建冶炼项目严格落实项目备案、环境影响评价、节能审查等政策规定，符合行业规范条件、能耗限额标准先进值、清洁运输、污染物区域削减措施等要求，国家和地方已出台超低排放要求的，应满足超低排放要求，大气污染防治重点区域须同时符合重污染天气绩效分级 A 级、煤炭减量替代等要求。

③ 强化产业协同耦合。鼓励原生与再生、冶炼与加工产业集群化发展，通过减少中间产品物流运输、推广铝水直接合金化等短流程工艺、共用园区或电厂蒸汽等，建立有利于碳减排的协同发展模式，在铝需求一定的情况下，铝行业通过提高再生铝的利用量来降低碳排放，实现能源梯级利用和产业循环发展。到 2025 年铝水直接合金化比例提高到 90％以上，支持电解铝与石化化工、钢铁、建材等行业耦合发展。

④ 加快低效产能退出。修订完善《产业结构调整指导目录（2019 年本）》，强化碳减排导向，坚决淘汰落后生产工艺、技术、装备，依据能效标杆水平，推动电解铝等行业升级改造。完善阶梯电价等绿色电价政策，引导电解铝等主要行业节能减排，加速低效产能退出。鼓励优势企业实施跨区域、跨所有制兼并重组，推动环保绩效差、能效水平低、工艺落后的产能依法依规加快退出。

⑤ 优化产业布局和能源结构。在考虑清洁能源富集地区生态承载力的前提下，鼓励电解铝产能向可再生电力富集地区转移、由自备电向网电转化，减少煤炭消耗，从源头削弱二氧化碳排放。利用电解铝等生产用量大、负荷稳定等特点，支持企业参与以消纳可再生能源为主的微电网建设，支持具备条件的园区开展新能源电力专线供电，提高消纳能力。鼓励和引导有色金属企业通过电力直接交易、电网购电、购买绿色电力证书等方式积极消纳可再生能源，确保可再生能力消纳责任权重高于本区域最低消纳责任权重。力争 2025 年、2030 年电解铝使用可再生能源达到 25％、30％以上。

⑥ 推动节能降耗技术创新。推动电解槽余热回收等综合节能技术创新，提升电解铝智能化管理水平，减少能源消耗环节的碳排放。优化产业模式，提升短程工艺比重。另外，提高阳极质量，优化电解工艺过程控制，进一步降低阳极消耗，也可以在一定程度上降低电解过程中的碳阳极排放。

⑦ 推动革命性技术示范应用。加强基础研究，积极开展惰性阳极等电解铝颠覆性技术的研发和推广，减少铝电解环节的碳阳极排放。大力推动先进节能技术改造，重点推广高效稳定铝电解等一批节能减排技术，进一步提高节能降碳水平，对技术节能降碳项目开展安全评估工作。

2.2.3.4 铝冶炼行业碳中和展望

（1）铝冶炼行业碳中和路径

铝冶炼二氧化碳排放量从 2020 年的 5 亿吨下降到 2060 年的 2500 万吨，下降 95%，但是铝的产量将仅下降 18%。

实现路径：

① 能源结构进一步调整。水电等非化石能源铝产能占比将进一步增加，产能向低碳能源区域转移。

② 技术革命性创新。积极开展惰性阳极等电解铝颠覆性技术的研发和推广，减少铝电解环节的碳阳极排放。另外在 2020 年，我国每吨铝液综合交流电耗已经降到 13500 千瓦·时以下，处于世界领先水平，但依然是高耗能产业，未来技术上发生革命性创新降低产业能耗，例如探索非电法生成原铝等降低铝冶炼行业碳排放。但革命性的创新难度较高，自 1886 年美国人霍尔发明电解法生产金属铝以来，这一生产技术已经沿用 130 多年，至今没能找到替代电解法的新技术。

③ 废铝回收利用比例大幅上升。再生铝二氧化碳排放仅为原铝的 2% 左右，而从其他国家来看，美国再生铝占铝供应比重约为 40%，日本为 30%，而我国仅为 17%，再生铝利用大幅度提高是实现碳中和的重要途径。

（2）铝冶炼碳中和主要措施

铝冶炼产业实现碳达峰以后，需要进行深度脱碳降碳，快速降低碳排放量，实现铝冶炼行业碳中和。淘汰燃煤自备电厂，或者通过自备机组发电权置换，利用清洁能源置换火电；对自备电厂进行清洁化改造，用低碳或零碳能源替换燃煤；利用企业厂房及周边环境，建设风、光电站，配合储能技术，实现清洁能源直供；依托水电、核电资源，置换电解铝产能，实现清洁能源直接利用；推行低碳运输，逐步引进电动、氢能运输车辆。围绕节能降碳、清洁生产、清洁能源等领域布局前瞻性、战略性、颠覆性项目，实施绿色技术攻关行动，力争在铝行业中实现无废冶金、高效超低能耗铝电解槽、惰性阳极以及 CCUS 技术等方面取得突破，为绿色发展提供技术支撑。

思考题

1. 简述中国生态碳汇发展现状和趋势。在提升生态系统碳汇过程中可能面临的问题和挑战有哪些？

2. 简述金属材料加工与制备工业领域碳排放现状与趋势。

3. 简述钢铁行业碳达峰碳中和研究方法。钢铁行业碳达峰任务措施有哪些？

4. 简述铝冶炼行业碳达峰研究方法。铝冶炼行业碳达峰任务措施有哪些？

参考文献

[1] 王金南，徐华清. 碳达峰碳中和导论 [M]. 北京：中国科学技术出版社，2023.

[2] 江霞，汪华林. 碳中和技术概论 [M]. 北京：高等教育出版社，2020.

[3] 庄贵阳，周宏春. 碳达峰碳中和的中国之道 [M]. 北京：中国财政经济出版社，2021.

[4] 金之钧，江亿. 碳中和概论 [M]. 北京：北京大学出版社，2023.

第3章

金属低碳冶金技术

CO₂

碳达峰 碳中和

随着化石能源消耗和二氧化碳排放导致的气候变暖、海平面上升等一系列环境危机问题出现，实现工业领域清洁低碳转型刻不容缓。在冶金行业中，钢铁与有色金属是主要的工业碳排放领域，钢铁与有色金属行业碳排放量约占全国碳排放总量的 15％和 6.7％。随着"双碳"战略目标的提出，冶金行业面临前所未有的清洁低碳转型压力，亟须构建冶金行业清洁低碳技术发展体系。钢铁工业实现碳中和，根本的解决途径在于清洁低碳技术，核心是技术创新、技术推广和技术突破。中国钢铁工业协会集行业专家智慧，制定了《钢铁行业碳中和愿景和低碳技术路线图》，并于 2022 年 8 月正式向社会发布。该技术路线的确定，对钢铁全行业绿色低碳转型有着重要的导向意义和指导作用。有色金属行业要实现绿色清洁低碳转型，需具体分析有色金属产品的生产技术发展特点，从选矿、冶炼过程中可再生能源电力应用、电解槽中的碳素阳极替代、电解槽本身节能化改造、废旧金属回收再利用等方面，着手研发和推广应用低碳技术。本章主要针对我国冶金行业现状和典型量大面广产品技术特征，在借鉴国外低碳技术目标及路线图的基础上，概述了我国绿色冶金发展趋势，阐述了低碳炼钢、低碳炼铁的生产技术，叙述了有色金属工业"双碳"技术发展方向，构建了铝、铜等主要有色金属行业关键技术体系及低碳发展路径。

3.1　金属低碳冶金原理

3.1.1　金属冶金概述

冶金是研究如何经济地从矿石或其他原料中提取金属或金属化合物，并用各种加工方法制成具有一定性能的金属材料的科学。

冶金学是研究从矿石或二次金属资源中提取金属或金属化合物，用各种加工方法制成具有一定性能的金属材料的学科。冶金学不断地吸收自然科学，特别是物理学、化学、力学等方面的新成就，指导着冶金生产技术向广度和深度发展。另外，冶金生产又以丰富的实践经验，充实着冶金学的内容，发展成为两大领域：物理冶金学和提取冶金学。

研究通过加工成形，制备有一定性能的金属或合金材料的学科，称为物理冶金学或称金属学。金属（包括合金）的性能（物理性能及力学性能）不但与其化学成分有关，而且由成形加工或金属热处理过程产生的组织结构所决定。成形加工包括金属铸造、粉末冶金（制粉、压制成形及烧结）及金属塑性加工（压、拔、轧、锻）。研究金属的塑性变形理论、塑性加工对金属力学性能的影响及金属在使用过程中的力学行为的学科，则称为力学冶金学。显然，力学冶金是物理冶金学的一个组成部分。

研究从矿石提取金属或金属化合物的生产过程的学科称为提取冶金学。由于这些生产过程伴有化学反应，它又称为化学冶金学。因为它的研究范围涉及火法冶炼、湿法提取或电化学沉积等各种过程及方法的原理、流程、工艺及设备，故其又称为过程冶金学。而提取冶金学根据国内冶金工作者的习惯简称为冶金学。也就是说，狭义的冶金学指的是提取冶金学，而广义的冶金学则包括提取冶金学及物理冶金学。提取冶金学的任务是研究各种冶炼及提取方法，提高生产效率、节约能源、改进产品质量、降低成本、扩大品种并增加产量。

作为冶金原料的矿石或精矿，其中除含有所要提取的金属矿物外，还含有伴生金属矿物和大量无用的脉石矿物。冶金的目的就是把所要提取的金属从成分复杂的矿物集合体中分离出来并加以提纯。冶金分离和提纯过程常常不能一次完成，需要进行多次，通常包括预备处理、熔炼和精炼三个循序渐进的作业过程。

3.1.1.1　冶金方法分类

在现代冶金中、由于矿石（或精矿）性质和成分、能源、环境保护及技术条件等情况的不同，实现冶金作业的工艺流程和方法也多种多样。根据冶炼金属的不同，冶金工业通常分为黑色冶金工业（或钢铁冶金工业）和有色冶金工业。前者包括生铁、钢及铁合金（如铬铁、锰铁等）的生产；后者包括其余各种金属的生产。根据各种方法的特点，大体上可将其归纳为火法冶金、湿法冶金和电冶金三类。

（1）火法冶金

火法冶金是在高温条件下进行的冶金过程。矿石或精矿中的部分或全部矿物在高温下经过一系列物理化学变化，生成另一种形态的化合物或单质，分别富集在气体、液体或固体产物中，达到所要提取的金属与脉石及其他杂质分离的目的。实现火法冶金过程所需的热能，通常是依靠燃料燃烧来供给，也有依靠过程中的化学反应来供给的，例如，硫化矿的氧化焙烧和熔炼就无需由燃料供热，金属热还原过程也是自热进行的。火法冶金过程是一个高温没有水相参与的过程，是提取金属的主要方法之一。火法冶金反应快、设备少、处理量大、流程短、占地少、投资省、见效快，但污染不易控制、不能有效地提取复杂矿或贫矿中的金属、回收率低。

（2）湿法冶金

湿法冶金是在常温（或低于100℃）常压或高温（100～300℃）高压下，用溶剂处理矿石或精矿，使所要提取的金属溶解于溶液中，而其他杂质不溶解，然后从溶液中将金属提取和分离出来的过程。它包括浸出、分离、富集和提取等工序。湿法冶金能处理复杂矿等伴生矿和贫矿，金属的回收率高、纯度高，污染少、易治理，流程连续，便于机械化和自动控制，劳动条件较好，操作简单，但反应慢、流程长、占地多、投资大。

（3）电冶金

电冶金是利用电能提取和精炼金属的方法。根据利用电能效应的不同，电冶金又分为电热冶金和电化冶金。

电热冶金是利用电能转变为热能进行冶炼的方法。在电热冶金的过程中，按其物理化学变化的实质来说，与火法冶金过程差别不大，两者的主要区别只是冶炼时热能来源不同。

电化冶金（电解和电积）是利用电化学反应，使金属从含金属盐类的溶液或熔体中析出。前者称为溶液电解，如铜的电解精炼和锌的电积，可列入湿法冶金一类；后者称为熔盐电解，不仅利用电能的化学效应，而且利用电能转变为热能，借以加热金属盐类使之成为熔体，故也可列入火法冶金一类。

从矿石或精矿中提取金属的生产工艺流程，常常是既有火法过程，又有湿法过程，即使是以火法为主的工艺流程，比如，硫化铜精矿的火法冶炼，最后尚需经过湿法的电解精炼过程，而在湿法炼锌中，还需要用高温氧化焙烧对硫化锌精矿原料进行炼前处理。

采用哪种方法提取金属或按怎样的顺序进行，很大程度上取决于金属及其化合物的性质、所用的原料及要求的产品。冶金方法基本上是火法和湿法。钢铁冶金主要用火法，而有色金属冶金则火法和湿法兼有。

冶金方法的采用，正面临着能源节省、环境保护、矿物资源日趋贫乏和资源综合利用等紧迫问题。在一定程度上它支配着冶炼厂的生产、设计、建厂和冶金技术的发展。节约能源依靠新技术和新方法，尤其是要改革电炉熔炼和有色金属电解生产过程的现有工艺，降低电耗。湿法冶金和无污染火法冶金能较好地满足日趋严格的环保要求，具有很大的发展前景。为了维持工业增长的需要，必须采取措施处理贫矿，提高选矿技术同时研究更有效的冶炼方法。矿物原料，尤其是多金属矿物原料的综合利用，是提取冶金过程降低生产成本、提高经济效益的关键问题。近年来，有色金属提取冶金企业正在努力实现多产品经营，并把金属生产和材料加工结合起来，提高冶金产品销售的附加值，借以降低主金属的冶炼成本。

冶金学和其他学科领域一样，涉及的范围很广，它与化学、物理、热工、化工机械、仪表、计算机等有极其密切的关系。冶金学不断地吸收上述基础学科和相关学科的新成就，指导着生产技术向广度和深度发展，而冶金生产工艺的发展又会给冶金学的充实、更新和发展提供不尽的源流和推动力。

3.1.1.2　冶金工艺流程

任何一种金属的提取都不是一步完成的，需要分为若干个阶段进行，一种金属的提取往往是多步冶金过程联合作用的结果，但各个阶段的冶炼方法和使用的设备都不尽相同。各阶段过程间的联系及其所获得的产品（包括中间产物）间流动线路图就称为某一种金属的冶炼工艺流程图。根据表示的内容不同，工艺流程图可分为设备连接图、原则流程图和数质量流程图。设备连接图是表示冶炼厂主要设备之间联系的图；原则流程图是表示各阶段作业间联系的图；数质量流程图则是表示各阶段作业所获产物的数量和质量情况的图。

如图 3.1 所示为钢铁冶金 [图 3.1(a)] 和湿法炼锌 [图 3.1(b)] 的工艺流程简图。黑色金属矿石的冶炼，一般情况下矿石的成分比较单一，通常采用火法冶金的方法进行处理，即使有的矿石较为复杂，通过火法冶金之后，也能促使其伴生的有价金属进入渣中，再进行处理，如高炉冶炼用钒钛磁铁矿就属于这种类型。有色金属矿石的冶炼，由于其矿石或精矿的矿物成分极其复杂，含有多种金属矿物，不仅要提取或提纯某种金属，还要考虑综合回收各种有价金属，以充分利用矿物资源和降低生产费用。因此，考虑冶金方法时，要用两种或两种以上的方法才能完成。

一种金属的冶炼工艺流程包括多个冶炼阶段，而每一个冶炼阶段可能是火法、湿法或电化学冶金的方法。因此，通常把每一个冶炼阶段称为冶金过程。如高炉炼铁是火法冶金过程，锌焙砂浸出是湿法冶金过程，而净化液电积则为电化学冶金过程。在生产实践中各种冶金方法往往包括以下冶金单元过程。

① 干燥。除去原料中的水分。干燥温度一般为 400～600℃。

② 焙烧。将矿石或精矿置于适当的气氛下，加热至低于它们的熔点温度，发生氧化、还原或其他化学变化的冶金过程。其目的是改变原料中提取对象的化学组成，满足熔炼要求。按焙烧过程控制气氛的不同，焙烧可分为氧化焙烧、还原焙烧、硫酸化焙烧、氯化焙烧等。

铁矿粉
↓
烧结
↓
烧结矿
↓
高炉熔炼 → 炉渣
↓
铁水
↓
转炉精炼
↓
钢液
↓
浇铸
↓
钢坯

(a) 钢铁冶金原则流程图

硫化锌精矿
↓
氧化焙烧
↓
焙砂
↓
浸出
↓
浸出液
↓
净化
↓
浸化液
↓
电解沉积 → 废电解液
↓
阴极锌 → 熔铸
↓
锌锭

(b) 湿法冶锌原则流程图

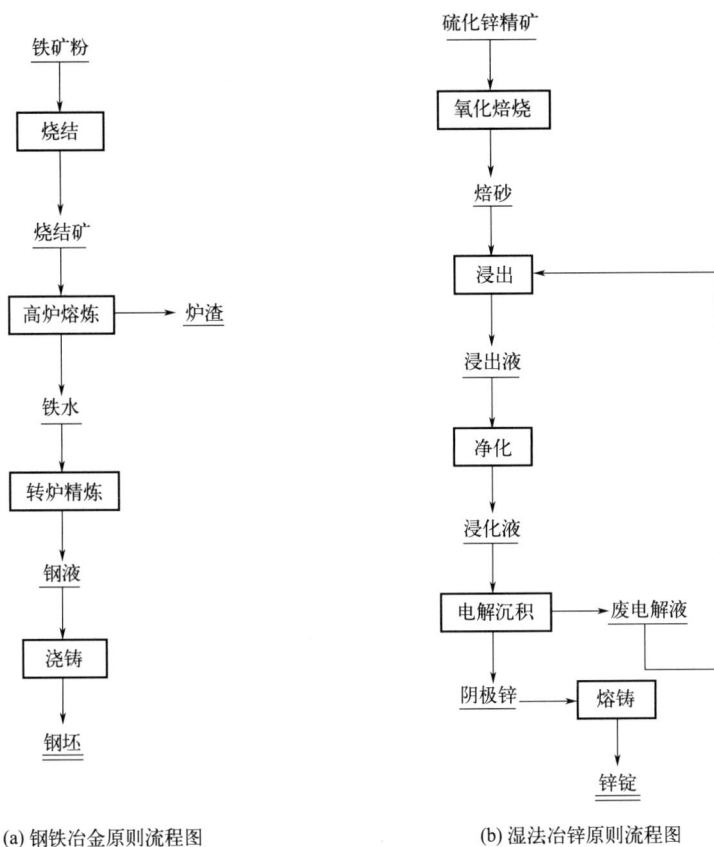

图 3.1　冶炼工艺流程图实例

③ 煅烧。将碳酸盐或氢氧化物的矿物原料在空气中加热分解，除去二氧化碳或水变成氧化物的过程，也称焙解。例如，石灰石煅烧成石灰，作为炼钢熔剂；氢氧化铝煅烧成氧化铝，作为电解铝原料。

④ 烧结和球团。将不同粉矿混匀或造球后加热焙烧，固结成多孔块状或球状的物料，是粉矿造块的主要方法。例如，烧结是铁矿粉造块的主要方法。

⑤ 熔炼。将处理好的矿石、精矿或其他原料，在高温下通过氧化还原反应，使矿石中金属和杂质分离为两个液相层即金属（或金属锍）液和熔渣的过程，也称冶炼，按冶炼条件可分为还原熔炼、造锍熔炼、氧化吹炼等。

⑥ 精炼。进一步处理熔炼所得含有少量杂质的粗金属，以提高其纯度。如熔炼铁矿得到生铁，再经氧化精炼成钢。精炼方法很多，如氧化精炼、硫化精炼、氯化精炼、熔析精炼、碱性精炼、区域精炼、真空冶金、蒸馏等。

⑦ 吹炼。吹炼的实质是氧化熔炼，就是将造锍熔炼所得到的锍的熔体，一般在转炉中借助鼓入空气中的氧（或富氧空气）使铁、硫和其他杂质元素氧化、造渣或挥发，与主体金属分离而得到粗金属。

⑧ 蒸馏。将冶炼的物料在间接加热的条件下，利用在某一温度下各种物质挥发度不同的特点，使冶炼物料中某些组分分离的方法。

⑨ 浸出。用适当的浸出剂（如酸、碱、盐等水溶液）选择性地与矿石、精矿、焙砂等

矿物原料中金属组分发生化学作用，使固体物料中的一种或几种有价金属溶解于溶液中，而脉石和某些非主体金属入渣达到初步分离的过程。浸出又称浸取、溶出、湿法分解，如在重金属冶金中常称浸出、浸取等；在轻金属冶金中常称溶出，而在稀有金属冶金中通常将矿物原料的浸出称为湿法分解。

⑩ 液固分离。将矿物原料经过酸、碱等溶液处理后的残渣与浸出液组成的悬浮液分离成液相与固相的湿法冶金单元过程。在该过程的固液之间一般很少再有化学反应发生，主要是用物理方法和机械方法进行分离，如重力沉降、离心分离、过滤等。

⑪ 净化。将矿物原料中与欲提取的金属一道溶解进入浸出液的杂质金属除去的湿法冶金单元过程。净化的目的是使杂质不至于危害下一工序中对主金属的提取，也是综合利用资源、提高经济效益、防止污染环境的有效办法。其方法多种多样，主要有结晶、蒸馏、沉淀、置换、溶剂萃取、离子交换、电渗析和膜分离等。

⑫ 水溶液电解。利用电能转化的化学能使溶液中的金属离子还原为金属而析出，或使粗金属阳极经由溶液精炼沉积于阴极。前者从浸出净化液中提取金属，故又称电解提取或电解沉积（简称电积），也称不溶阳极电解，如铜电积、锌电积；后者以粗金属为原料进行精炼，常称电解精炼或可溶阳极电解，如粗铜、粗铅的电解精炼。

⑬ 熔盐电解。用熔融盐作为电解质的电解过程，既利用电热维持熔盐所要求的高温，又利用直流电转换的化学能自熔盐中还原金属。熔盐电解主要用于提取轻金属，如铝、镁等。这是由于这些金属的化学活性大，电解这些金属的水溶液，得不到金属。

当考虑某种金属的冶炼工艺流程及确定冶金单元过程时，应注意分析原料条件（包括化学组成、颗粒大小、脉石和有害杂质等）、冶炼原理、冶炼设备、冶炼技术条件、产品质量和技术经济指标等。另外，还应考虑水电供应、交通运输等辅助条件。其总的要求（或原则）是过程越少越好，工艺流程越短越好。需要提及的是，冶炼金属的工业流程，除了提取提纯金属外，还要同时回收伴生有价金属，重视"三废"（废气、废渣、废液）治理和综合利用等方面的问题。因此，完整的工艺流程是很复杂的，所包含的冶金过程也是很多的。可见，冶金过程是应用各种化学和物理化学的方法，使原料中的主要金属与其他金属或非金属元素分离，以获得纯度较高的金属的过程。

冶金学是一门多学科的综合应用科学，一方面，冶金学不断吸收其他学科特别是物理学、化学、力学、物理化学、流体力学等方面的新成就，指导冶金生产技术向新的广度和深度发展；另一方面，冶金生产又以丰富的实践经验充实冶金学的内容，也为其他学科提供新的金属材料和新的研究课题。电子技术和电子计算机的发展和应用，对冶金生产产生了深刻的影响，促进了新金属和新合金材料不断产出，进一步适应了高精尖科学技术发展的需要。

3.1.2　金属绿色冶金发展趋势

3.1.2.1　低碳炼铁技术发展趋势

进入 21 世纪以来，我国炼铁技术发展迅猛，炼铁工业发展具有较好的技术基础。目前，我国炼铁系统部分工艺技术装备和技术指标已达到或接近国际先进水平。基于技术自主集成创新，我国烧结、球团、焦化、高炉等单元工序基本实现技术装备国产化，具有较强的自主创新能力和生产实践经验，掌握了大型炼铁装备的运行操作技术。在生产规模增加的同时，烧结、球团、焦化、高炉等单元工序在装备大型化、生产高效化和环境清洁化等方面也取得显著进展。尽管如此，与钢铁工业发达国家相比，在集约高效、长寿低耗、节能减排、循环经济低碳冶炼等方面仍存在显著的差距。

从全球市场来看，生铁产量增加动力不足，基本维持稳定，但钢铁仍是人类社会最重要的原材料，未来仍有巨大的需求，而且对钢材的品质要求越来越高。此外，随着应对全球气候变化的《巴黎协定》签署和执行，各大工业国将加强排放控制，促使钢铁业进一步改进生产工艺，采用新科技，向更高生产效率、更高产品品质性能、对生态环境更加友好、用户服务更加完善的方向发展。

（1）炼铁燃料新技术发展趋势

① 提高焦炭质量。在现代高炉中，喷吹燃料可以替代部分焦炭，但不能替代焦炭的骨架作用。焦炭质量成为高炉炉容、喷吹燃料数量和炉缸状态的主要限制性因素，近年来对焦炭的评价方面逐渐从过去的宏观指标深入到焦炭微观结构，通过对比不同焦炭的气孔结构、密度、碳结构、灰分结构等，明确了不同焦炭的本质差异，同时也对焦炭的抗碱金属危害能力进行了科学评价，部分企业已经开始重视焦炭的抗碱能力，特别是抗碱蒸气破坏的能力。关于焦炭质量的评价体系及其应用仍需进一步加强研究。

② 推广新型燃料应用。迄今为止，在所有炼铁方法中，高炉炼铁的生产规模最大，效率最高，生铁质量最好，是所有其他方法都不可比拟的。但是高炉炼铁依赖高质量的焦炭，从长远看，炼焦煤的短缺和环保的压力使焦炉的扩建和增加越来越难。因此，需要研发新的工艺技术、开发新型燃料，例如利用兰炭、提质煤等替代焦炭，缓解焦炭短缺的问题，提高企业经济效益。

③ 降低燃料比，实现低碳炼铁。我国的一些高炉燃料比国外的先进水平高出 50～100kg/tHM[❶]，最重要原因之一是煤气没有充分利用。因此，提高煤气利用率，可以有效降低吨铁燃料比消耗。煤气初始分布的关键是控制好燃烧带的大小，通过风速、鼓风动能、小套伸入炉内长度和倾角等，达到合适的燃烧带环面积与炉缸面积比；二次分布是要保证形成类似倒 V 形的软熔带，而且软熔层有足够而稳定的焦窗，这需要适当选用大料批，使焦层厚度保持在 500～560mm，调整负荷时一般调整矿石批重，而保持焦批不变，以维持相对稳定的焦窗；三次分布在块状带内实现，这与块状带料柱的孔隙度有密切关系。煤气流的三次分配是影响煤气利用率的关键。影响三次分配的主要因素是炉顶装料制度，在装料过程中按煤气流分布的要求，搭建有一定宽度的平台，在炉喉形成平台加中心浅漏斗的稳定料面，经常能够得到很好的效果，还可以应用矿焦堆积角度的大小和角差来微调，以达到最佳煤气流分布。

（2）烧结新技术发展趋势

我国是世界最大的钢铁生产国和消费国，长流程冶炼在未来几十年中仍将占据主导地位。随着新旧动能转换、超低排放和国际产能合作的全面实施，烧结技术的提升将重点体现在降本增效、环境治理两大技术层面上。

① 降本增效。通过强化烧结混匀和制粒技术以及点火、布料、负压均匀，推进均质烧结技术和厚料层烧结技术的发展，提升单台烧结机产能和质量，降低返矿率；随着竖冷窑技

---

❶　tHM，吨铁。

术的不断成熟及应用，最大化提升烧结矿余热发电效率，通过材质和结构的改进与创新，攻克烧结机漏风率的顽疾，实现低能耗烧结技术发展。

② 环境治理。随着钢铁行业超低排放标准以及工作规划的推出，时间节点紧，排放标准严，烧结工序的环境治理面临巨大挑战。虽然市场空间巨大，但是烧结技术成熟度还需不断检验，不断完善活性炭多污染物治理技术，加快推进选择性催化还原法中低温脱硝技术，开展二噁英以及 CO、CO_2 治理技术，同时利用烟气循环、低氨燃烧、过程控制等多种手段，以满足 SO_2、NO_2、粉尘、二噁英等多污染物的超低排放要求。

（3）球团新技术发展趋势

焙烧球团的产量将持续增加并在未来有一个很大的提升空间，这是由于在细磨精矿的生产中，更多的焙烧球团作为高炉的炉料能够改善高炉炉况，也符合炼铁业环保的要求。

回转窑和带式焙烧机在球团生产工艺中占据主导地位，特别是带式焙烧机工艺在我国将有进一步发展，这是由于为了能够更加节约能源和降低生产成本，产量要求不断扩大。

球团原料将会变得越来越复杂，一些难处理铁精矿、硫酸渣、针铁矿或是它们的混合物被用于生产氧化球团。一些为改善这些原料的成球性和降低膨润土用量的技术手段已经开始采用，如高压辊磨、润磨、球磨或是这些方法混合使用对原料进行预处理，对不同球团原料进行优化配矿，使用新型球团黏结剂等。开发对球团原料适应性好、能够满足相应球团工艺生产要求及高效低成本的新型复合球团黏结剂，始终是今后研究的一个重要方向。提高球团碱度和 MgO 含量是改善球团焙烧性能和冶金性能的有效技术手段，熔剂性球团及镁质球团在国内将进一步快速发展，重视镁质酸性及熔剂性球团矿的性能改善及应用，发挥球团矿在品位、性能及节能减排方面的优势。相比于烧结矿，球团矿生产过程的能耗、产生的粉尘和污染物含量更低。在我国目前的条件下，炉料中配入 30% 左右的球团矿，可提高入炉品位1.5%，降低渣量 1.5%，降低焦比 4%，提高产量 5.5%，即增加高炉中球团比例，有助于提高高炉产量，降低燃料比。此外，关于碱性球团或自熔性球团，未来高炉低燃料比、低渣量、低排放的重要技术措施就是提高球团矿入炉比例，而重要的是自熔性球团矿的制备（品位65% 以上，碱度 1.0～1.15，还原膨胀率低于 18%），这也是未来高炉炉料结构优化的方向。

（4）高炉炼铁新技术发展趋势

① 继续高度重视高炉长寿系统技术。高炉长寿技术首先要关注炉缸炭砖的侵蚀，其次是炉腹、炉腰以及炉身下部冷却壁的破损，解决好这两方面的问题，可基本实现高炉长寿的目标。高炉炉缸长寿是结合设计、建炉、操作、维护和监测为一体的系统工程。保障炉缸长寿的关键是在炉缸耐火材料与铁水之间形成一层保护层，使铁水与耐火材料有效隔离，避免铁水熔蚀，从而为炉缸耐火材料的安全创造条件。炉衬的侵蚀不可避免，但如果高炉维护得当，烧穿可以避免。在生产中应对冷却强度、冶炼强度、铁水成分、炉缸状态等因素进行综合调控，保证保护层的稳定。另外，炉缸内部积水及有害元素的影响同样不可忽略，水蒸气及有害元素对耐火材料有氧化及脆化作用，会形成气隙破坏炉缸传热体系甚至导致炉缸异常侵蚀。含钛物料护炉是一种针对炉缸侵蚀有效的维护方法，近年来，国内外越来越多的高炉采用含钛物料护炉。然而，要想充分地发挥含钛物料的作用，需要开发新型护炉技术，结合高炉检测系统与高炉操作技术，形成高炉钛元素流转动态检测模型，及时实现高炉精准护炉技术。

铜冷却壁具有极高的导热性及良好的冷却性能，可形成渣皮作为永久工作内衬，在中国大型高炉中广泛应用。采取以下措施可延长铜冷却壁寿命：

　　a. 改进高炉内型设计，保证炉内煤气流的合理流动；

　　b. 保证高炉冷却系统设计的可靠，用软水或除盐水，杜绝高炉停水事故的发生；

　　c. 控制合适的冶炼强度，避免采用过度发展边缘气流的操作方针，保证高炉热负荷稳定，有利于渣皮的形成和稳定；或在铜冷却壁热面设置凸台，提高炉内渣皮的稳定性；

　　d. 严格控制铜冷却壁本体铜料的含氧量低于 0.003%，减缓"病"的破坏。

　　② 继续推广高风温技术。风温带入的热量占高炉热收入的 16%～20%。在现有的高炉冶炼条件下，提高 100℃ 热风温度，可降低高炉燃料约 15kg/tHM。高风温技术并不是无节制地提高热风炉拱顶温度来提高风温，而是要同时兼顾高风温和热风炉寿命两方面。在提高热风炉风温的过程中，不少企业热风炉热风管道出现问题，影响了高炉的正常生产，已经成为制约进一步提高风温的限制性环节。综合考虑高风温技术特点，应推广的高风温技术如下：

　　a. 将高炉煤气和助燃空气双预热后烧炉，使拱顶温度维持在热风炉钢壳不被晶间腐蚀、耐火材料能承受的温度，研发并应用自动控制烧炉技术；

　　b. 缩小拱顶温度和热区温度的差值到 80～100℃；

　　c. 通过优化燃烧过程，研究气流运动规律，以及研究蓄热、传热机理，提高气流分布的均匀性；

　　d. 采用高效格子砖，增加传热面积，强化传热过程，缩小拱顶温度与风温的差值。

　　采用以上技术可以将热风炉拱顶温度控制在 1380℃±20℃，风温达到 1250℃＋20℃，而且取得热风炉节能长寿的效果。

　　③ 发展大数据和可视化技术。高炉冶炼过程十分复杂，它涉及气、固、液三相的交互作用，是一个大通量、多变量、大滞后、非线性的复杂多相态巨系统。目前我国高炉仍主要依赖经验进行操作，高炉生产的稳定性和安全性都受到严重制约。未来以高炉冶金工艺机理研究为核心，综合运用计算机、自动化数值仿真、超级计算、人工智能等领域的前沿技术，以最复杂的高炉工艺段为对象，通过搭建大数据云平台对高炉的工艺冶炼过程数据及不同类型设备或数据接口进行高效自动采集、整理和筛选，形成高炉大数据库并开发云平台交互系统。同时深入研究大数据深度挖掘算法，并结合高炉冶炼工艺选取合适算法，搭建大数据深度学习核心系统。围绕高炉大数据应用与智能炼铁开展研发工作，通过交叉学科前沿技术的集成与实际应用，实现高炉大数据云平台交互、高炉冶炼过程可视化、大数据挖掘与智能分析判断，以及高炉的高效、安全运行，以达到未来高炉生产"自感知、自适应、自决策、自调节"的智能化操控目标。

　　④ 继续深入炼铁理论研究与新工艺的开发。经过长期的发展，我国炼铁技术有了很大的进步，在设备的设计生产、高炉的安全长寿等方面，拥有自己独特的优势。整体来看，我国炼铁技术总体上已跻身于世界先进行列，但与欧盟、日本和韩国代表的国际最高水平相比，我国炼铁技术基础理论研究还相对薄弱，特别是针对炼铁前沿的理论研究，仍需进一步加强。如针对劣质铁矿资源，寻求新的造块工艺，实现复杂难选矿物高效利用；研究高比例球团条件下高炉块状还原带、软熔带及滴落成渣物态演变，明确高比例球团条件下的高炉各项工艺参数；深入探究氢在炼铁领域应用的基础理论，探索氢冶金的方式以减少碳排放；进一步研究国外成熟的气基还原工艺的核心技术，充分利用我国充足的焦炉煤气等资源，开发适合国情的气基还原工艺；针对 HIsmelt 工艺，进一步解析铁矿粉的熔炼反应，降耗提能，等等。

总之，对于我国炼铁技术基础理论的研究，仍然不可忽略，要加强我国炼铁技术领域原始创新能力，进一步突破技术难关，解决炼铁技术先进国家对我国炼铁技术的"卡脖子"问题，使我国炼铁技术的自主创新能力进一步提高。

（5）非高炉炼铁新技术发展趋势

煤制气-气基竖炉直接还原、熔融还原等非高炉炼铁技术是钢铁产业升级和节能减排的发展方向。气基竖炉工艺在节能、环保、产品质量等诸方面具有显著优势，是国家重点鼓励发展的项目。竖炉可供选择的气源有煤制气、焦炉煤气和熔融还原尾气，以代替天然气，降低大型煤气化投资和成本是发展煤制气-气基竖炉直接还原短流程的关键。熔融还原炼铁工艺竞争力应当体现在对资源和能源的适应性以及环境友好性。需在特定资源条件下，合理优化熔融还原的炉料结构和燃料结构，高效利用副产品煤气，因地制宜发展。开发具有自主知识产权的新型熔融还原炼铁工艺，是产、学、研诸方面的迫切任务。

3.1.2.2 低碳炼钢技术发展趋势

（1）转炉炼钢技术的发展现状

在电价和废钢资源短缺因素的限制下，我国的电炉钢产量相对有限。近年来，在市场需求的促进作用下转炉钢产量开始大幅度增长。相关统计结果表明，2024 年我国粗钢产量超过 10 亿吨，其中 85% 以上为转炉钢。

① 转炉大型化趋势明显。我国转炉向着大型化方向发展，设备的技术水平也显著提高，自动化水平接近国际领先水平。在我国转炉产能中，100t 及以上转炉的产能占比较高。2009 年后新投产转炉中大部分为高于 100t 的转炉。目前我国开始大力进行产业升级改造，加快淘汰落后产能的速度，这也促使转炉规模进一步提高。钢铁工业发展过程市场集中度也明显提升，大中型重点钢铁企业转炉钢产量比例明显提高，在新建的钢厂中，大部分为大、中型转炉，并且这类转炉钢产量在总钢产量中的比例也明显增加。

② 高附加值钢种增加。在目前石化、汽车、造船等行业迅速发展的形势下，工业生产对优质钢的需求也在明显地增加。目前我国正加速研究转炉生产高强钢、压力容器用钢、集装箱用钢相关的工艺技术，且对特殊钢生产工艺加大了研究力度，这对提高钢的质量也起到很大促进作用。目前此类技术已逐步应用。

③ 能耗指标降低。在转炉技术迅速发展和过程控制水平提升的形势下我国的转炉炼钢物料和能源的消耗水平也显著降低。一些大、中型转炉可通过高效回收煤气而实现负能炼钢的目的。在未来的发展中，还应该进行转炉降耗控制提高能源的回收和利用水平。虽然转炉-连铸全工序负能炼钢技术在一些大型钢厂中已经应用，但总体来看，和国外先进水平相比，我国转炉炼钢的消耗水平还较高。因而，在以后的发展中，还应该进一步推进长寿复吹、干法除尘等技术的应用，同时做好相应的节能环保工作，为实现环保目标打下良好的基础。

④ 转炉智能化控制水平不断提高。目前智能化控制技术在大型转炉控制中逐步被应用，这对提高控制和管理效率有重要的意义。转炉炼钢厂纷纷引入了副枪和气体传感器等设备，从而更好地满足转炉终点控制相关要求，在提高生产效率方面有重要的意义。

⑤ 转炉生产工艺进一步优化。为更好地满足钢材质量相关要求，精炼设备及铁水预处理装置开始被大量地引入转炉炼钢中，以及现代炼钢工艺流程使各工序功能得到进一步细化和优化，从而为高附加值钢种的生产提供了有利条件。

（2）转炉炼钢技术的发展趋势

钢铁生产的技术进步必须与环境协调发展，在冶炼过程中，降低能耗和物耗、提高能源的利用效率、更加有效地利用二次能源、开发低温余热回收利用新途径、通过智能化控制进一步降低工序能耗和物耗等许多问题，仍要进行深入开发和优化。钢铁工业与环境的可持续协调发展将是未来的必然趋势。

① 转炉高效冶炼技术。为有效提升市场竞争力，炼钢厂开始提高转炉生产效率，更好地进行供氧控制，提高炼钢质量，降低能耗。一些新型转炉高效冶炼技术也开发成功。在提高供氧强度方面一般可选择如下技术：采用少渣冶炼，渣量减少可大幅提高供氧强度；采用复吹工艺提高吹炼前期熔池的搅拌强度，可以提高前期成渣速度，实现平稳吹炼；优化改进氧枪结构，提高喷枪化渣速度；采用底吹强搅拌工艺，实现渣钢反应平衡；引入终点动态控制技术，这样在生产中可精确地进行终点控制，而不倒炉出钢，对减少出钢时间等有重要意义。

② 开发转炉少渣冶炼工艺。转炉少渣冶炼工艺在提高钢水收率方面有重要的意义，且废弃物排放量以及污染处理成本都降低。少渣冶炼技术应包括：优化炼铁原料结构，降硅提铁，提高入炉矿石品位；高炉低硅冶炼；转炉少渣冶炼。

③ 节能减排技术。随着环境保护理念被广泛接受，钢厂开始向着节能减排、提高环保水平方向发展。因而在钢铁行业的未来发展中，必然要进行节能环保优化改造。炼钢过程大量排烟，必须进行烟尘处理。脱尘一般采用干法除尘，并适当降低水量消耗，为钢铁工业的高效节能方向提供支持。采用的减排技术主要有铁水脱硅、精炼渣回用、烟气除尘回收、二次资源重复利用、干法除尘、余热综合利用等。

④ 吹炼终点动态控制技术。炼钢过程中的终点控制具有重要的意义。国内钢厂在生产中一般基于经验进行终点控制，而在高品质钢种生产中，经验控制有明显的局限性，需要引入计算机控制，从而有效地提高终点控制的精度，避免人工控制的局限性。通过优化复吹工艺、促进钢渣平衡、稳定终点操作这些技术进行控制时，主要是根据炉内温度、组分相关的数据而确定出炉内反应进度，并据此来控制炼钢终点。

⑤ 智能控制生产技术。随着信息技术的发展、大数据的应用，钢厂将逐步实现智能控制，充分挖掘、筛选、分析和运用钢铁生产过程中的装备大数据、工艺大数据，开发智能控制模型，实现转炉炼钢全自动控制。

（3）绿色电弧炉的发展与特点

绿色电弧炉能够以低的能耗、物耗，利用各类废弃物（包括废钢铁、废塑料、橡胶等）进行冶炼，实现对冶炼产生的废弃物、污染物和含毒物质的有效治理。

与传统电弧炉相同，绿色电弧炉以电能为主要热源，以废钢铁为主要原料进行冶炼，同时采用其他含铁材料（DRI、HBI、生铁块、铁水等）进行补充，以优化炉料结构、降低生产成本、提高产品质量。绿色电弧炉是在普通超高功率电弧炉的基础上发展而来的，拥有传统电弧炉不具备的特点。

① 冶炼物耗低。绿色电弧炉优化了电弧炉供电、供氧制度，可实现快速造渣，有效减少因电弧作用蒸发氧化进入渣中的铁元素；同时加入较少的辅料（石灰、白云石等）即可以达到冶炼要求。绿色电弧炉的金属收得率往往可以达到90%以上。

② 冶炼能耗低。绿色电弧炉普遍利用炉气进行废钢预热，入炉废钢可达600℃以上，并且配套有余热回收系统，可减少能量耗散，有效降低冶炼能耗。

③ 有效处理各类社会废弃物。绿色生产要求钢铁工业必须承担社会大宗废物处理消纳功能；在电弧炉炼钢流程中，废钢、高合金废料等作为原料可得到回收利用，废塑料、废橡胶等作为燃料得到焚烧，难以处理的废弃物（如垃圾焚烧灰）也可以在炉内高温条件下得到处理；与传统电弧炉相比，绿色电弧炉处理社会废弃物的效率更高、过程可控性更高，且产生的污染物更少。

④ 污染物和含毒物质排放少。通过对不同种类污染物和含毒物质的产生机理进行研究，绿色电弧炉建立起有针对性的处理措施，从源头、过程和末端对其进行控制，减少了污染物和含毒物质的排放，如采用高温急冷的手段促使二噁英分解、采用泡沫渣覆盖电弧的手段防止 NO 的产生、配套高效除尘系统减少粉尘污染等。

⑤ 电网公害少。电弧炉是电力传输系统中最密集的扰动负载之一，其特点是吸收功率快速变化，特别是在废钢熔化初期，会使电网产生较大的供电质量问题。绿色电弧炉通过留钢操作使熔池平稳，可保证电能稳定输入；同时利用先进的控制技术，匹配先进的补偿装置，实时高效地处理不规则负载，从而可降低对电网的干扰，减少电网公害的产生。

⑥ 自动化、智能化水平高。绿色电弧炉注重实现自动化和智能化，应用了许多先进的检测与控制技术（包括智能配料系统、泡沫渣监测系统、自动测温取样系统、电极智能调节系统等），减少了人为因素对电弧炉冶炼的影响，提高了产品质量和生产效率，这也是绿色电弧炉实现绿色、低耗、高效生产的关键。

（4）绿色电弧炉发展方向

绿色电弧炉代表了短流程炼钢工艺主要设备未来的发展方向，是适应社会发展与人类进步的先进装备。为此，绿色电弧炉必须具备进行工业生产的经济性，其产品质量需要达到用户的要求，同时不可以违背国家相关法律法规，满足环保及可持续发展的要求。具体而言，其发展需符合下列要求：

① 生产要求。优化冶炼工艺及技术，拓展电弧炉冶炼钢种并确保产品满足冶炼钢种的质量要求。

② 经济要求。应尽可能避免能源和资源浪费，降低电弧炉钢的冶炼成本以提高产品的盈利能力和竞争力。

③ 环保要求。绿色电弧炉应在满足国家排放标准的基础上，对自身产生的废弃物、污染物和含毒物质提出更高的要求，尽最大的可能满足环保及可持续发展的要求。

④ 安全要求。注重自动化、智能化生产的实现，将现场工人从危险繁重的工作中解放出来，保护其身心健康。

根据国内外绿色电弧炉炼钢技术的发展现状，结合其发展要求，作者认为绿色电弧炉发展方向如下：

① 对废钢进行预处理。废钢的高效破碎与分选是保证电弧炉炼钢原料质量的前提与关键，开发先进的破碎和废钢处理技术对提高电弧炉的钢质量至关重要。

② 实现炉料结构优化。优化炉料结构，提高产品质量，减少能耗与污染物排放，采用部分直接还原铁（DRI）与热压块铁（HBI）。

③ 提高监测控制水平。电弧炉生产现场复杂多变，如何提高冶炼过程监控水平，实现电弧炉炼钢的自动化与智能化，已成为未来绿色电弧炉发展的重要研究方向。

④ 推动减排工作。绿色电弧炉是环境友好的新式电弧炉，需加强对废弃物、污染物和

含毒物质的治理，推动减排工作进行。

3.1.2.3　有色金属低碳冶金技术的发展趋势

（1）铝行业

① 推动存量企业节能降耗。坚持节能优先，持续工艺过程优化，加强现有节能技术应用，降低全产业设备碳排放。完善能源消费总量和强度双控制度，提高智能化管理水平，优化工艺流程，提高设备效率，提升生产组织过程中的能源管控水平，实现能源的高效利用，不断降低单位工艺能耗。

② 优化能源结构。从铝冶炼行业排放分析来看，电力排放占到了 75％以上，所以使用可再生清洁低碳能源是降低有色金属行业碳排放的最重要途径。当前，电解铝产能已经由东部火电资源丰富区域向云南等水电、风电资源丰富区域转移。

③ 优化铝产业结构，大力发展再生铝。数据显示，与等量原铝相比，生产 1t 再生铝相当于节约 34t 标准煤、节水 14m³、减少固体废物排放 20t。生产每吨再生铝碳排放量仅为原铝的 5％。

2019 年，我国再生铝产量为 725 万吨，2001—2019 年复合增长率为 12.7％，再生铝占铝供应比重仅为 17％，与美国（40％）、日本（30％）相比较小，尚有较大发展潜力。再生铝原料由国内旧废铝、国内新废铝、进口废铝等组成。鉴于铝消费领域十分分散、回收周期不一，按国内旧废铝以 15～25 年前国内消费量的移动平均乘以 75％、新废铝由当年铝消费量乘以 5％、再生铝在综合铝供应中最大占比 40％测算（参考发达国家水平），到 2025 年、2030 年、2035 年，我国再生铝产量分别为 1152 万吨、1786 万吨、2126 万吨。结合我国铝消费量和产量预测（图 3.2），"十四五"和"十五五"末期再生铝产量分别比 2019 年增加约 420 万吨和 1000 万吨，代替电解铝而减少的排放可达 0.53 亿吨和 1.27 亿吨。

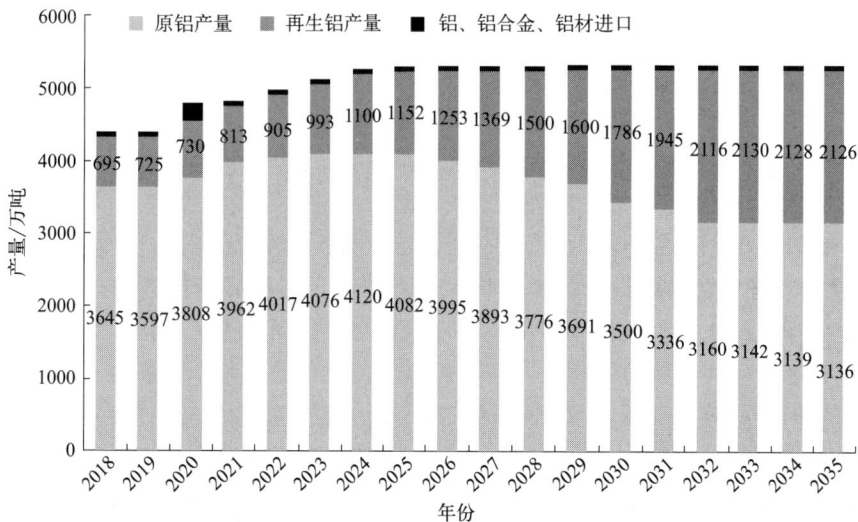

图 3.2　我国电解铝和再生铝产量（中值）预测

④ 研发先进电解工艺，提升高效绿色冶炼流程。以铝电解行业为例，铝电解过程中电力和保温熔铸过程中天然气等能源消耗间接产生的二氧化碳排放水平为 9.2 吨二氧化碳/吨铝；碳阳极消耗带来的直接排放量为 1.5 吨二氧化碳/吨铝；发生阳极效应产生的全氟化碳温室气体折算二氧化碳排放量约 0.25 吨二氧化碳/吨铝。如果开发出铝电解惰性阳极技术替

代碳阳极技术，以减少碳阳极消耗带来的直接排放和阳极效应，可减少15吨二氧化碳/吨铝的直接排放和部分全氟化碳温室气体的直接排放。

⑤ 研发绿色低碳技术。绿色低碳技术创新是推动碳中和的动力。推进绿色低碳发展，建立健全绿色低碳循环发展经济体系，促进经济社会发展的全面绿色转型，需要集中力量加强绿色"卡脖子"技术难题攻关，大力支持绿色低碳技术创新成果转化，支持绿色技术创新。

铝行业在清洁能源的规模化开发利用，深度节能降碳，二氧化碳捕集、利用等方面技术储备不足；在赤泥固体废弃物的规模化应用，铝灰、大修渣等危险废弃物的无害化、资源化利用等方面的难题也尚未解决，需要进一步加大绿色低碳技术研发。

（2）铜行业

① 大力发展再生铜产业，提高废铜循环利用效率。以废铜为原料可消除矿山环节并大幅降低粗炼环节的能耗与排放，从全生命周期碳排放角度来看，与原生铜（矿山—电解铜）生产相比，以废杂铜为原料炼铜可以节能75%以上。此外，废铜也可直接利用以生产铜材，与精铜制杆（铜精矿—电解铜—铜杆）相比，废铜再生直接利用生产1吨铜杆可以减少0.637吨碳排放，节能53%。因此，加大废铜的利用，对于保证国内供应链安全、加快构建多元原料结构、促进有色金属工业产业优化升级和绿色发展有十分重要的意义。

② 推广先进铜锍连续吹炼技术。铜锍连续吹炼技术在我国大力推广应用并走向成熟。河南中原黄金冶炼厂有限责任公司底吹＋闪速吹炼、中铝东南铜业有限责任公司双闪、河南豫光金铅股份有限责任公司双底吹、包头华鼎铜业发展有限责任公司双底吹、国投金城冶金有限责任公司双底吹、青海铜业有限责任公司双底吹、烟台国润铜业有限责任公司侧吹＋多枪顶吹、赤峰云铜有色金属有限责任公司侧吹＋多枪顶吹、广西南国铜业有限责任公司侧吹＋多枪顶吹等多个项目成功投产，奠定了我国铜锍连续吹炼技术的领先地位。

③ 发展先进制酸工艺，降低制酸过程能耗水平。制酸是铜冶炼能耗最高的工序。目前，一般制酸能耗约在110千瓦·时/吨硫酸，折合约106千克标准煤/吨阳极铜，占铜冶炼从湿精矿到阳极铜总能耗的约30%，节能潜力最大。归因于双闪等先进工艺的应用和富氧浓度的提高，熔和吹炼烟气量小、二氧化硫浓度高且烟气量及浓度较稳定，除烟气输送风机能耗大幅降低外，也为高浓度二氧化硫转化制酸技术的应用及制酸余热的全面回收创造了条件，使制酸能耗大幅降低。当前，高浓度二氧化硫烟气制酸及制酸余热回收技术已发展成熟，正在逐步推广中。此外，制酸二氧化硫转化中温位余热的回收也是制酸过程节能减排的技术方向之一。

④ 研发高性能铜合金材料绿色制造技术。先进铜合金材料与构件在国家安全、重大工程和经济建设中具有重要地位，然而各种高性能铜合金材料严重依赖进口，如新型高强高导铜合金带材、超细丝材、超薄带材等。在先进铜合金材料的创新和制备技术方面，为实施有效赶超并突破国产材料的制备技术瓶颈，应进一步加强高端产品、先进制造加工装备及技术的自主研发力度；开展先进铜合金材料工艺结构一体化设计，基本形成具有知识产权的先进铜合金材料体系和制备新技术体系；根据国家重大工程和新兴产业需求，开发高精度铜板/带/箔材等先进铜合金关键制备加工技术及其产业化；自主突破一批具有国际领先水平的先进铜合金材料及其高效、短流程制备加工技术，促进战略新兴产业发展，推动我国由材料大国向材料强国迈进。

（3）铅锌行业

① 发展源头节能减排技术。传统的火法炼铅工艺高能耗、高排放，节能潜力巨大。"三

连炉"炼铅新工艺能够显著降低能耗，成为铅冶炼最新技术的代表。"三连炉"技术通过氧化炉-底（侧）吹炉-烟化炉直连，充分利用液态高铅渣和还原炉渣的潜热，取消了高铅渣铸块和电热前床，节省了碳质电极材料和电能。生产实践表明，"三连炉"技术节能效果显著，已逐步取代传统的氧气底吹炉-鼓风炉还原工艺。

　　铅锌炉窑会产生高温烟气，应用余热回收技术能够进一步提升冶炼能效。豫北金铅有限责任公司针对"三连炉"技术特征，提出氧化炉和还原炉余热蒸汽用于发电或驱动风机电机、烟化炉用于采暖供热的技术方案；云南驰宏锌锗股份有限公司通过工艺参数和设备优化，实现了饱和蒸汽余热发电机组在蒸汽大幅波动工况下稳定高效运行，经济环保效益显著。

　　② 推广低碳清洁冶炼技术。在锌冶炼方法中，湿法占绝对主导地位，其主流工艺为焙烧-浸出和直接加压浸出。其中，后者采用氧压浸出取代焙烧氧化，避免了火法的高能耗、高排放，在节能和环保方面具有显著优势，因此成为锌冶炼低碳清洁技术发展的主要趋势。加压浸出技术是一种过程强化的低碳清洁冶金技术。中金岭南丹霞冶炼厂、北京矿冶研究总院与加拿大 Dynatec 公司联合开发了一段低温-二段中温锌直接加压浸出技术，2009 年该技术在中金岭南丹霞冶炼厂投产，是该技术的首次工业化应用，设计年产 10 万吨电锌，技术指标良好。随后，该技术在西部矿业、云南驰宏锌锗股份有限公司呼伦贝尔锌业、四川会理铅锌股份有限公司等企业得到推广应用。

　　③ 实现铅锌冶炼固体废物资源化。铅锌冶炼固体废物量大且种类多，很难采用单一工艺统一处理。然而，铜、铅、锌冶炼工艺所产生的固体废物能够形成互补优势，通过固体废物协同处理构建多源固体废物在冶炼系统内的自循环，固体废物源头减量和高效资源化成为未来发展趋势。近年来，我国在固体废物协同冶炼方面取得了一定进展。矿冶科技集团有限公司牵头开展了"锌冶炼过程危废源头减量与过程控制"研究，开发了可视化针铁矿法、赤铁矿法除铁并进行资源化综合利用，实现了"无铁渣"炼锌；金利集团牵头开展了"典型及大宗铅基固体废物协同侧-顶吹强化冶炼技术"研究，将铅膏、锌浸出渣及其他铅基危废等进行协同冶炼，具有成本低、智能化程度高、金属回收率高、绿色污染小等优点；株洲冶炼集团股份有限公司牵头开展了"铜铅锌综合冶炼基地多源固体废物协同利用集成示范"项目，形成了固体物资源环境属性识别、敏感元素砷镉汞全过程溯源、多源固体废物协同利用、铜熔炼渣综合回收及无害化、污酸渣源头减量与安全处置、跨产业链规模化消纳和全过程智能管控等关键技术。

3.2　低碳炼铁技术

3.2.1　炼铁过程节能减排先进技术

3.2.1.1　清洁高效炼焦技术

（1）焦炉大型化技术

焦炉大型化是炼焦技术发展的总趋势，大型焦炉在稳定焦炭质量、节能环保等方面具有不可取代的优势。近年来，我国在大型焦炉运用和改造过程中，解决了诸多技术管理难题，积累了丰富的实践经验。2006 年 6 月，山东兖矿国际焦化公司引进的德国 7.63m 顶装焦炉投产，拉开了中国焦炉大型化发展的序幕。此后中冶焦耐公司开发推出的 7m 顶装焦炉、唐山佳华的 6.25m 捣固焦炉，以及目前已研发出的炭化室高 8m 的特大型焦炉，实现沿燃烧室高度方向的贫氧低温均匀供热，达到均匀加热和降低 NO_2 生成的目的，标志着我国大型焦炉炼焦技术的成熟，焦炉大型化也是必由之路。

（2）焦炭性能评价及生产技术进展

传统的焦炭热性能试验方法已经不适合评价现代喷吹煤粉高炉用焦炭，因此提出了新的焦炭热性能评价方法——高反应性焦炭热性能评价新方法。在此理论指导下，宝钢在八钢配煤中将艾维尔沟煤的配比大幅提高，达到 62%，生产出的焦炭仍然能够满足 2500m³ 高炉的生产要求。焦炭传统热性能反应性（CRI）高达 58%，反应后强度（CSR）最低只有 13.5%，远远突破了高炉对传统焦炭热性能的极限要求。

（3）兰炭/提质煤应用技术

兰炭/提质煤是采用弱黏结性煤或不黏煤经中低温干馏而成的，具有低硫、低磷和价格低廉的优势。钢铁行业相关技术人员对于将其作为高炉喷吹、烧结燃料和焦丁替代品入炉的技术进行了深入的研究，形成了一套兰炭/提质煤在炼铁领域高效应用的技术方案，开发了兰炭/提质煤用于炼铁工序的调控技术，解决了喷吹可磨性偏低、烧结燃烧速率过快和替代焦炭强度偏低的技术难题，推动了煤炭资源的梯级利用和钢铁企业节能减排。同时我国钢铁行业相关技术人员提出了高炉喷吹燃料有效发热值的概念；研发了新一代高炉喷煤模拟实验装置，开发了基于有效发热值的高炉喷吹燃料经济评价与优化搭配软件，解决了兰炭/提质煤与喷吹煤混合喷吹时的燃料优化选择的技术难题，建立了兰炭运用于高炉、烧结的经济评价模型，开发了"喷煤—烧结—高炉配加兰炭经济核算系统"软件，科学预测兰炭在炼铁领域运用的经济效益；制定了兰炭用于高炉喷吹、烧结和替代焦炭的技术规范及相关标准。该成果已在包钢、酒钢、新兴铸管等国内知名企业推广和运用，给钢铁企业带来 1.47 亿元的经济效益，对国内钢铁行业节能减排具有重要意义。

（4）捣固焦技术

为弥补炼焦煤和肥煤的不足，用非焦煤置换部分焦煤，用一定压强的捣锤加压炼焦配煤，然后从侧面装入炭化室干馏得到捣固焦。采用捣固焦技术，可以多配入高挥发分煤及弱黏结性煤，扩大炼焦煤源，降低成本，与顶装焦相比，入炉煤堆积密度大幅提高，煤粒间接触致密，使结焦过程中胶体充满程度大，减缓气体的析出速度，从而提高膨胀压力和黏结性，使焦炭结变得致密。用同样的配煤比焦炭质量会有明显改善和提高，焦炭的抗碎强度 M40 提高 3%～5%，耐磨强度 M10 改善 2%～3%。我国长钢、南钢、攀钢、大冶钢厂相继建成了捣固焦炉，生产捣固焦用于 1000m³ 高炉。而涟源集团和中信集团在铜陵建设的捣固焦炉，生产的捣固焦可用于 3200m³ 高炉。我国已建成的炭化室高 6.25m 的捣固焦炉，为当前中国乃至世界上炭化室高度最高、单孔炭化室容积最大的大容积捣固焦炉。

3.2.1.2 铁矿烧结技术

（1）烧结设备大型化

进入 21 世纪以来，随着钢铁工业的迅速发展，我国铁矿烧结技术无论是在烧结矿产量、质量，还是在烧结工艺和技术装备方面都取得了长足的进步。这期间建成投产的大型烧结机都采用现代化的装备，设置较为完善的过程检测和控制项目，并采用计算机控制系统对全厂生产过程进行操作监视、控制及管理，工艺完善，高度自动化。尤其近些年，中国在开创新工艺、新设备、新技术方面相当活跃，烧结机不断向大型化、节能化、环保化方向发展，大型烧结机数量急剧增加，能耗指标大幅度降低，环境指标明显改善。2000—2013 年是我国烧结发展的繁荣期，2010 年太钢建成了国内最大的 660m 烧结机自此我国特大型烧结机自主研制技术取得重大突破；2013 年烧结矿产量达到 10.6 亿吨，国内建成烧结机 1300 余台，行业处于 10 余年的高速发展期。2013 年至今，是我国烧结技术发展的转型期：随着国家供给侧结构性改革深入推进，2016—2017 年国内累计压减钢铁产能约 2.5 亿吨，2018 年再压减产能约 3000 万吨，有效缓解国内钢铁产能严重过剩的矛盾，截至 2017 年底，全国烧结机数量降低至 900 余台（2015 年统计 1186 台），产量达到 10 亿吨。近几年仍在持续压减。

（2）超厚料层烧结技术

厚料层烧结作为 20 世纪 80 年代发展起来的烧结技术，近 40 年来得到了广泛应用和快速发展。生产实践调研表明：实施厚料层烧结能够有效改善烧结矿转鼓强度，提高成品率，降低固体燃料消耗，提高还原性等。烧结料层厚度也在不断刷新，如中国宝武、太钢、莱钢的烧结机料层都超过了 700mm，有的高达 800mm。如今，某些精矿烧结试验的料层厚度也达到了 900mm 水平，目前宝钢、首钢等企业通过加强原料制粒、偏析布料等技术措施，烧结的料层厚度达到 950mm 水平。

（3）烧结料面喷吹技术

自 2018 年 1 月 1 日起，《中华人民共和国环境保护税法》正式实施，开始向企业征收环保税。环保税中对 CO 排放已做了明确的税收规定。但目前实施的包括末端处理在内的烧结烟气处理工艺均对烧结过程 CO 的减排没有效果，而部分末端治理技术对二噁英的脱除效果也不佳。因此，如何从源头和过程控制的角度出发，有效地降低二噁英和 CO 排放量，是烧结生产亟待解决的难题。

针对二噁英和 CO 协同减排问题，开发了烧结料面吹蒸汽工艺，明确了烧结料面喷吹蒸汽辅助烧结的机理：喷吹蒸汽对空气有引射作用，可提高料面风速；强化碳燃烧反应，提高燃烧效率，减少 CO 的排放；减少烧结矿残碳等，有助于减少二噁英排放。烧结料面喷吹蒸汽研究项目应用后，经过测算，可以降低 2kg/t 燃料消耗，按 0.6 元/kg 计，降耗效益 1.2 元/t 矿，CO 减排 25%，二噁英减排 50%，环保和社会效益显著。按 2018 年环境保护税法对 CO 征税规定计算，应用喷吹蒸汽技术后有助于减税 0.5 元/t 矿以上。

此外，在烧结过程中喷吹一定量的焦炉煤气，不仅可以降低烧结固体燃料消耗，而且对于提高烧结矿转鼓强度和利用系数均有积极作用。随着喷吹比例的增加，焦粉单耗逐渐减少。当喷吹比例为 0.5% 时，焦粉单耗最低可达 40.436kg/t，与基准烟气循环烧结工艺相比，焦粉单耗减少了 3.848kg/t，减少比例为 8.69%，在烧结过程热量收入不变的前提下，随着焦炉煤气喷吹比例的增加，焦炉煤气能够提供更多的热量，从而减少了焦粉单耗；同时，随着喷吹比例的增加，CO_2、SO_2 和烟气排放量逐渐减少，当喷吹比例为 0.5% 时，CO_2、SO_2 排放量和烟气排放量分别为 328.749kg/t、1.276kg/t 和 2004.064kg/t，与基准烟气循环烧结工艺相比，CO_2、SO_2 和烟气排放量分别减少了 10.374kg/t、0.03kg/t 和 56.414kg/t，减少比例分别为 3.06%、2.3% 和 2.74%。

（4）烧结热风烟气循环技术

首钢、中冶长天等公司在烧结热风烟气循环技术上取得突破，目前烧结烟气循环利用技术已在宁钢、沙钢、首钢京唐等钢铁公司得到应用。生产实践应用表明，烧结烟气循环技术可减少烧结烟气的外排总量及外排烟气中的有害物质总量，是减轻烧结厂烟气污染的最有效手段；可大幅降低烧结厂烟气处理设施的投资和运行费用；可减少外排烟气带走的热量，减少热损失、CO 二次燃烧，降低固体燃耗。烟气循环烧结工艺可使烧结生产的各种污染物排放减少 45%～80%，降低固体燃耗 2～5kg/t 或降低工序能耗 5% 以上。

（5）强力混合机制粒技术

强力混合机在烧结机上应用可取得如下效果：混匀效果提高，制粒效果增强，透气性提高 10%，焦粉添加比例降低 0.5%，烧结速度提高 10%～12%，生产能力提高 8%～10%。近年来，我国有不少钢厂在烧结中应用了强力混合机技术。2015 年，本钢板材率先在 566m² 新建烧结项目上采用立式强力混合机，中国宝武、建邦、长强钢铁等烧结机均在一混前增加强力混合机的应用。

（6）降低烧结漏风率技术

烧结系统漏风是影响烧结矿产质量指标以及烧结工序能耗指标的一个重要因素。国内烧结机的漏风率达到 50% 以上，相比发达国家 30% 的漏风率有着不小的差距。烧结机漏风会造成生产率下降、电耗增加甚至产生噪声，恶化工作环境，导致国内烧结厂的能耗水平明显落后于发达国家。烧结机设备本身的漏风点主要集中在烧结机头尾密封、烧结机滑道密封、烟道放灰点及风量调节阀、风箱之间隔风装置、烧结机台车及台车之间的接触面等部位。

近年来，我国烧结生产相关技术人员从烧结机头尾密封装置、烧结机滑道密封部位、风箱的隔风装置、烧结机台车以及台车之间接触面等多个角度出发，对烧结机漏风现象进行了改善，这些新结构和新技术已经逐步应用到烧结机设计中。例如，在补偿式箱式头尾密封、台车双板簧密封盒及头部两组风箱采用双板式风量调整阀；在点火炉后几个风箱使用活动式隔风装置，提高烧结机中部的密封性能，降低中部漏风率；整体式台车结构和下栏板与台车体铸成一体的结构，在设计上减少了台车自身的漏风点；将烧结机台车篦条插销设计成锥面，目前成功应用于方大特钢 4m 台车、包钢 5.5m 台车等很多项目中；在烧结机尾部星轮齿板采用修正后的齿形，有效改善烧结机台车的起拱现象。目前这些技术不仅应用于 90%以上的烧结机设计中，而且在老产品改造项目中也逐渐应用。各大钢厂实践证明，这些新结构和新技术极大地降低了烧结机设备的总体漏风量，提升了烧结机生产效率，实现了烧结机生产效益的最大化。

（7）复合造块技术

我国炼铁工艺铁矿石造块生产中烧结占据支配地位，酸、碱炉料不平衡成为长期困扰我国钢铁企业的难题。新世纪以来，自产细粒铁精矿供应量迅速增加，远超过现有球团生产的处理能力，细粒铁精矿的高效利用和酸、碱炉料不平衡成为我国钢铁生产必须解决的紧迫问题。我国钢铁行业相关技术人员突破铁矿造块现有生产模式的限制，创造性地提出了复合造块的技术思想，发明了铁矿粉复合造块法。与烧结法相比，该技术提高生产率 20% 以上，节约固体燃耗 10% 以上，碳、氢、硫氧化物的排放明显下降，且该方法还具有大幅提高难处理含铁资源利用率的优势，并在包钢得到应用，解决了包钢炼铁生产炉料不平衡以及难处理、自产精矿利用率低的问题，经济社会效益十分显著。

（8）低 MgO 优质烧结矿制备技术

降低烧结工艺中 MgO 添加量，不仅可以更加容易满足高炉冶炼对炉渣 MgO/Al_2O_3 的要求，同时也可以改善烧结工艺中因添加过多的 MgO 导致的烧结工艺生产效率下降、烧结工序能耗偏高、烧结矿转鼓强度下降以及高温软熔性能变差等负面影响，但是其代价是将使烧结矿的低温还原粉化性能变差。近年来开发了 MgO 高效添加方法，形成了低 MgO 优质烧结矿制备技术。采用该技术不仅可以有效地减少烧结工艺中 MgO 的添加量，提高烧结工艺的生产效率，降低烧结工序能耗，改善烧结矿的转鼓强度和高温软性能，同时还能改善烧结矿的低温还原粉化性能。工业应用表明，在 MgO 添加不变的前提下，烧结低温还原粉化指标改善了约 4%，若维持低温还原粉化指标不变，可降低 MgO 添加量。另外，采用此技术也可减少或停止个别企业仍使用烧结矿喷洒 $CaCl_2$ 溶液的做法，提高设备的使用寿命。

3.2.1.3　高品质球团生产技术

（1）大型带式焙烧机球团核心技术

带式球团工艺过程包括：原料处理与准备系统、造球系统、焙烧系统及成品运输系统。其中焙烧系统是技术的核心，由布料系统、燃烧系统和热风循环系统组成。整个焙烧系统是一个热工过程，而热工过程是借助于燃烧系统和风流系统实现的，这是一个相当大而复杂的热交换过程，在这一过程中，工艺参数、设备性能、系统控制至关重要。以球团矿作为高炉炼铁主要原料的优势和球团矿对高炉指标改善的价值已日趋明显。高炉大比例使用球团矿后，对球团矿质量提出了更高的要求，如熔剂性球团矿、镁质球团矿等。由于带式球团焙烧机具有对原料适应性强的工艺特点，再加上其大型化优势，将推动带式球团工艺的发展。目前大型带式焙烧机技术及装备的国产化全部实现，不再依赖进口，为我国球团事业的发展打下坚实基础。

（2）熔剂性球团技术

熔剂性球团矿是指在配料过程中添加含有 CaO 的矿物生产的球团矿（四元碱度 $R >$ 0.82）。熔剂性球团矿的焙烧温度较低，在此温度下停留时间较短时，显微结构为赤铁矿连晶，局部有固体扩散而生成铁酸钙。当焙烧温度较高且在高温下停留时间较长时，则形成赤铁矿和铁酸钙的交织结构。熔剂性球团可以使球团还原性及软熔性能得到改善。通过不断摸索和攻关，湛钢球团已基本实现了熔剂性球团的连续稳定生产，成品球团矿的主要性能指标也得到了有效的改善。首钢京唐带式焙烧机实现了熔剂性球团的稳定生产。首钢京唐 3 号高炉投标以来，球团比例一直在 50% 以上，长期维持在 55%，燃料比 485kg/t，煤气利用率 52%，效果达到预期。这为超大型高炉实现高比例球团冶炼提供了有力支持，同时对推动钢铁企业节能环保、提升技术经济指标具有十分重要的参考价值和借鉴意义。

（3）含钛含镁球团技术

随着高炉强化冶炼，使用钛矿或钛球护炉已成为很多钢铁厂稳定生产和延长高炉寿命的主要手段之一。而随着需求量的增加，钛矿和钛球价格不断上升，对高炉炼铁和成本带来了很大的影响。球团矿代替块矿在高炉上应用，既达到补炉护炉，保证炉缸安全，延长高炉寿命的目的，又能起到高效生产的作用。首钢技术研究院在含镁添加剂和含钛资源的选择、热工制度的优化控制等方面进行了大量的创新研究，并在京唐公司大型带式焙烧机上实现了含钛含镁低硅多功能球团矿的生产和应用。含钛含镁球团矿生产工艺技术，不仅使用了低价含钛矿粉资源，而且生产出了物理化学性能和冶金性能优良的含钛球团矿，为炼铁使用粉矿护炉、降低成本、改善综合炉料冶金性能提供了很好的借鉴依据，为开发多功能球团矿奠定了基础，同时对钢铁企业提升高炉技术经济指标、促进节能减排、实现高炉长寿和降低炼铁成本开辟了新的方向。

3.2.1.4　高效长寿高炉炼铁技术

（1）特大型高炉应用煤气干法除尘技术

高炉煤气除尘类型分为干法除尘和湿法除尘两种。与传统高炉煤气湿法除尘相比，干法除尘不仅简化了工艺系统，占地面积小，投资少，基本不消耗水、电，从根本上解决了二次水污染及污泥的处理问题。宝钢1号高炉干法除尘系统为中国首次在特大型高炉上应用干法除尘技术，经过近几年的生产实践，干法除尘系统运行良好。在使用干法除尘系统过程中，高炉煤气中的氯离子和酸性物质会使煤气管道存在严重的腐蚀问题，通过改进防腐工艺、增设喷淋塔等可以降低干法除尘系统对煤气管道系统腐蚀的影响。干法除尘系统在大型高炉上推广应用积累了重要的操作经验，配合煤气余压发电系统，可以合理回收利用煤气显热，显著提高发电水平，有效降低吨铁能耗，是一项有效的重大综合节能环保技术。

（2）高效低耗特大型高炉关键技术

$4000m^3$ 以上特大型高炉生产效率高、能耗低、排放少，是炼铁业实现集约化绿色发展的重大技术。我国钢铁行业相关技术人员针对特大型高炉体量及尺寸加大带来的煤气流分布不均等重大技术难点展开研究，经过多年的自主创新，取得了一整套覆盖特大型高炉工艺理论、设计体系核心装备、智能控制的关键技术及成果，首创了 $4000m^3$ 级以上特大型高炉高效低耗的工艺理论及设计体系，为我国高炉的大型化发展奠定了基础。同时开发了新型无料钟炉顶控制、高风温顶燃式热风炉、节能环保水渣转鼓等核心装备技术，以及高炉智能生产管理系统，为实现高效低耗的生产提供了装备和控制技术保障。该技术创建了以炉腹煤气量指数为核心的新指标体系，从本质上反映了炉内煤气流特征，建立了炉内状况与生产指标的内在联系；提出特大型高炉炉腹煤气量指数的合理区间为 $56\sim65m^3/(min\cdot m^2)$，为特大型高炉实现高效低耗的科学设计和生产指导奠定了理论基础。该成果推广到国内外21座 $4000m^3$ 级以上高炉，产生了巨大的经济和社会效益。项目成果应用的宝钢3号高炉一代炉役19年，单位炉容产铁量15700t，一代炉役平均焦比（含焦丁）302kg/t，煤比196kg/t，燃料比498kg/t，达到国际领先水平。该成果输出到越南台塑 $2\times4350m^3$ 高炉、印度 Tata KPO 2 号 $5870m^3$ 高炉等具有重大国际影响力的项目，为中国特大型高炉技术建立了全球领先地位。

（3）无料钟炉顶技术

宝钢、湛钢高炉采用了由宝钢、中冶赛迪、秦冶重工共同研发的具有国内自主知识产权的新一代 BCQ 无料钟炉顶装料设备。BCQ 无料钟炉顶装料设备的主要技术指标达到国际先进水平，部分关键指标（如 α 角控制精度、溜槽倾动速度、对炉顶高温的适应性等）相比国外同类产品具有独特的优势，打破了国外公司在国际大型无料钟炉顶技术上的长期垄断。BCQ 无料钟炉顶装备在湛钢高炉上投入应用后，设备运行平稳，状况良好，各项运行指标优异，达到或优于设计指标。尤其是其耐高温高压特性快速响应、高冷却效率等特性，为湛钢高炉实现高顶压、高顶温、高 TRT 发电、灵活布料、节能减排等先进生产操作和优异生产指标提供了重要保障。

（4）现代高炉最佳镁铝比冶炼技术

我国进口矿量逐年增加，导致高炉渣 Al、O 含量增大。为适应高 Al_2O_3 炉渣操作，控制炉渣适宜的 MgO 含量是有效措施之一。东北大学系统地研究了 MgO 对烧结-球团-高炉冶炼的影响规律及作用机理，并开展了大量的实验室和工业试验，建立了最佳镁铝比操作的理论体系，从根本上改变了长期以来高炉炼铁工艺中镁铝比操作的传统观念，促进了高炉炼铁技术的进步。其经过在梅钢 4 号、5 号高炉及其烧结工序上成功应用，将镁铝比降至 0.43，渣量降低 11.48kg/tHM，燃料降至 492.5kg/tHM（降低 1.5kg/tHM），不仅降低了炼铁成本，还减少了 CO_2 和废弃物排放，取得了显著的经济、社会效益。

（5）高炉高比例球团技术

球团工艺近些年得到全面发展与推广。我国各大钢铁企业在大比例球团领域进行了探索。首钢技术研究院和首钢伊钢现场的技术人员一起开展了球团降硅提碱度、改善冶金性能攻关研究，攻克了熔剂性球团矿焙烧温度控制难、配熔剂时预热球强度低、回转窑易结圈、球团产量低质量差等诸多技术难题，并于 2018 年实现了首钢伊钢高炉全球团冶炼及稳定运行，技术经济指标改善，吨铁成本降低 200 元以上。此外，2018 年，京唐公司炼铁部高炉进行了两次配用碱性球的大球比试验，球团比最高达到 50%。在总结前两次大球团比冶炼工业试验的基础上，围绕稳定中心煤气，提前对装料制度做小幅调整，尽量减少其他调整因素，逐步探索出一套与现在生产相适应的大球团比冶炼规律。从 2019 年 5 月份开始高炉稳步提高球团比，一直到 2019 年 6 月 10 日高炉球团比达到了 52%，2019 年 6 月底至今，高炉球团比保持在 55%。其间，高炉压量关系平稳，炉况持续稳定，为铁水产量质量的稳定提供了保障，真正实现了大比例球团入炉冶炼。

（6）热压铁焦低碳炼铁技术

铁焦是一种新型低碳炼铁炉料，高炉使用铁焦冶炼可降低热储备区温度，提高冶炼效率，降低焦比，减少 CO 排放。国内对铁焦制备及应用高度关注，正加强相关关键技术的研发。《钢铁工业调整升级规划（2016—2020）》明确提出将复合铁焦新技术作为绿色改造升级发展重点的前沿储备节能减排技术。东北大学目前正与某企业开展应用合作研究，并开展深入的工业化试验，验证实际效果。据估算，该技术投资少，应用于实际高炉后节能减排和降低成本效果显著，为我国低碳高炉炼铁起到了示范和推动作用。

（7）高炉长寿技术

基于大量高炉破损调查案例的分析总结，树立了以渣皮控制为核心的铜冷却壁长寿技术理念。我国高炉工作者提出了延长炉腹至炉身下部寿命的完整技术理念，即"无（或少）过热冷却体系＋留住渣皮"。所谓无过热的冷却体系就是在高炉任何工况条件下冷却设备的工作温度都不会超过它的允许使用温度，从而达到冷却设备烧不坏的目的。对于"留住渣皮"，我们则更应关注薄壁高炉的炉腰直径、炉身角以及炉腹角，炉腰冷却壁的热面安装直径应该接近操作内型的炉腰直径，它们之间的偏差只是反复"脱落-形成"的渣皮，其厚度不过 20～40mm。因此，炉身部位的冷却壁安装角度就应该是高炉操作内型的炉身角，将炉腹角维持在 74°～78°，对于冷却设备的正常工作是有利的。在炉缸寿命方面，提出了以保护层控制为核心的长寿理念，炉缸采用优质的耐火材料，炭砖与冷却系统对于高炉长寿来说缺一不可。我国学者在开发研究高炉微孔和超微孔炭砖的进程中，根据高炉的实际状况，不仅把热导率和微孔指标，而且把铁水熔蚀指数纳入行业标准中，为全面评价炉缸用炭砖的质量提供了良好的依据。经过努力，我国已经有一批特大型高炉寿命达到 10 年以上：宝武 3 号高炉达到 19 年，进入世界先进行列；宝武 2 号高炉、太钢 5 号高炉达到 14 年；马钢 A 号、B 号高炉达到 12 年；鞍钢 1 号高炉、鲅鱼圈 2 号高炉、本钢 1 号高炉达到 11 年。

（8）高炉高风温技术

高炉高风温技术是高炉降低焦比、提高喷煤量、提高能源转换效率的重要途径。目前，大型高炉的设计风温一般为 1250～1300℃，提高风温是 21 世纪高炉炼铁的重要技术特征之一。我国已完全掌握单烧低热值高炉煤气达到 1250℃±20℃ 风温的整套技术。高风温是现代高炉的重要技术特征，顶燃式热风炉是高风温热风炉技术的重大突破，在国内基本取代了传统的内燃式和外燃式热风炉。

（9）高炉可视化及大数据技术

当前，云计算、物联网、大数据等信息技术将加速企业从中国制造向"中国智造"转变的进程。而工业大数据是实现智能制造的基础，是企业转型升级抢占未来制高点的关键。大数据智能互联平台的构建，将推动炼铁厂实现低成本、高效率的冶炼，持续保持钢厂在行业中的竞争力。对于高炉可视化，目前主要存在两种方式：一种是通过相关设备对炉内情况进行直接检测的手段，如红外炉顶成像、风口热成像以及激光测料面技术等；另一种则是依据高炉生产参数，通过相关物理、化学、传热传质等成熟的基础理论进行模拟，获得炉内状况，对高炉生产进行指导，如炉缸炉底侵蚀模型、布料与料层预测模型等，近两年均取得了显著进步。

3.2.1.5　非高炉炼铁技术

（1）熔融还原技术

经过几年的探索与实践，山东墨龙公司在吸纳原有 HIsmelt 熔融还原工艺流程核心技术的基础上，结合中国超高纯特种铸造生铁生产的经验，在如何保证冶炼过程的连续化、发展熔融还原（SRV）长寿技术、提高资源利用率等关键性问题上，取得重大技术革新和技术突破。山东墨龙 HIsmelt 工艺自运行以来，多项生产及技术指标均创造了该流程的历史纪录。最长连续稳定运行时间长达 153 天，且生产中的经济技术指标远超历史最高水平。相较于 HIsmelt 工艺过去生产 15 万吨需更换 5 次炉衬的情况，墨龙 HIsmet 熔融还原炉寿命明显延长，至 2017 年底已生产 25 万吨，炉衬仅有轻微侵蚀。

宝武集团将 Corex 炉搬迁到八钢，新疆的煤炭资源丰富，当地的铁矿石资源也更符合 Corex 工艺要求。八钢立足本地矿产和煤炭，优化配矿配煤，改进工艺，优化设备，进行各种废弃物入炉试验，都取得了良好效果。Corex 炉煤气量巨大，且氮比例较低，可作为化工的原料气体，八钢正积极探索新型的冶金-煤化工耦合工艺。通过 Corex 在八钢的实际生产证明：在一定的资源条件下，Corex 炉可以具有与传统高炉一样的成本竞争力。

（2）气基直接还原技术

气基直接还原具有工艺流程短、反应温度低、能源消耗小、污染物排放少、产品质量高等优势，在未来炼铁生产中将起到日益重要的作用。然而，由于缺乏充足廉价的工业用天然气，气基竖炉直接还原技术在我国的发展受到阻碍。近年来，为了开发具有中国自主知识产权的气基竖炉还原炼铁技术，并有效整合改质焦炉煤气或煤制气，打破天然气资源的束缚，中国中晋冶金科技有限公司与北京科技大学合作，共同开发适合中国的焦炉煤气改质（煤制气）-气基竖炉制备还原铁技术，并申报多项专利。该技术的研发，为我国气基直接还原技术的发展打下了坚实的基础。

3.2.1.6　低碳高炉炼铁技术

高炉作为超高效率反应器，未来仍将占据主导地位。我国高炉整体燃料比水平相比国际先进水平还差距明显，应立足目前炼铁工艺流程，以降低高炉燃料消耗量作为减少炼铁整体碳量的关键，尤其是大型高炉，将追求高炉接近还原平衡、完全利用燃料化学能作为未来研发的主攻方向。具体技术包括：提高炉身工作效率；炉顶脱除 CO，并循环使用；开发高品质球团，发展带式焙烧机，提高单台设备产能；提高烧结矿质量，发展预还原烧结矿、微波烧结等；开发高强度焦炭电加热焦炉技术。

此外，高炉喷吹氢气技术可大幅提高高炉生产效率，减少 CO 的排放，应重点研究高炉喷吹氢气的喷吹位置、喷吹量等，掌握喷吹氢气对炉料在炉内反应进程以及高炉操作的影响规律。

3.2.1.7　绿色炼铁技术

绿色炼铁技术在未来的需求主要集中在非高炉炼铁技术，包括直接还原和熔融还原两大工艺。其优势在于摆脱了焦煤资源短缺对钢铁工业发展的羁绊，取消了烧结及焦化工艺环节，适应了日益严格的环境保护要求，并且能有效降低钢铁流程的产品综合能耗，解决废钢短缺及质量不断恶化的问题，为生产洁净钢、优质钢等高端产品提供纯净的铁原材料，还可实现资源的综合利用。因此，积极发展非高炉炼铁，提高短流程电炉炼钢的比例，是钢铁工业改善产品和能源结构、减少 CO 的排放、促进钢铁工业可持续发展的绿色工艺。

3.2.2　低成本低排放高炉炼铁生产技术

3.2.2.1　高炉大比例配加球团矿技术

（1）八钢高炉使用高比例球团矿生产实践

① 八钢高比例球团矿对高炉生产的影响。

a. 球团矿自然堆角小，球团矿自然堆角仅 24°～27°，而烧结矿自然堆角为 31°～35°。由于球团矿滚动性好，当球团矿作为高炉主要炉料时会引起高炉料房分布不均匀，会造成高炉两股煤气流逐渐减弱，长期操作下去会造成炉缸堆积和生铁硫含量控制困难。

b. 酸性球团矿软熔温度偏低，个别球团矿还原时出现异常膨胀或还原迟滞现象，炉料低温还原粉化严重，也造成高炉块状带煤气阻力增大，此时若出现冷却壁漏水或有害元素超标，易造成炉墙结厚。

c. 若过度发展边缘气流来保证炉况顺行，易造成炉墙温度波动大，渣皮不稳定，操作炉型维持不住，生铁硫含量易超标。此外，在大批重冶炼时，球团矿粉化率高、矿层厚，造成高炉透气性变差，易导致局部气流过吹而形成管道，造成炉凉。

d. 当抗压强度低于 2000N/个的球团矿大量入炉后，易产生粉末，进而影响炉区透气性，并在炉身上部造成结厚，如不及时处理，易形成炉墙结瘤。

② 八钢高比例球团生产实践与应对措施。

a. 布料制度探索与实践。针对球团矿堆角小、易滚动的现象，八钢采取了矿中加焦技术，即在每批炉料中配入一定配比的焦炭，起到骨架作用，从而减少球团矿在布料阶段的滚动。当炉况不顺时，采用减少矿批并发展边缘气流方式进行调整，并在此基础上，采取中心加焦技术，适当发展中心气流，稳定边缘气流，从而保证炉墙温度不出现大幅度波动，促进渣皮稳定，此外，应定期降低炉碱度洗炉，定期倒罐操作，减少布料偏析。

b. 造渣制度探索与实践。造渣制度以追求适宜炉渣黏度和增强炉渣脱硫能力为目标，在使用高比例酸性球团矿的同时，将烧结矿二元碱度提升至 2.85，借助较高的荷重还原软化温度和熔滴温度，以及良好的强度和抗粉化能力，增强料柱的透气性。对渣中二元碱度和 MgO 含量进行控制，当 Al_2O_3 大于 13% 时，R_2 控制在 1.0～1.1，MgO 控制在 10%～12%；当 Al_2O_3 小于 13% 时，R_2 控制在 1.02～1.15，MgO 控制在 9%～10%，以维持良好的炉渣流动性和脱硫能力。

c. 原料质量的探索与实践。严格把控炉渣粒级筛分工作，经过槽上、槽下两遍筛分后，入炉粉末基本控制在 1% 以内。经过技术攻关，将球团矿抗压强度由 1400N/个提升至 2200N/个。

八钢高炉的生产实践经验表明，高比例球团矿的炉料结构虽然会给高炉冶炼带来一定影响，但通过采取一系列有针对性的应对措施，及时分析和总结，炉况稳定性大大提高，并实现了高炉稳定顺行和高产。

(2) 沙钢高炉使用高比例球团矿生产实践

在烧结工段大修的背景下，沙钢对高炉炉料结构进行调整，球团矿比例由 40%～45% 逐步提升到 75%。在此情况下，得益于原料准备充分，操作得当，前炉炉况实现稳定顺行。

① 沙钢高炉大比例配加球团矿技术措施。

a. 提高烧结矿碱度。由于酸性球团矿比例增加，需要提升烧结矿碱度，以降低高炉碱性生培剂使用量。此外，高碱度烧结矿所具备的良好机械强度和抗粉化能力，以及较高的荷重软化温度和熔滴温度，可以有效配合酸性球矿，有利于稳定高炉炉况。因此，随着高炉烧结矿配比调整到 35% 左右，烧结矿的二元碱度从 1.7 提高到 2.7。

b. 调整高炉操作制度。

• 送风制度的调整：球团矿自然堆角小，布料后易滚向高炉中心，这种情况使球团矿配比增大后，高炉中心有加重倾向。因此，采用逐步加大氧量至 $2000m^3/h$，使富氧率达到 2.5%，同时采用全风温操作、增大喷煤量等措施来提高鼓风动能，开放中心煤气流，从而活跃中心，避免中心堆积。

• 装料制度的调整：球团矿软化温度低，软熔温度区间大，易导致料柱气性变差。因此，沙钢一方面适当发展边缘煤气流，减少边缘的矿焦比，适当减小中心焦比例，由原来的 "2COO↓OCC↓+CC↓" 布料矩阵调整至 "3COO↓OCC↓+CC↓"；另一方面，料线由 1300mm 降低到 1400mm，焦炭的布料角度从 33° 扩大到 34°，从而保证中心气流开放。依据高炉十字测温曲线，煤气流分布是典型的双峰曲线，说明高炉透气性良好，且此时煤气利用率可达 48% 以上。

- 造渣制度和热制度的调整：球团矿配比增加后，易导致炉渣流动性变差沙钢采取了适当降低炉渣碱度和提高生铁硅含量的方法，从而保证渣铁物理热充沛，且高炉总体顺行状况良好，铁水硅含量因造渣制度的调整有所增加。

② 生产效果。沙钢 2 号高炉在增加球团矿配用比例后，炉况运行状态良好，且技术经济有不同程度改善，高炉利用系数达到了 $3.67t/(m^3 \cdot d)$。通过配加高碱度烧结矿；增大鼓风动能，开放中心气流；维持合理煤气分布，以中心气流为主，兼顾好边缘气流；适当降低炉渣碱度和提升硅含量，成功实现了大比例配用球团矿，为国内高炉生产提供了相关经验。

(3) 太钢高炉使用高比例球团矿生产实践

太钢曾成功使用高比例球团矿进行冶炼，并重点分析总结了高比例球团矿对高炉内压差的影响，认为压差升高的主要原因是高炉块状带空隙率下降及软熔带位置上移和宽度增加，并提出应对球团矿比例提高造成高炉压差升高的措施：一方面，通过烧结矿球团矿混装、调整装料制度和布料角度及混加焦丁等方式改善透气性；另一方面，提高球团矿质量，从而保证了高炉稳定顺行生产。

① 球团矿比例增加后高炉压差升高的应对措施。正常炉况下（主要参数稳定）高炉压差随球团矿比例增加近似呈线性增加关系。对于采用定风量、定顶压操作的高炉而言，压差过高或升高过快可能会带来局部气流失常、热负荷升高、煤气利用率下降等现象，严重时甚至会出现局部管道、崩料等严重影响下高炉顺行的炉况。因此，需要对球团矿比例增加后高炉压差进行有效控制。太钢提出，一方面要从调整装料制度入手，改善块状带炉料的空隙率；另一方面要从球团矿质量入手，提高球团矿的冶金性能。

a. 装料制度的调整。球团矿粒度均匀、滚动性好、自然堆角小，因此球团矿在高炉内的分布相比烧结矿而言更加难以控制。太钢总结应对高比例球团矿的典型措施和布料控制特点如下：

- 球团矿和烧结矿混装入炉。除简单混装外，还采用了大焦批大矿批，小粒烧结矿适当控制边缘气流，以及调整排料顺序和炉顶装料制度来稳定了料面和改变煤气流分布，并减少料面漏斗处或接近炉内中心位置的球团矿量，用固定的料罐进行称重，保证球团矿的稳定，从而进一步确保高比例球团矿下的布料稳定性。

- 装料制度和布料角度调整。球团矿比例加大后，通过调整装料角度和挡位，调整中心气流和边缘气流分布，保证中心气流的稳定，使炉内压差关系稳定，煤气利用率得到提高。

- 向矿石中混加焦丁，应对球团矿高配比下炉料堆角较小的问题。向矿石中混加焦丁有以下作用：解决球团矿自身堆角较小的问题；焦丁在高炉中很快发生碳素溶解反应，有助于保持大块焦炭到达料柱中心后的活性，降低全炉和矿石层压差。

b. 提高球团矿质量。针对工业试验期间太钢高炉使用的主要含铁原料进行高温软化性能检验，结果表明，球团矿与烧结矿相比，具有软化开始温度低、软化区间窄的特点。

② 生产效果。通过对太钢生产现场数据的回归分析，得到了高炉球团配比与高炉压差的线性回归分析结果：球团矿比例每增加 1%，高炉全压差增加 $0.869 \sim 0.892kPa$。此外，提出了应对球团矿比例增加后高炉压差增加的措施：通过烧结矿、球团矿混装，调整装料和布料角度以及混加焦丁等方式改善透气性，另外也需要改善球团矿冶金性能。

3.2.2.2 高炉铁水低硅冶炼技术

（1）邯钢 8 号高炉铁水低硅生产实践

邯钢科研人员在对 8 号高炉（3200m³）推行低硅冶炼为核心的生产攻关历程中，逐步形成了一套"低硅不低热"的低硅低硫冶炼技术，在保持炉况顺行和铁水温度 1510℃ 以上的前提下，将 Si 含量从 0.45% 降低并稳定在 0.33% 左右，最终达到显著提升高炉生产技术指标，降低高炉生产成本的目的。

① 应对措施。生产实践表明，炉缸热量充沛、活性好是大型高炉稳定顺行的根基，而 Si 含量与炉缸热量是呈线性关系的，即 Si 含量下降，炉缸热量也同步下降。如果简单降低 Si 含量，必然导致炉缸热量的降低，活性变差，进而破坏炉况顺行。大型高炉要实现低硅冶炼技术的成功，必须做好一系列的配套基础工作，才能保证炉缸热量充沛，活性良好。为此，邯钢 8 号高炉推行"低硅不低热"的冶炼技术，重点在以下方面采取了措施：

a. 优化布料操作模式。邯钢 8 号高炉经过长期的实践摸索，布料制度由开炉初期中心加焦模式逐步演化到目前的"小平台＋大漏斗"的布料模式。为了探索出高煤气利用率、低燃料比、低硅、低成本的经济冶炼之路，2013 年 3 月开始逐步缩小矿平台宽度到半径的 1/5 左右，扩大焦平台宽度，同时最小角度焦炭圈数达到 3 圈。通过装料制度的调整，最终形成了适应 8 号高炉原燃料特点的"小平台＋大漏斗"上部布料模式。通过布料制度优化，8 号高炉探索出了合理的布料矩阵格局，并根据生产变化进行动态微调，取得了良好的冶炼效果。例如：边缘煤气流稳定，中心煤气流开放，高炉压差持续下降，从 185kPa 逐渐下降到 160kPa 左右。高炉此前频繁出现的静压力与煤气利用率波动的现象逐渐消失，煤气利用率开始逐步升高，由 48.4% 逐步升高到 51%，燃料比从 539kg/t 降低至 501kg/t。

b. 保持合理操作炉型。合理的操作炉型是炉况稳定顺行的基础，是低硅低硫冶炼的前提。通过长期摸索，邯钢科研人员制定出邯钢 8 号高炉中上部冷却壁控制标准。邯钢 8 号高炉炉衬为薄壁结构，采用软水密闭循环冷却并在炉身下部、炉腰和炉腹热负荷高的位置，装备了 4 段铜冷却壁来保证冷却效果。砖壁合一薄内衬结构模式中，设计炉型即操作炉型。高炉日常操作炉型控制的方针为炉墙既不发生大量黏结，又无过快侵蚀。在保持操作炉型相对合理的同时，适当控制边缘煤气流，降低高温区高度，使软熔带根部在铜冷却壁区间内。尽量降低滴落带高度和缩短铁滴下降的行程，进而达到抑制硅的还原，降低 Si 含量的目的。

c. 优化高炉造渣制度。邯钢原燃料曾面临劣化趋势，含铁原料品位下降，Al_2O_3 等杂质升高；焦炭灰分、硫分升高，高炉负荷达到 4kg/t。针对以上情况，邯钢 8 号高炉在造渣制度上采取以下应对手段：配合低硅铁冶炼，提升炉渣碱度，邯钢 8 号高炉炉渣二元碱度逐步从 1.17 提高到 1.27，促进了炉缸热量和脱硫效果的提升；重视四元碱度，推行低镁冶炼。随着炉渣中铝等杂质的提高，二元碱度已经不能充分地体现炉渣的性能控制，2013 年以来开始推行四元碱度控制理念，制定了四元碱度不低于 1.0 的操控标准。在四元碱度受控制的前提下，适当降低烧结矿 MgO，可降低生产成本，提高烧结矿质量和提升品位。

d. 改善送风制度。

• 适当提高顶压。提高顶压可以提高炉内煤气压力，抑制硅氧化物气体的产生，从而降低 Si 含量。同时，提高顶压有利于炉内热量向下部集中，降低软带的高度，从而进一步抑制硅的还原。但是，邯钢 8 号高炉投产之初，常年预留 1 个阀门 20% 开度保证安全，导致顶压只有 215kPa，无法再提高。高炉通过技术攻关，重新开发顶压调节软件，在顶压异常升高的紧急情况下，自动打开 TRT 旁通阀快开阀，保证安全。高炉逐步将顶压从 215kPa 提高到 225kPa。

- 提高风温。高风温使炉内高温区下移，有利于软熔带下降，进一步控制硅的还原。同时，高风温保障了炉缸热量充沛，有利于提高渣铁的流动性，促进对硅的氧化，从而降低 Si 含量。此外，高风温可以降低燃料比，减少硅氧化物挥发，降低了硅的来源。邯钢 8 号高炉热风炉开炉之初，由操作人员手动调节烧炉煤气和空气的比例完成烧炉过程。由于热风炉使用的煤气压力波动较大，最佳的烧炉煤气和空气比例是动态变化的，人工及时调控至最佳空燃比难度很大。为了解决上述难题，保证热风炉良好的烧炉效果，高炉引进了热风炉全自动烧炉系统。该系统实时监控热风炉拱顶温度、煤气压力、空气压力和烟道废气温度等重要参数，并根据以上参数变化趋势及时调整煤气和空气比例，使空燃比始终处于最佳状态。该系统的应用使热风炉大幅度节约煤气，降低成本，风温也从 2013 年的 1170℃ 提高到 2015 年的 1220℃，为高炉实现低硅低硫冶炼创造了有利条件。

- 适当降低风口前理论燃烧温度。理论燃烧温度控制区间由 2230℃±20℃ 降低到 2200℃±20℃，减少了风口区硅的还原。高炉风口高温区是 Si 含量快速升高的区域，降低风口前理论燃烧温度，一方面可以抑制硅的还原反应正向进行，另一方面可以减少硅氧化物气体的生成，最终起到明显降硅作用。

② 生产效果。邯钢 8 号高炉在保持炉况顺行和铁水温度 1510℃ 以上的前提下达到了将 Si 含量从 0.45％ 降低并稳定在 0.33％ 左右的水平，实现了高炉长期低硅低硫冶炼生产。该技术的推行，使邯钢 8 号高炉 Si 含量长期稳定在 0.30％～0.35％，S 含量稳定在 0.02％～0.03％，一级品率 97.5％。

对以上分析总结如下：邯钢科研人员为了应对成本挑战，依据中心开放、边缘稳定装料制度调整原则，摸索出了"小平台＋大漏斗"的装料制度，实现炉况顺行的同时，大幅提高了煤气利用率，降低了燃料比，为低硅低硫冶炼技术的成功应用提供了基础保障；通过生产实践，逐步掌握了"低硅不低热"冶炼技术在保持炉缸热量充沛，满足高炉热制度要求的基础上，Si 含量长期保持在较低水平，实现了提升高炉生产技术指标、降低高炉生产成本的目的。

（2）安钢 3 号高炉铁水低硅生产实践

安钢 3 号高炉容积为 4800m³，2013 年开炉投产以来，由于入炉原燃料变化频繁，特别是大量经济矿的使用，给高炉操作带来了一些困难，高炉稳定性差，铁水硅含量不稳定。2015 年，3 号高炉生铁硅含量在 0.43％ 左右，处于行业偏高水平，安钢科研技术人员通过推行低硅烧结，控制焦炭灰分，并通过铁前工序一体化综合管控措施的有效实施，使 3 号高炉铁水硅含量大幅下降，取得了显著成效。

① 铁前工序综合管控措施的实施。

a. 强化烧结工序管控，提高烧结矿质量。在烧结生产中，为了稳定和提高烧结矿质量，在对烧结系统工艺技术条件分析和研究的基础上，将烧结料层厚度、点火温度、烧结系统抽风负压以及内返小于 5mm 的配比等参数作为日常重点管控对象。数据显示，1～10 月中 3 号高炉烧结系统内返小于 5mm 的比例平均数据为 23.1％，3 号高炉烧结系统料层厚度、点火温度参数均在要求范围内。通过对烧结关键技术参数的综合管控，3 号高炉烧结系统整体生产平稳，烧结系统烧结矿质量稳步提高。同时通过优化烧结配矿，提高烧结矿的品位，降低 SiO_2 含量。

b. 强化焦化工序管控，稳定和提高焦炭质量。在焦化工序，为了稳定和提高焦炭质量，安钢在配煤环节制定了单罐配比、配合煤配比控制要求，并在炼焦环节，将其主要关键工艺参数，如周转时间、推焦电流、高炉煤气机焦侧压力和机焦侧标准温度等指标纳入了全面管控。同时，对混合煤的灰分含量也进行了重点管控，使焦炭灰分稳中有降。焦炭灰分降低，质量稳定，冷热强度改善，使安钢 3 号高炉透气性改善，负荷增加，焦比降低，为安钢 3 号高炉冶炼低硅生铁创造了有利条件。

c. 强化炼铁工序管控，推行高炉低硅冶炼技术。基于低硅生铁冶炼机理和高炉内硅的还原机理，在管控高炉入炉原燃料硅含量的前提下，通过控制风口前理论燃烧温度可以改变 SiO_2 在高炉内的还原环境，从而达到控制铁水硅含量的目的。安钢的生产实践表明，在安钢生产条件下，保持风口前理论燃烧温度在 2200～2300℃ 之间是合适的，有利于低硅冶炼的进行。

同时，在高炉生产中严格执行高炉操作规程，搞好高炉操作稳定炉况。为此，在对安钢 3 号高炉设备工艺状况和控制参数具体分析和研究的基础上，将风量、风压、铁水物理热、全压差、炉渣碱度及渣中 MgO/Al_2O_3 等参数作为高炉工序岗位标准运行参数进行日常管控。通过对上述高炉工序关键岗位主要参数的日常管控和严加考核，确保了高炉的稳定顺行，为安钢 3 号高炉降低生铁硅含量提供了保障。

② 安钢 3 号高炉低硅冶炼实施效果。安钢铁前系统通过提高烧结矿质量及品位，控制焦炭灰分，并通过铁前工序一体化综合管控措施的有效实施，对入炉原燃料硅含量有效管控，推行高炉低硅冶炼技术。通过以上措施的有效实施，3 号高炉硅含量逐步降低。自 2016 年铁前工艺综合管控措施实施以来，在 3 号高炉入炉品位、熟料比、风温等基本稳定的前提下，高炉顺行状态良好，产量提高，焦比、燃料比逐步降低；生铁硅含量由 2016 年 1 月份的 0.41% 逐步降至 10 月份的 0.34%；其他主要技术经济指标也稳步改善，达到了高炉稳产低耗的生产效果。

安钢生产人员的研究实践表明，通过强化铁前原燃料进场和现场管理，对高炉入炉原燃料硅含量进行有效管控，推行高炉低硅冶炼技术，并通过铁前工序一体化综合管控措施的有效实施，可以达到低硅冶炼的目的，带来较大的经济和社会效益。但降低生铁硅含量是一个系统工程，不仅需要稳定的原燃料作为保证，还需要高炉的稳定顺行作为支撑。

（3）宝钢 3 号高炉铁水低硅生产实践

宝钢 3 号高炉（4350m³）自 1994 年 9 月 20 日投产以来，依靠科技创新和科研攻关，在高炉操作技术上取得重大突破。通过调整布料挡位、优化煤气流分布、稳定炉体热负荷，确保炉况稳定顺行，使煤气利用率稳步提高；并通过优化炉料结构、稳定高喷煤比、控制风口反应温度、提高顶压、优化炉渣性能等措施使铁水 Si 含量稳步下降并稳定在 0.30% 以下，月均最低达到 0.23%，同时铁水 S 含量控制在 0.020% 左右。

宝钢 3 号高炉低硅低硫冶炼生产实践包括：

① 确保炉况稳定顺行是低硅低硫冶炼的基础。

a. 调整布料挡位，优化煤气流分布。获得合理的煤气流分布的重要手段是调整布料挡位。宝钢 3 号高炉以一定的边缘煤气流，稳定中心煤气流，与下部初始煤气流分布相适应的原则来调整布料挡位，从而确保热负荷稳定，煤气利用率提高，炉况稳定顺行。

b. 稳定热负荷。通过宝钢 3 号高炉生产实践，低硅低硫冶炼必须控制热负荷在稳定合理的范围。热负荷过高，对炉体冷却壁寿命产生威胁，而热负荷过低，边缘煤气流过重，炉况不稳定，炉墙渣皮易脱落，影响高炉顺行。根据宝钢 3 号高炉实际情况，认为热负荷控制在 90000MJ/h 左右合适，既可以保护冷却壁，又可以保证高炉稳定顺行。

经过对布料挡位的精心调整和操作参数的优化配置，3 号高炉煤气流分布更加合理，炉况稳定顺行，煤气利用率稳步提高并稳定在 51.5% 以上。同时，由于煤气利用率提高，直接还原减少，间接还原增加，有利于扩大中温区，降低软熔带位置和滴落带高度，有利于低硅冶炼。炉况的稳定顺行为宝钢 3 号高炉的低硅低硫冶炼创造了条件。

② 优化炉料结构，稳定高煤比，降低焦比是宝钢 3 号高炉降硅控硫的根本措施。

a. 减少 SiO_2 入炉。随着宝钢 3 号高炉操作技术的进步，煤比迅速提高，焦比不断降低。由于焦炭和煤粉灰分及灰分中所含 SiO_2 量不同，提高煤比、降低焦比减少了 SiO_2 入炉，从而有效控制 SiO_2 气体的生成，达到降低铁水硅含量的目的。随高炉焦比降低，生铁硅含量也不断下降。

宝钢 3 号高炉 1998 年 1 月焦比 349kg/t、煤比 150kg/t，1999 年 9 月焦比 288kg/t，煤比 206kg/t。宝钢焦炭灰分中 SiO_2 含量约在 5.5%，混合煤灰分中 SiO_2 含量约在 3.5%，由此计算出由于焦比降低减少 SiO_2 入炉量约为 3.33kg/t，而由煤比上升增加 SiO_2 入炉量约为 1.94kg/t，综合考量减少 SiO_2 入炉量约为 1.39kg/t。

b. 降低焦炭灰分。焦炭灰分的变化将直接影响铁水 Si 含量。因此，要想进一步降低铁水中 Si 的含量，除了提高操作水平、确保高炉稳定顺行以外，需要进一步提高原燃料质量，降低焦炭灰分。

c. 降低风口前理论燃烧温度，抑制硅还原。硅含量在风口区域最高，而且硅的还原反应是吸热反应。因此，随着煤比的提高，风口火焰温度呈下降趋势，进一步抑制 SiO_2 气体的生成，起到降硅的作用。

③ 提高利用系数，采用高顶压，缩短反应时间，抑制硅还原。随着高炉利用系数的提高，高炉的产量增加，冶炼周期缩短，这就意味着铁滴通过软熔带焦窗的时间变短。也就是说，高炉利用系数提高，降低了铁滴与焦炭中灰分的接触时间，而且铁滴通过高炉料层的时间也相应减少。伴随着铁滴生成和滴落时间的缩短，进入铁水中的硅将减少。

同时，宝钢 3 号高炉在进行高利用系数冶炼时，采用大矿批、高顶压和高富氧。一方面大矿批和高顶压操作可以降低煤气流速、改善煤气流分布、提高煤气利用率、降低焦比、降低铁水 Si 含量；另一方面高顶压和高富氧会使炉腹煤气中 CO 分压 P_{CO} 上升，可以抑制直接还原的发展，会进一步抑制 SO 气体的产生，从而控制反应的进行，降低铁水 Si 含量。

④ 优化炉渣性能，改善流动性，提高脱硫能力，抑制硅还原。合理的炉渣性能，不仅可以减少炉渣中 SiO_2 与焦炭反应生成的 SiO 气体的量，而且可以促进铁水中 Si 形成 SiO_2 向炉渣转化，达到降低生铁 Si 含量的目的。

宝钢 3 号高炉采用了提高炉渣碱度，控制适宜 MgO 含量的方式优化炉渣性能。提高炉渣碱度可抑制 SiO 气体的生成，减少硅的还原，同时又可提高脱硫能力。然而，随着 CaO 含量的增加，炉渣熔化温度和黏度升高，流动性变差，对低硅冶炼不利，因而碱度必须控制在合适的范围。针对炉渣中 Al_2O_3 含量在 15.0% 左右的条件，宝钢 3 号高炉通过适当提高

MgO 含量来改善炉渣的流动性。宝钢 3 号高炉实践表明：炉渣成分控制在碱度 1.20～1.23，Al_2O_3 含量 15.0% 左右，MgO 含量 8.5% 左右，炉渣流动性好，炉缸活跃，可生产低硅低硫生铁。

宝钢 3 号高炉低硅冶炼的实践经验表明，在保持炉况长期稳定顺行的前提低硫生铁。下，通过提高原燃料质量、提高喷煤比、降低焦比、降低焦炭灰分、提高利用系数、优化渣系成分等方式，实现了低硅低硫优质生产，持续保持生铁 Si 含量在 0.30% 以下，S 含量为 0.020% 左右。

3.2.2.3 烧结、高炉优化配矿技术

（1）烧结、高炉配矿结构优化

烧结、高炉优化配矿是针对国际、国内铁矿石市场的变化，对烧结、高炉所用主原料配比不断进行优化，以求达到成本最低、性能最佳，改善烧结过程、结矿品质、高炉顺行状态及冶炼技术经济指标。河钢唐钢以烧结配矿结构优化为主，高炉配矿结构为辅，系统地开展了优化研究工作，经实际生产验证，取得了满意的效果。

① 烧结、高炉配矿思路及原则。

a. 利用冀东地区铁矿粉和国外铁矿粉的优势互补，改善烧结矿矿相结构和冶金性能，来满足高炉操作在进一步降成本过程中的新要求。充分考虑国外块矿在高炉内的冶炼行为及对操作的影响。在减少渣量的同时，充分考虑炉渣成分的合理化要求。例如：利用进口铁矿石低 SiO_2 的特点来改善冀东资源条件下高 SiO_2 烧结矿一些缺点，提高入炉品位，降低渣量。

b. 充分研究利用冀东地区铁矿粉市场和国际铁矿石市场上各种矿种的可用性及价格变化来满足最终降低生铁成本的要求，在满足工艺技术上合理搭配的同时，寻求最佳的价格上的合理搭配。遵循大船原则和码头贮料原则，以降低运输费用和弥补厂内贮料能力的不足。

随着配矿结构的优化，烧结、高炉综合技术经济指标的改善，大幅减少粗糙劣质的熔剂料及燃料消耗。

② 烧结、高炉优化配矿的实验室研究工作。

a. 对优化结果中进口矿单品种物料对烧结过程及烧结矿品质的影响进行研究；

b. 对优化结果进行烧结杯试验及相关工艺参数测定、烧结矿冶金性能检测分析；

c. 对存在的问题进行理论研究并提出方向性改进措施。

通过上述实验室研究工作，检验各阶段配矿结构优化结果的可行性，目的是改善烧结矿品质。实验室系列研究取得以下结果：

a. 当澳矿粉含量为 8% 以上，烧结矿碱度 CaO/SiO_2 在 1.0～1.7 时，烧结矿强度出现低凹区，因此应维持烧结矿碱度 CaO/SiO_2 高于 1.8；

b. 烧结矿中 SiO_2 含量大于 6.0% 是造成烧结矿粉化的主要原因；

c. 配加印度粉可改善澳矿粉对烧结矿强度的影响；

d. 巴西精粉适宜配比为 10%，超过时由于其反应性较差将影响烧结成品率；

e. 高炉渣中 MgO 含量以 8%～12% 为宜，烧结矿中 MgO 含量以 2.5% 为宜；

f. 巴西块矿热爆性能是限制其配比提高的原因，适宜配比为 10% 以下。

（2）烧结、高炉配矿结构优化软件开发应用

唐钢自 1993 年开始，配矿结构效益计算经历了高炉、烧结分别手工计算，分别用高炉

炉料结构效益计算软件和混匀矿配矿结构计算软件计算两个阶段后于 1998 年 8 月最终形成了从混匀矿、烧结矿、高炉配矿结构到生铁成本的一体化效益计算软件。该系统的投入，大幅缩短了配矿结构效益计算时间，使配矿料结构优化工作的限制环节由原来的效益计算转变成了方案设计。唐钢的实践证明，利用高炉、烧结配矿结构优化软件进行计算，可以将影响因素考虑得更加全面，运算速度快，能准确判定某种矿对于某个单位的综合价值。因此，配矿结构的优化也更为及时、准确，实现了配矿结构始终处于最佳状态的优化目标，并在 2001 年和 2002 年连续两年入炉品位分别较上年升高 2％以上，创造了原燃料成本降低 25～30 元/t（剔除价格因素影响）的好成绩。良好的使用效果使该软件已成为控制原料成本不可缺少的有效工具。

① 高炉、烧结配矿结构优化软件功能：输入原燃料化学成分、价格等原始数据，烧结矿已知配比及 R_2 和 MgO、Si、炉渣 R_2 等目标参数，就可以自动完成某个方案的以下内容。

a. 烧结配矿结构的三个未知配比、烧结矿成分、烧结矿单耗及烧结成本。

b. 高炉炉料结构、入炉品位、矿耗、入炉矿成本、炉渣成分。

c. 某配矿结构方案与基准方案相比，入炉矿成本、焦比、产量及生铁成本的变化值。其中，焦比、产量的变化值包含了 [Si]、焦炭、入炉品位、入炉 FeO、生矿率五个因素的影响。生铁成本的变化值包含了入炉矿成本、焦比、产量变化的影响。

d. 考虑到理论计算值与实际结果存在着难以避免的差异，唐钢配矿软件可以实现对烧结矿单耗、烧结矿成本、烧结矿 Fe、SiO_2、生铁矿耗五个参数的修正。

e. 通过依次调整各种矿的配比，可分别得出各种矿相同配比变化对烧结矿成本和生铁成本的影响值，从而做出烧结用原料和高炉用原料的优劣排序。

f. 只需调整几个参数，做两个方案就能得出某种原料某个成分变化（入地方矿品位、竖炉球品位、焦粉或焦炭等）、某个参数变化（如 [Si]、炉渣 R_2、烧结矿 MgO 和 R_2、烧结矿产量等）对烧结矿成分和成本及生铁成本的影响值。

② 高炉、烧结优化配矿软件功能应用实践。2000 年以来，唐钢一直遵循以地方矿为主的烧结配矿结构，虽然从配矿结构的效益计算结果看，生铁成本最低，但冀东地区精粉 SiO_2 含量太高，相应烧结矿 SiO_2 高达 7.0％，烧结矿品位仅为 53％，使烧结矿质量难以保证，结矿小粒级含量高达 36％左右。加之焦炭质量也不理想，高炉炉况极不稳定，高炉技术指标受到极大限制。

唐钢技术人员经过反复进行各种配矿结构的效益分析、论证，提出大幅度增加外矿配比，提高烧结矿品位、烧结矿质量的方向，使高炉生产走出低谷，步入良性循环的轨道。同时，烧结矿品位提高及其所带来的炉况长期稳定顺行和焦比、矿耗的大幅度降低，可以弥补外矿价格升高所导致的生铁成本升高。

2001 年初开始，唐钢进行了大胆的探索，外矿配比由原来的 8％增到 30％，使入炉品位由原来的 55％升高到 56.72％，同时焦炭的采购方针改成以大厂焦为主，加强进口管理的措施，使高炉指标有了飞跃性的转变。在 2001 年取得良好效果的基础上，2002 年配矿结构又进行了调整，烧结矿外矿配比进一步增到 46％，高炉使用了品位高、价格比较合理的巴西块代替部分澳矿块，入炉品位达到了 59.05％，实现了高炉长期稳定顺行的良好生产局面。

3.2.2.4　高炉煤气均压放散回收技术

（1）高炉炉顶均压放散煤气回收工艺

高炉冶炼生产过程中，炉顶料罐内的均压煤气通过旋风除尘器和消声器后，如不进行回收，则直接排入大气。由于旋风除尘器只能除去煤气中一部分颗粒直径较大的粉尘，其余的粉尘都随着放散煤气直接排入了大气中，并且高炉煤气含有大量 CO 和少量 CH_4 等有毒、可燃气体的混合气体，这对大气环境尤其是高炉生产区域造成了严重的污染，同时也浪费了这部分煤气能源。另外，均压煤气一般含有较高的水分，通过消声器对空放散时，由于压力突然降低，煤气中的水分容易析出结露，随均压煤气排放的粉尘遇水变湿后常黏着、堵塞放散消声器，使其不能正常工作，给高炉的生产维护带来很大困难。

① 高炉炉顶均压放散煤气回收工艺。二次放散法高炉炉顶均压放散煤气回收工艺的主要特点是：充分研究现有高炉煤气布袋除尘广泛使用的情况，结合炉顶放散，巧妙地解决了放散煤气回收问题。特别是对于已投产使用的高炉，可以很简单地实现改造，投资少，安全可靠，用于各种类型的高炉。二次放散法高炉炉顶均压放散煤气回收工艺，是将传统炉顶均压一次性放散分为二次放散。

二次放散法回收高炉炉顶均压煤气的工作原理是：利用现有的高炉煤气干法布袋除尘器系统作为高炉炉顶装料罐均压放散煤气的过滤回收工艺及装置。高炉炉顶下料罐进行煤气放散时，连通下料罐和布袋除尘器存在压差，一次均压放散粗煤气进入布袋除尘器箱体。再利用除尘器箱体布袋对含尘煤气进行过滤，过滤后煤气进入低压净煤气管网，达到回收利用高炉炉顶均压放散煤气的目的。

② 高炉炉顶均压放散煤气回收问题分析。

a. 回收过程对高炉作业的影响。均压煤气的回收会给炉顶系统的操作带来一些影响，若回收时间控制不合理，将延长炉顶设备的排压时间，降低炉顶设备的装料富余能力。对煤气回收放散控制阀的动作时间、纯回收时间和自由放散时间上的设置不同，将会导致装料周期有一定差异。对于采用干法布袋回收工艺的高炉，煤气回收率按 90% 考虑，经炉顶时序验算，采用合理的控制方式，炉顶装料周期仅增加 5~7s，几乎不会影响高炉的作业率。

b. 压力波动对净化系统的影响。采用湿法清洗回收均压煤气，煤气压力波动是影响除尘效率的主要因素。回收前期，煤气压差大，流速高，除尘效率高；回收后期，煤气压差降低后流速大幅降低，除尘效率也相应降低，导致回收煤气的平均含尘量较高。通过采用调径文氏管，虽然可以起到稳定煤气流速的作用，但由于均压煤气回收的周期短、波动频繁，这给控制系统和调节设备带来更高的精度控制要求，并且也会降低煤气回收率。

采用干法布袋回收均压煤气，压力波动对除尘效率几乎无影响，但会影响滤袋的使用寿命。布袋除尘所用滤袋通常为玻璃纤维，其抗折性较差，频繁的气压波动冲击易使滤袋破损漏风。为了增强布袋承受煤气脉冲冲击的能力，回收均压煤气的除尘器宜采用外滤式，袋笼设置较密的纵筋和反撑环加强支撑，这样可以有效防止滤袋变形过大，延长其使用寿命。

c. 压力波动对净煤气管网的影响。均压煤气是靠压力差进行回收进入净煤气管网的，其压力存在着周期性的波动。若回收煤气与净煤气的并网点选择在热风炉接口之前，由于回收初期压差大，回收量也大，则会对热风炉的煤气管网造成较大的压力冲击，从而影响热风炉，导致其燃烧不稳定；当并网点选择在热风炉接口之后，避开高炉煤气这一最近的关键用户，则并网点与其后的用户保持了相当长的距离，脉冲式的回收煤气与主管网的净煤气可以充分混匀，压力冲击逐渐减弱到很低。

d. 煤气管道积灰问题。均压煤气回收过程中，经过旋风除尘器一次除尘后，大颗粒的煤气灰可以部分沉降下来，然后需经过一段较长的回收管道才能到达煤气清洗塔或布袋除尘器。均压煤气在输送过程中，流速会周期性地减慢，其中携带的煤气灰容易沉积在回收管道内，其中最有可能引起积灰的部位是下降管的下部拐弯处。

采用较小口径的回收煤气管道，管道内的气流速度较高，有利于减轻积灰现象，但会增加回收时间或降低煤气回收率。因此，选用适宜口径的煤气回收管道并设置管道清灰设施是很重要的。

e. 布袋除尘对低温煤气的应对。为了应对均压煤气温度低、含湿量大的问题，需对常规的布袋除尘工艺进行一些改进。通过提高均压煤气温度来提高煤气露点，是防止煤气结露糊袋的主要措施。增强除尘器的蒸汽伴热功能，或采用一定量温度较高的炉顶煤气混入均压煤气，都可以有效提高均压煤气的温度。选择具有良好憎水性能的滤袋，也可以减轻煤气结露带来的糊袋问题。

（2）高炉均压煤气回收技术在梅钢的应用

梅钢公司炼铁厂 5 号高炉有效容积为 $4070m^3$，为并罐炉顶，设置有两套均排压系统。每套均排压系统均设置有旋风除尘器，旋风除尘器上方有一根均压管路和两根排压管路，其中一根带有消声器的均压管路为常用管路，另一根不带消声器的为备用管路。正常生产过程中，每次对炉内装料前，炉顶料罐先对称量料罐进行充压操作，使料罐内压力和炉顶压力平衡，下密封阀方可开启，然后将物料装入炉内。装料结束后，将称量料罐内高压煤气对空放散，上密封阀方可开启，将上料罐内物料装入下料罐。梅钢 5 号高炉对现有均压放散系统进行改造，实现了放散煤气的回收。

① 炉顶均压煤气回收改造存在的技术难点。炉顶均压煤气为高炉正常生产过程中通过均排压调节炉顶称量料罐内压力的介质，该煤气回收原理是利用料罐与厂区煤气管网之间压力差引起流动，从而达到回收煤气的目的。料罐内放散起始压力为 230kPa，减压阀组后煤气管网压力约为 10kPa。该项目的改造主要存在以下几个技术难点：

a. 料罐与煤气管网之间的压力差较大，并且随着气体的排出料罐压力不断降低，造成回收煤气的压力和流量均不稳定。

b. 放散起始压力较大，对布袋除尘器和煤气管网存在冲击。

c. 根据高炉生产工艺的要求，所给的煤气回收时间约 40s，间歇 10min 左右，如此间歇式循环。

② 均压煤气回收改造工艺方案及流程。高炉均压煤气回收由煤气回收系统和净化系统两部分组成，煤气回收系统位于高炉炉顶，煤气净化系统设在高炉旁边的地面上。综合考虑上述技术难点，探讨采用以下工艺方案。

a. 改造工艺方案。高炉改造新增加的煤气回收系统首先由煤气回收管道分别从两套均排压系统的旋风除尘器出口将煤气引出，然后汇总为一根管路沿高炉煤气下降管引至地面上的布袋除尘器。因高炉煤气回收时间约 40s，时间较充裕，除尘器设置为一个箱体，过滤面积为 $1050m^2$，风速为 0.75m/min。煤气回收管路在进入布袋除尘器前设置一段管径为 DN300 的限流管，延长煤气通过除尘器时间，可以较好地控制回收时间，减小煤气流量。

除尘器既是一个煤气过滤净化装置，同时除尘器箱体较大的容积也是高压煤气的一个缓冲罐体，有效避免了回收煤气的压力流量大幅波动，消除高压煤气对煤气管网的冲击，从而达到在较短时间内尽可能多地回收煤气的目的。煤气经过除尘净化后引入高炉煤气减压阀组后管网。

b. 改造后工艺流程。改造后，新增煤气回收系统中的均排压阀与高炉炉顶料罐下密封阀联锁，当炉顶下料罐内料排空，下密封阀完全关闭后，对应的新增均排压阀开启。开启40s，新增均排压阀关闭（即煤气回收完成），炉顶原有放散阀开启。当下料罐内压力降为大气压后，上密封阀开启进入下一个装料时序。同时，将该煤气回收设施设计为一个独立系统，高炉炉顶原有均排压系统未做变动，当生产需要不具备煤气回收条件时，停止回收煤气，自动切换到原料罐煤气放散系统。

③ 均压煤气回收节能量及效益。均排压系统中称量料罐容积约 $80m^3$，旋风除尘器和管道容积约 $20m^3$，总容积 $100m^3$。称量料罐和旋风除尘器在每次充压过程中一起充压，起始压力约230kPa。煤气温度按50℃考虑，起始时料罐和旋风除尘器煤气的标态量为 $268N\cdot m^3$；减压阀组后煤气管网压力为10kPa，回收完成后料罐及旋风除尘器内剩余煤气的标态量 $92N\cdot m^3$；则在理想状态下，回收完成后料罐和煤气管网压力平衡，可以回收的煤气量为二者之差 $176N\cdot m^3$。高炉每小时平均放散 12 次，每天平均放散 288 次，则每天可回收煤气约 $50688N\cdot m^3$，每年按回收 350 天计，每年回收煤气量约 1775 万 $N\cdot m^3$，折合标准煤 2083t。高炉煤气按内部成本价 0.121 元$/m^3$ 计算，则每年回收煤气节约效益为 215 万元。另外，每年减少二氧化碳直接排放量产生的环境效益计算为 15000t。

3.3 低碳炼钢技术

3.3.1 转炉炼钢流程绿色节能技术

3.3.1.1 转炉冶炼过程高废钢比冶炼技术

废钢是炼钢的重要原材料，提高废钢比可降低炼钢综合能耗。因此，提高转炉废钢比是全世界炼钢工作者长期的追求与梦想。目前，全球转炉加电弧炉炼钢总废钢量维持在35%～40%的水平，平均在37%。发达国家中，美国的废钢使用量最高，在75%上下；欧盟也较高，大体在55%～60%的水平；日韩平均也能达到50%。无论从国内外的行业要求来看，还是从长期经济效益和社会效益来看，提高废钢用量是历史发展的必然趋势，同时也是钢铁企业发展的最佳选择。

高废钢比冶炼中除需要提供附加热量外，还需要提供相配套的技术。这些技术主要包括：废钢预热技术、二次燃烧技术、燃料添加技术和转炉底喷粉技术。以下对这些技术进行具体论述。

（1）废钢预热技术

目前转炉生产中应用比例较高的废钢预热技术为炉内预热法。这种方法是加入废钢后，适当地喷吹燃料来提高废钢温度，但是这个方法会延长炼钢冶炼时间，导致生产效率降低。

另外，也可以通过炉气的热量来对废钢进行炉外预热，相关的方法主要有设置预热带、铁水包内废钢预热、电磁感应预热废钢等，但各种方法都有各自的优缺点。

（2）二次燃烧技术

在转炉吹炼过程中，存在着 C→CO 的一次燃烧和 CO→CO_2 的二次燃烧，且二次燃烧的反应热更大。提高二次燃烧率，可以在冶炼时间保持不变的条件下，有效地提高废钢比，进而提升冶炼效率。

提高二次燃烧率的方法包括：提高顶吹氧枪的枪位，但该方法会降低氧气射流的冲击能力，并大幅增加渣中 FeO 含量，甚至引发喷溅；采用通过副孔吹氧的二次燃烧氧枪；在转炉侧安装喷嘴。在通常的转炉操作中，通过二次燃烧来提高废钢比的增幅有限。

（3）燃料添加技术

在废钢比增加到一定值后，就需要额外添加燃料，而为满足燃料的成本要求，一般要用到煤系燃料。具体的燃料添加模式主要有：

① 从顶部加入，不过这种模式下加入易出现燃料的利用效率不高的问题。

② 喷吹碳粉，在 50％ 以上废钢比冶炼中，底喷碳粉模式的应用比例较高。这种方式具有强搅拌功能，而且熔融速率也可达到较高水平，在高废钢比条件下也可满足应用要求。

（4）转炉底喷粉技术

为了促进废钢的熔化，除了提高钢液温度外，提升钢液的碳含量以及熔池搅拌强度是更好的方式，因而目前在转炉生产中，主要采用底吹碳粉和底吹转炉生产模式。

国外在转炉底喷粉方面的研究已经有很多经验，相比而言，国内在此领域的研究相对较少，相关的工艺设计和炉底维护方面，还需要开展更多的研究。

3.3.1.2　副枪在线检测技术

副枪在线检测技术的使用缩短了冶炼周期，提高了转炉寿命，减少了钢水氧化和铁水、石灰、氧气、铝及铁合金的消耗量，并增加了连浇炉数。

副枪检测模型和静态动态过程控制模型（SDM）结合使用，可大幅减少冶炼时间，从而提高生产率，同时降低了耐火材料成本。DanieliCorus 报告显示其安装的副喷枪系统在一家巴西钢厂投产，产能提高了 25％，转炉生产周期缩短了 17％，炉衬寿命增加了 41％。与废气质谱仪控制原理不同，副枪系统在停止吹氧前约 2min 内不间断校正温度和钢液成分。副枪和静态动态过程控制模型结合：提高了碳和温度的目标命中率，而无需重新吹氧。

（1）转炉副枪碳氧检测技术

副枪系统包括副枪本体设备和副枪自动化控制系统两部分。副枪自动化控制系统由副枪检测系统和副枪 PLC 控制系统组成。副枪检测系统是在副枪杆内安装的感应探头组件，所述感应探头组件包括探头套管、密封套和导线管，导线管和密封套设置在副枪杆内，导线管的端头与密封套的一端连接，导线套管的另一端穿过副枪杆端头的插接孔与密封套的另一端连接。

副枪本体包括副枪枪体、副枪升降小车、副枪导向小车、副枪升降传动装置、副枪旋转传动装置、顶滑轮、副枪探头、副枪探头存储装卸机构（APC）、副枪密封刮渣装置等。副枪控制系统应与铁水预处理、炼钢主副原料、氧枪、复吹、精炼 PLC 系统相联系，实现计算机二级系统控制炼钢。

副枪在线检测技术的转炉终点动态控制方法包括：选取多个参考炉次、收集参考炉次数据、去除含有异常信息的炉次、根据参考炉数据计算参考炉次的升温速率和脱碳速率、根据渣量获取每个参考炉次的升温速率和脱碳速率的补正量、根据计算机优化控制模型计算当前炉次的预测升温速率和预测脱碳速率、根据当前炉次的预测升温速率和预测脱碳速率计算当前炉次的吹氧量和矿石量。副枪探头精确控制转炉吹炼过程和终点，实现转炉炼钢自动化，同时提高转炉炼钢碳和温度双命中率。

一般在冶炼每炉钢过程中，副枪测量两次。第一次测量是吹氧后期测量（供氧量达到85%时），即静态控制结束动态控制开始时，副枪开始第一次测量，主要测量凝固温度和碳含量。在吹炼终点前 2min 左右，用装有探头的副枪插入熔池内，插入液面以下 50cm，迅速测出熔池温度和钢凝固温度，根据设定程序，以一定速度进行数据测量，当操控室人员收到后台数据，一个测量周期结束，进入动态控制模式。动态控制模型根据副枪测量结果，吹炼前静态控制模型（物料平衡、热平衡、氧平衡等）计算的数据进行校正，同时实时预测钢水的温度和碳含量。当预测值进入吹炼终点范围，发出提枪停吹指令。

吹炼停止后，副枪开始第二次测量，用探头进行检测，将探头插入液面以下 70cm，测量温度及氧含量，还可测量钢水液面高度，终点碳含量也可由氧活度根据碳氧平衡计算得到，这些参数将被输送至后台。操作人员依据这些参数作出相应的判断，确定是否可以立即出钢。

（2）转炉副枪终点锰含量检测技术

由于转炉吹炼过程中的化学反应非常复杂，难以建立准确的数学预测模型。近来，随着转炉副枪的广泛使用，利用转炉副枪的数据准确地预测转炉中的终点锰含量已成为一项重要的任务。基于某厂 250t 转炉炼钢自动化数据、副枪的数据建立了转炉终点锰含量的预测模型，实现了副喷枪转炉自动化炼钢，缩短了吹炼端与出钢口之间的间隔时间，减小了终点锰含量的波动范围，降低了成本，提高了经济效益。

在线检测技术：基于某厂转炉副炉的冶炼数据，分别通过多元线性回归（MLR）和 BP 神经网络（BP-NN）建立了转炉终点锰含量的预测模型。预测结果表明，MLR 模型很容易建立，但不能准确地描述炼钢过程，而 BP 神经网络模型可以根据新的数据不断调整和优化自身的预测模型，更好地适应转炉生产过程中各种因素的变化，从而提高预测的准确性和可靠性。根据现场测试，预测相对误差命中率在 +10% 内的为 90.38%，在 +15% 以内的为 96.15%。

3.3.1.3 炉气分析检测技术

工业应用的在线气体分析方法主要有质谱仪、气相色谱仪、红外和激光原位气体分析方法。

（1）转炉烟气炼钢技术自动化系统组成

转炉烟气炼钢技术自动化系统一共由三个部分组成：负责转炉烟气采集、处理的 LOMAS 系统；在线分析质谱仪；转炉烟气分析动态控制系统。

烟气采集和处理系统可以采集温度高达 $1800℃$、烟尘含量高达 $100mg/m^3$ 的气体。系统由两个气体采集探头、现场处理柜、气体处理柜、控制柜、分析柜组成。分析系统借助每一转炉上的两个探头来保证无间断连续性测量的进行，其中一个探头用于烟气周期性取样，另一个进行清洗备用，将多余的测量烟气反吹到烟气冷却段。

在线分析质谱仪对 LOMAS 系统采集处理后的转炉烟气进行成分分析，其主要特点是分析速度快、精度高，分析转炉烟气中的 6 种主要气体成分的周期小于 1.5s，可根据转炉烟气中 CO、CO_2 和 O_2 含量的变化进行及时准确地测定，以动态模型对吹炼后期脱碳速率变化进行计算，为终点碳和温度预报提供准确的计算依据。

转炉烟气分析动态控制系统为了实现准确又高效的转炉烟气分析检测，工作总系统一般由静态与动态两个部分构成。静态控制模型的主要任务是依据原料条件寻找最佳原料配比，并根据实际配料确定冶炼方案进行吹炼，在吹炼过程中一级系统根据静态模型的设定值自动进行加料、吹氧等操作，并根据铁水、废钢以及造渣料的信息计算终点钢水温度。动态控制模型能够给予静态模型一定的补偿，确保其内部物质的平衡，建立转炉生产平衡体系，对分析结果进行及时的校正与修改，确保转炉生产出高质量的产品。

本钢从达涅利（Daniehi Corus）引进的转炉炉气分析在线控制系统核心设备为磁扇式 vG PRIMA 8B 质谱仪。该系统由取样、分析、数据通信等系统组成，取样系统由探头和样气预处理系统组成。探头位于炉气管道最顶端，重力除尘之前，由于转炉冶炼条件恶劣，大量烟尘的存在会对炉气各成分摩尔含量构成影响，因此采集的样气需经样气预处理系统的降温、除尘、除湿、过滤等处理后再进行分析处理，其结果经数据通信系统传给主控室。

（2）使用效果

① 提高转炉冶炼终点命中率。将气体分析方法应用于转炉终点控制，可以提高转炉终点命中率，尤其是碳终点命中率。例如，韩国 PoscoKwangyang 工厂采用炉气分析控制转炉生产，终点碳、温度命中率超过 95%。

② 节约副枪消耗。副枪消耗包括副枪及探头，累计消耗成本和维护成本非常高。采用炉气分析测温定碳，不消耗原料，维护也很方便。在炉气分析＋副枪动态控制中，炉气分析系统与副枪系统可以同时使用，减少了副枪点测量的次数和副枪枪头的消耗。

③ 提高转炉煤气回收率。质谱仪测得的成分数据不仅可以用于转炉生产的控制，而且可以提高转炉煤气的回收率。质谱仪采样点位于转炉顶部与废气冷却系统、除尘系统的前面，加上质谱仪分析数据速度快的特点，可使煤气回收站的操作者至少提前 20s 获得炉气信息，当炉气流量为 150000 m^3/h 时，转炉气回收量可提高 1640 m^3。瑞典 SSABTumnplatAB 工厂转炉车间的实践也证明，采用质谱仪分析转炉气体，可使气体回收率提高 2%～5%。在 230t 转炉上采用炉气分析系统后，得到了较好的效果。同时质谱仪可以用来测量炉气的气体组分，可通过控制转炉烟罩的升降，调整吸入的空气量，使炉气成分能够满足回收的要求，进一步提高气体回收率。

④ 提高金属收得率。采用动态模型预测控制喷溅能有效提高金属的收得率。通过计算炉渣组成和调节供氧系统，可以控制炉渣中氧化铁的含量。另外，后吹率的降低也会使炉渣中氧化铁含量降低，从而进一步提高金属的收得率。

⑤ 减少铁合金的用量。利用喷溅预测模型（总含氧量主要包括炉渣和钢中的含氧量），可以准确计算转炉内的总含氧量，从而对铁合金的含量进行精确控制。

应用烟气分析动态控制系统，降低终点目标碳范围，开发出低碳模型，利用烟气在线分析技术对吹炼全过程中炉渣和金属成分进行实时预报，并通过烟气分析在线实时校正熔池脱碳速度，实现全程动态控制取得很好效果。

3.3.1.4 炉渣在线检测技术

转炉在炼钢时产生大量熔融态钢渣，每吨钢产生氧化性炉渣 $100\sim150kg$，由于钢渣密度小于钢水，是钢水密度的 $2/5\sim3/5$，所以浮在钢水表面上，其化学成分复杂，含 FeO、SiO、PO 和 MnO 等氧化物，其中 FeO 的含量通常在 $15\%\sim25\%$。尤其是其中夹杂的硫、磷对钢水质量影响很大：磷带来的危害是使钢冷脆，使钢种的焊接性能、塑性、冷弯性能变差；硫带来的危害是产生热脆性，使钢延展性和韧性变差，锻造及轧制时易产生裂纹，焊接性也变弱，而且降低了钢种的耐腐蚀性。

控制好转炉出钢过程中的下渣量，能够减少炼钢下一阶段脱氧剂和合金的消耗量，即减少了钢水中磷、硫及氧化物夹杂的含量，故减少了钢水精炼过程中机料的消耗，并提高了钢水的清洁度，即提高合金收得率。所以出钢过程中严格控制流入钢包中钢渣的含量，检测出钢水下渣的情况，以便可以及时挡渣或者停止出钢，从而减少硫、磷元素重新渗入钢水中。近几年转炉中使用的声呐化渣技术，实现了实时在线检测技术，检测过程连续性好精度高，合理控制成本，可实现对转炉化渣过程实时检测。

（1）声呐化渣基本原理

声呐化渣是通过超声速氧气流股的气体动力学噪声及其冲击铁液、渣液和固相颗粒的噪声，CO 气泡破裂和溢出的气流噪声，以及金属熔池和渣液与炉壁摩擦的噪声等噪声变化的规律判断炉内渣系的变化。渣面和声音强度成反比，如果化渣良好、渣层厚，则炉渣的消声能力强，炉内发出的声音强度水平低，这是采用声音强度测量化渣状况的一种方法。

氧气转炉炼钢过程中，高速氧气流冲击熔池发出噪声，可根据噪声强度大小测量炉渣液面高度。转炉炉口附近选择合适的取声点获取特征频带，通过隔声、滤波、定向等技术处理后在计算机屏幕上显示该噪声强度随吹炼时间的变化情况，即声呐去向。通过声呐去向了解炉内泡沫渣情况，为操作人员提供炉渣状态的信息，及时避免冶炼过程中喷溅与返干现象。同时，冶炼过程中的造渣剂的加入量通过信号的传输、转换在 CRT 显示器上及时显示出来，使操作人员准确记录每炉的造渣料加入量、加入时间。

（2）系统工作过程

声呐化渣技术的关键在于该系统能将炉内炉渣的状况及时且真实地反映在画面上，并有效地指导操作。声呐化渣技术可以在屏幕上自动设置和调整"喷线""返干线"和"正常化渣区"，在线显示声呐化渣曲线；报警提示喷溅和返干；枪位曲线实时显示工艺参数的存储、统计、制表和打印等功能。

在采用声呐化渣技术以前，操作人员在返干或喷溅发生时才开始采取具体措施，不能做到提前预判，采取措施太晚。通过观察声呐曲线的变化率，可做到提前预判这一点。一般情况而言，声呐曲线靠近正常化渣区上部运行时表示化渣良好，声呐曲线在中下部运行表示炉渣偏干，返干报警就会闪烁，声呐曲线在喷溅线以上运行表示即将或正在喷溅，此时会出现喷溅报警。实际生产中，操作人员可以根据声呐曲线变化的斜率和声呐曲线的运行情况来判断化渣情况，然后实时调整枪位高度。当声呐曲线开始向返干线靠近，并且其斜率较大时，说明将要发生返干现象；当声呐曲线开始向喷溅线靠近，并且其斜率较大时，说明将要发生喷溅现象。

随着冶炼的进行，若声呐曲线升至喷溅线附近，声呐路线向上走，有发生喷溅的趋势。此时，枪位虽然不变，但渣中氧化铁的含量继续增加，再加上铁水温度较低，脱碳反应滞后，泡沫渣和碳氧反应突然爆发重合，易造成喷溅。此时正确的操作是稍微加入一些石灰或者白云石等，压下泡沫渣，同时等碳氧反应开始时稍微提高氧压。

（3）应用效果

声呐曲线的曲线图为操作工提供了很好判断炉渣动态状况的依据，在吹炼过程中能参照声呐曲线来调整枪位和散装料加入量。声呐化渣技术的应用和操作技术水平的不断提高，减少了转炉冶炼喷溅的发生。同时，转炉因返干致使烟罩等粘钢所引起的生产事故也极少发生。声呐化渣技术的应用和操作工人技术水平的不断提高，改善了转炉冶炼过程的化渣效果，满足了脱磷、脱硫的要求且效率提高，因此，显著提高了一次拉碳时温度、成分的命中率，使一次拉碳率大大提高。一次拉碳率的提高，显著缩短了转炉的冶炼周期，为加快生产节奏和提高产量创造了条件，还为今后的稳产、高产奠定了基础。

3.3.1.5　绿色节能钢包应用技术

钢水温度作为重要的炼钢物流过程指标和工艺参数，对炼钢生产水平和产品质量影响较大。在与温度有关的炼钢反应容器中，钢包是移动范围最大、承钢时间最长的一种炼钢与连铸工序之间的主要衔接设备，无疑也是对钢水温度影响最大的环节。随着炼钢技术的发展，钢水温度控制越来越重要。下面将详细介绍蓄热式高温空气燃烧、全氧无焰燃烧烘烤和钢包全程加盖等绿色节能钢包应用技术。

（1）蓄热式高温空气燃烧技术

在目前钢铁生产过程中，传统的钢包烘烤一般采用套筒式或自身预热式烧嘴，烘烤过程由人工凭经验控制，该烘烤方式加热极限温度低（400～800℃）、烘烤时间长，钢包内衬加热不均匀，烘烤热效率低、能耗高，污染物排放量较大，钢包寿命低，有时还影响钢水的质量。普通钢包烘烤器的热效率低于30%，排烟温度在1000℃左右，排烟热损失占燃料燃烧能量的50%～70%。由于钢包烘烤系统不完善，烤时火焰外窜严重，这样的结果必然带来能耗高、烘烤时间长、污染物排放量大等问题。

20世纪90年代，日本开发出了一项燃烧领域中的重要技术——蓄热式高温空气燃烧技术（high temperature air combustion，HTAC）。使用该技术后烟气余热回收利用率显著提高，大大降低了CO_2和NO的排放量，这一技术成为企业实现节能降耗以及能源平衡的一项有力措施。

HTAC技术在日本成功开发应用之后，许多国家和地区也采用了这种技术，广泛应用到了冶金机械行业、建材行业、石化行业和蒸汽热水动力行业中的各种工业炉窑上，应用范围非常广。1999年，我国也开始推广使用HTAC技术，蓄热式燃烧系统已在钢包烘烤器、热处理炉、轧钢加热炉、熔铝炉、均热炉、锻造炉、玻璃窑炉等成功应用，产生了巨大的经济效益。

蓄热式高温空气燃烧技术显著的优点主要表现为：

① 提高燃料的理论燃烧温度。烟气流经蓄热室时储存在蓄热体中的热量会在常温空气流经蓄热室时被空气带走，达到预热空气的目的，经过蓄热室预热的空气能达到1100℃以上的水平。根据燃烧学理论，当空气的预热温度提高100K，燃料的理论燃烧温度会相应提

高 50K 左右。

② 高温烟气余热的极限回收。蓄热式燃烧技术最大的特点就是使用了蓄热室来实现热量的存储,当高温烟气流经蓄热室时,烟气的热量会传递至蓄热体,经过换向阀的交替切换,在最大程度上回收了烟气的余热,烟气温度能降低到 150~200℃,节能效果非常显著。

③ 实现高温低氧燃烧。蓄热式燃烧技术对烧嘴进行了提升和优化,助燃空气喷入炉膛之后,会与烟气进行混合,降低了氧气的浓度,达到高温低氧燃烧的目的,并能扩大燃烧范围,消除了局部高温区域,有利于提高炉膛温度的均匀性。

④ 炉子分段控制降低了操作难度。在炉子对不同区域温度要求不一致的情况下,集中式余热回收方式难以达到理想的效果。而 HTAC 技术利用分散式余热回收方式,使调节手段更为方便高效。

⑤ NO_x 排放量大幅降低。传统的燃烧装置在燃烧过程中,会产生局部高温区,会大大增加 NO_x 的生成。蓄热式燃烧技术对烧嘴进行了改进和优化,不会在燃烧室中形成局部高温区,取而代之的是一个均匀的温度场,能有效抑制热力学 NO_x 的生成。

⑥ 可以燃烧低热值燃料。不同的工业炉窑对温度的要求不一样,在使用低热值的煤气进行燃烧时,若不对煤气和空气进行预热,低热值煤气的燃烧温度达不到炉子的要求。如果使用常规换热器预热低热值煤气和空气,则成本很高且换热器在长时间使用后会达不到使用要求。但在采用蓄热式燃烧技术之后,可以轻易地将空气和低热值煤气预热到高温,满足工业炉窑的生产要求。

(2) 全氧无焰燃烧烘烤技术

目前,国内多数钢铁厂工业炉窑和冶金容器的耐材烘烤设备使用的主要燃料是混合煤气,助燃气体是空气,该种方式存在煤气燃烧不充分、火焰刚性不足、烘烤热效率低、烟气排放量大、污染物多等问题。在高温加热工艺中,由于钢铁对高温非常敏感,而全氧无焰燃烧的火焰温度很高,会造成钢铁烧损,钢铁烧损意味着成本增加,而且,部分钢厂受限于制氧能力,无富余氧气用于燃料助燃应用。

近几年,全氧无焰燃烧技术的突破,使全氧无焰燃烧在金属行业得到快速应用。由于它提供了优异的温度均匀性并降低了 NO_x 的排放量,安装管道紧凑,无需换热或蓄热解决方案,避免了燃烧风机和相关的低频噪声问题,因此它特别适用于钢包的干燥和预热。

全氧燃烧以多种方式影响燃烧过程。首先废气体积的减少导致热效率提高,这对所有类型的燃烧器来说都是根本的和有效的。在燃烧气体中,热辐射主要来自 CO 和 H_2O 分子,由于氧气炉气氛中没有氮或氨含量非常低,具有强辐射效果的 CO 和 H_2O(三原子结构)的浓度非常高,气体辐射热传递显著增加。其次是即使没有预热燃料或氧气,烟道温度高的情况下,热效率也非常高。燃烧火焰中的三原子结构,具有更强密度的红外辐射频谱,因而辐射效果更强。

全氧无焰燃烧技术的特点:

① 提高理论燃烧温度。燃烧是燃料与空气中的氧气进行的一种发光发热的氧化过程。增加助燃空气中氧气体积分数,单位燃料完全燃烧所需的理论空气量就会减少,在其他燃烧条件不变的情况下火焰的理论燃烧温度将有较大幅度提高。

② 降低燃气燃点且提高燃烧速度。实际燃烧过程中燃料的燃点和燃烧速度等并不都是常数,随着助燃条件变化而改变,当助燃空气中氧气体积分数增加时,燃料的燃点会随之降

低，燃烧速度会随之增加。

③ 提高烟气辐射能力。燃料燃烧过程伴随着发光和发热，炉内实际换热过程中，传导、对流、辐射 3 种热交换方式同时存在，并且还受到燃料性质、供热量、供热方式等复杂因素的影响，工业炉窑和锅炉炉内主要以辐射换热为主。根据气体辐射理论，只有三原子和多原子气体具有较强的辐射能力，单原子和双原子气体几乎无辐射能力，可认为是热辐射的透明体。

④ 减少烟气量且降低 NO_x 排放。根据 Zeldovich 机理，燃烧过程中影响热力型 NO_x 生成的主要因素为火焰温度及氮气体积分数。使用空气助燃，火焰温度低于 1500℃时，NO_x 很难生成；随着助燃空气中氧气体积分数的增加，火焰温度也随之升高而起主导作用，导致热力学 NO_x 急剧增加；当氧气体积分数增加接近纯氧时，由于没有氮气参与燃烧过程，因此理论上不会产生 NO_x。实际燃料中会含有少量氮气，燃烧过程中也可能从周围环境吸入少量氮气，但由于氮气体积分数较低，即使全氧燃烧的火焰温度较高，NO_x 的生成量也比空气燃烧还要少。

3.3.2　新型绿色电弧炉炼钢技术

电弧炉炼钢是以电能作为热源的炼钢方法，它是靠电极和炉料间放电产生的电弧，使电能在弧光中转变为热能，并借助电辐射和电弧的直接作用加热并熔化金属炉料和炉渣，冶炼出各种成分合格的钢和合金的一种炼钢方法。

电弧炉炼钢的特点如下：

① 电能作为热源，避免燃烧燃料污染钢液，热效率高，可达 65％以上；

② 冶炼熔池温度高且容易控制，满足冶炼不同钢种的要求；

③ 电热转换，输入熔池的功率容易调节，因而容易实现熔池加热制度自动化；

④ 炼钢过程的炉气污染和噪声污染容易控制；

⑤ 设备简单，炼钢流程短，占地少，投资省，建厂快，生产灵活；

⑥ 电弧炉炼钢可以消纳废钢，是铁资源回收再利用的过程，也是一种处理污染物的环保技术，相当于是钢铁工业和社会废钢的回收工具。

由于钢铁良好的可再生性，以及环境、资源和能源等方面日益苛刻的要求，尽可能多地利用废钢成为国际趋势。如果废钢得不到有效的回收和利用，将成为巨大的潜在环境污染源，有些甚至可能对水质、土壤等构成严重威胁。大量锈蚀的钢铁废料，不但造成资源的浪费，还将造成严重的粉尘污染。

当今钢铁生产可分为从矿石到钢材和从废钢到钢材两大流程。相对于钢铁联合企业中以高炉-转炉炼钢为代表的常规流程而言，以废钢为主要原料的电弧炉炼钢生产线具有工序少、投资低和建设周期短的特点，因而被称为短流程。近年来，短流程更特指那些电弧炉炼钢与连铸-连轧相结合的紧凑式生产流程。由最近的统计将两种流程作比较，在投资、效率和环保等方面，以电弧炉炼钢为代表的短流程炼钢具有明显的优越性。

3.3.2.1　电弧炉炼钢技术发展概况

世界上第一台实验电弧炉诞生于 1879 年；1890 年，电弧炉首次实现工业化应用；1909

年，美国建成第一座 15t 三相电弧炉，是世界上第一座圆形炉壳的电弧炉；1936 年，德国成功制造出第一座炉盖旋转式电弧炉。20 世纪 60 年代起，超高功率电弧炉开始兴起，并逐渐成为电弧炉炼钢主流，同时逐渐采用炉壁吹氧辅助熔炼，电弧炉炼钢技术步入了快速发展时期。20 世纪 80 年代中后期，大型超高功率直流电弧炉开始出现，进一步促进了电弧炉短流程炼钢的发展。

21 世纪以来，世界上主要产钢国的粗钢产量稳步增长，电弧炉钢的产量也同步增长，部分国家的电弧炉钢所占比例随之增加。2020 年，美国电弧炉钢所占比例高达 70%，欧盟电弧炉钢所占比例达到 42% 以上，日本、韩国电弧炉钢所占比例达 25%～30%，以废钢为原料的电弧炉炼钢是国际钢铁行业的发展趋势。

我国的电弧炉炼钢经历了几个阶段的发展，现已逐步建立起了现代化的电弧炉炼钢业和电弧炉设备制造业。2003 年我国电弧炉钢产量达 3906 万吨，2007 年我国的电弧炉钢产量达到了 5843 万吨，超过美国成为世界第一电弧炉钢生产大国，其总量超过印度、德国、韩国三国的粗钢总产量之和。

据中钢协统计，1949—2010 年间我国累计钢材实际消费量约为 49.6 亿吨，扣除炼钢、铸造等行业废钢消耗，钢铁积蓄量约 45.68 亿吨，"十三五"期间我国钢铁积蓄量达 110 亿吨。随着钢铁积蓄量的高速增长，我国废钢将大幅释放，我国的废钢资源产生量 2008 年约 6790 万吨、2010 年约 8040 万吨，2013 年突破 13 亿吨，位居世界之首。图 3.3 所示为我国钢铁积蓄量与废钢产生量统计预测情况，预计 2025 年我国自产废钢将突破 2.5 亿吨。随着适应我国钢铁行业需求的废钢循环利用体系及废钢加工回收配送产业链的完善以及未来国内废钢资源的逐步释放，将给以废钢为主原料的电弧炉短流程炼钢带来重大发展机遇和广阔市场前景。

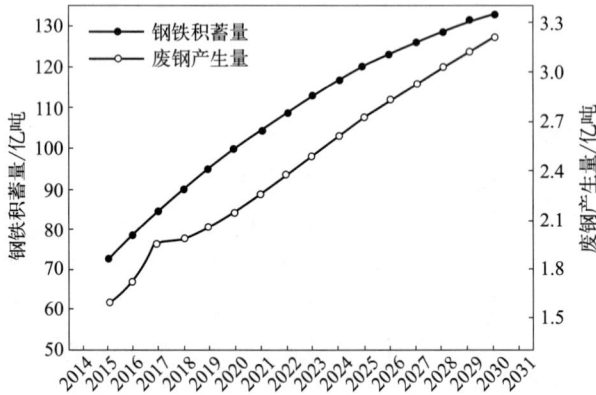

图 3.3　2015—2030 年我国钢铁积蓄量与废钢产生量统计预测

（1）现代炼钢流程冶炼工序的功能演变

随着炼钢技术的进步，传统转炉和电弧炉的功能在发生转变：现代转炉的功能逐步演变为快速高效脱碳器、快速升温器、能量转换器和优化脱磷器。现代电弧炉的功能演变有以下几方面：

① 快速废钢熔化。现代电弧炉冶炼的一个重要特征是冶炼周期大幅缩短，已达到 35～45min，与同容量转炉冶炼周期相当，可满足高效连铸、多炉连浇的节奏要求，成为一个废钢快速熔化装置。

② 熔池快速升温。电弧炉原料中的废钢和生铁熔化后，为满足出钢温度要求，熔池快速升温。现代电弧炉已成为一个快速升温装置。

③ 能量转换。现代电弧炉的能源结构包括电能、化学能和物理热。为缩短冶炼周期，必须充分利用变压器功率，增加电能输入；增加化学能和物理热，在一定的冶炼周期条件下，三种能量可以互相转换，在电力紧缺、价格高的地区，可以增加化学热和物理热的比例。采用废气预热炉料技术，可以增加物理热，减少电能的输入。原料中高配碳，生铁成为主要原料之一，加铁水是最好的生铁预热方式，可以增加化学热和物理热。现代电弧炉成为一个很好的能量转换装置。

④ 高效脱碳脱磷。为了缩短冶炼周期，以满足高效连铸节奏的要求，强化供氧，脱碳速率大，在废钢熔化和升温的过程中，电弧炉冶炼具有良好的脱磷条件，现代电弧炉成为一个高效脱碳脱磷装置。

⑤ 废弃塑料、轮胎等回收。现代转炉流程的焦炉、高炉工序可以回收部分废弃塑料；现代电弧炉流程也可能具有回收废弃塑料、轮胎等功能，且成本较低。

如上所述，转炉和电弧炉的功能已演变为基本相近，只是由于炉型不同，原料成分（主要是 C、P）不同，在脱碳量、脱碳速率和脱磷要求方面有所不同，从而工艺有所差别。

（2）电弧炉炼钢工艺的进步

电弧炉炼钢的发展过程中，经历了普通功率电弧炉—高功率电弧炉—超高功率电弧炉。其冶金功能也发生了革命性的变化，其功能由传统的"三期操作"发展为只提供初炼钢液的"二期操作"。

传统的电弧炉炼钢操作集炉料熔化、钢液精炼和合金化于同一熔池内，包括熔化期、氧化期和还原期。在电弧炉内既要完成熔化、脱磷、脱碳、升温，又要进行脱氧、脱硫、去气、去除夹杂物合金化，以及温度、成分的调整，因而冶炼周期长。这既难以保证对钢材越来越严格的质量要求，又限制了电弧炉炼钢生产率的提高。现代电弧炉炼钢工艺只保留了熔化、升温和必要的精炼操作，如脱磷、脱碳，而把其余的精炼过程均移到二次精炼工序中进行。电弧炉炼钢工艺上的改变提高了电弧炉的设备能力，使其能够以尽可能大的功率进行熔化、升温操作，而把只需要较低功率的操作转移到钢包精炼炉内进行。越来越完善的二次精炼技术，完全能满足钢液清洁度和严格的成分、温度控制的要求。

3.3.2.2　电弧炉炼钢节能降耗技术

（1）电弧炉炼钢合理供电技术

电弧炉容量逐渐增大是近几十年来的基本趋势，其原因在于：a. 在其他条件相同的前提下，电弧炉炼钢的生产率与电弧炉容量成正比，大型化是合理单炉生产规模的保证；b. 大型化有利于提高热效率，并便于集中采用供电、用氧以及机械化、自动化各项先进技术，便于提高管理水平，容易取得较好的生产运行效果；c. 合理大型化是实现全连铸的基础；d. 合理大型化是实现与后续轧机等物流匹配的基础。随着电弧炉容量的增加，变压器容量也在增大。如何高效使用大容量的变压器，提高电弧炉炼钢的生产率，是大家关注的问题之一。

合理供电是电弧炉炼钢生产最基本的保障，它关系着冶炼工艺、原料、电气、设备等诸多方面的问题，直接影响电弧炉炼钢生产的各项技术经济指标。超高功率电弧炉的炼钢过程中，合理的供电制度是其最基本的工艺制度之一。合理的供电制度不仅对顺利操作是必要的,而且有助于降低电耗、电极损耗和耐材侵蚀,缩短冶炼周期,带来良好的经济效果。

(2)电弧炉炼钢原料多样化

电弧炉可以废钢、铁水、直接还原铁、生铁等作为原料。由于原料成本显著影响着电弧炉的生产成本,在世界不同的地区,根据当地能源结构、经济发展水平选择电弧炉炼钢原料。电弧炉炼钢的主要原料有显著的差别:在欧美发达国家,由于废钢资源充足,电弧炉主要以废钢为原料;在中东等油气资源丰富的地区,多以直接还原铁作为原料;在中国由于废钢资源短缺,电弧炉大量使用铁水作为原料。在环保要求越来越高的今天,电弧炉还有一项使命是消纳其他非金属的社会废弃物来达到资源再利用。为了节约资源、保护环境,电弧炉的生产原料组成上要体现绿色化,是原料多元化的必然趋势。

(3)电弧炉炼钢烟气余能利用技术

电弧炉冶炼过程中产生大量的高温含尘烟气,产生的烟气所带走的热量约为电弧炉输入总能量的 11%,有的甚至高达 20%。因此,电弧炉炼钢烟气余热的回收利用具有较大的经济效益。

废钢预热技术主要是利用电弧炉排出的高温烟气与冷废钢进行热交换,提高废钢进入电弧炉的温度,从而减少冶炼过程中其他能量的输入。传统的废钢预热采用料篮进行,即将盛有废钢料的料篮放入一密封装置内,然后向密封装置内通入电弧炉排放的烟气,采用热交换的方式进行废钢预热。但实际生产中这种方式预热废钢温度有限,不能长期连续生产运用。目前比较成熟的废钢预热方式主要有竖式废钢预热方式、双炉壳型废钢预热方式、水平连续加料废钢预热方式和多级废钢预热方式等。

烟气余热回收生产蒸汽技术是利用高温烟气与水进行热交换来提供高温蒸汽,从而回收烟气中的物理热。烟气余热转变为蒸汽的主要设备包括给水箱、汽包、蒸汽储罐、给水泵和循环水泵等,来自给水箱的水经增压后通过给水泵送到汽包,循环水泵使沸水循环与烟气管道的热表面进行热交换并部分蒸发,之后将水/蒸汽混合物返回汽包进行分离。产生的蒸汽被储存在蒸汽储罐中,以便输送到用汽单位,如真空脱气站、空气分离制氧站、蒸汽透平发电机等用汽系统。产生的蒸汽可用于钢的精炼工艺(如真空脱气或 RH 精炼设备)、发电、空气分离、冷冻行业制冷等方面。国内某企业 100t 电弧炉,利用余热锅炉回收电弧炉炼钢产生的高温烟气余热,每年可生产 33.4 万吨 2.0MPa 的饱和蒸汽,相当于每年节约 2365t 标煤,结合企业实际电弧炉产量,在电弧炉的余能余热回收过程中,如果要进行蒸汽的回收,最主要的设备就是余热锅炉和蓄热器,余热锅炉产生的部分蒸汽存储在蓄热器中,这部分蒸汽可以在需要的时候更好地被用户利用。

3.3.2.3 电弧炉炼钢技术短流程优化再造

随着中国钢铁蓄积量和废铜资源量的增加,在未来 20 年内,中国废钢资源短缺的局面将会彻底改变,废钢资源总量将非常充足。初步估算,到 2025 年废钢资源的年产出总量预计达到 2.7 亿~3.0 亿吨;到 2030 年废钢资源的年产出总量达到 3.3 亿吨以上。未来,充足的废钢资源将为全废钢电炉流程的发展提供资源保障,对国际铁矿石资源的需求量也将逐渐下降。

(1)新型绿色电弧炉系统

① Comseel 水平连续加料电弧炉:可实现炉料连续预热,而竖炉仅为炉料半连续预热。

水平连续加料电弧炉连续炼钢工艺的主要优点有：节约投资和操作成本；金属收得率提高；钢中气体含量适当；对原料的适应性强；烟气处理简便。

② FastAr™ 高技术电弧炉：采用炉顶和炉壁长寿节能水冷壁，可达到很高的比功率水平，配备有全套化学能熔炼系统，其中包括侧壁氧枪、燃气和碳粉枪、石灰喷吹系统，设有高效除尘和环保系统。FastAr™ 高技术电弧炉对炉体形状和炉壳设计进行了大的改造，炉壁和炉顶均采用达涅利专利技术——长寿节能炉壁，并设有单点升降系统以提高电弧炉工作可靠性。

③ ECOARC 环保型高效电弧炉：由日本 NKK 公司开发，其电耗低于 250kW·h/t（目标值为 200kW·h/t）。ECOARC 将熔化室与预热竖炉直接连接，并在熔化室和预热竖炉连续保有废钢的状态下进行熔化，其特征和优点如下：废钢预热效果好；高效率；烟气氧化度控制；对供电质量要求低。

④ 量子电弧炉：由德国西门子奥钢联集团公司（Siemens VAI）研发，其废钢连续预热系统在热循环期间利用炉内烟气可对所有待熔化的废钢进行均匀预热，可节约大量能源（电能≤280kW·h/t），缩短冶炼周期（<33min）和降低生产成本。

⑤ SHARC 电弧炉：由西马克集团研制的一种新型竖式直流电弧炉，其属于改进型竖式电弧炉，最大的特点是 SHARC 炉上有两个半圆形竖井，让 SHARC 炉整个炉体位于两个竖炉的上方并有利于传递能量。高温废气在预热竖炉中的停留时间更长，热传输效率更高，能保证使用低密度废钢（堆重比 0.25~0.3t/m³）且没有额外预热时生产也能高效经济进行，具有废钢熔化均的优点。

⑥ CISDI-GreenEAF 电弧炉：是由中冶赛迪集团有限公司成功研发的新型节能环保型电弧炉，该炉针对废钢尺度宽容性要求和废钢预热装置维护困难等问题，采用独特的电弧炉差动密闭阶梯扰动连续加料和侧顶斜槽加料技术，配合烟气废钢预热技术，可显著降低电弧炉冶炼过程的运行电耗。

（2）电弧炉炼钢绿色低碳供能技术

① 电弧炉炼钢供电优化技术。

a. 电弧炉合理电气运行。电弧炉电气运行必须满足的约束条件包括电弧稳定燃烧、变压器容量限制、变压器二次端电流的限制和能量的合理利用。

b. 制定合理供电曲线。一般来说，制定供电曲线主要从三个方面考虑，分别是能量匹配、能量的有效利用和弧长控制。

c. 电极调节技术。针对电弧炉冶炼两个时期的复杂非线性、时变性等特征，采用神经网络和模糊控制与传统 PID 相结合的控制方法，使冶炼的各个时期都能达到满意的控制效果。

② 泡沫渣操作优化。电弧炉采用泡沫渣冶炼，热效率可由 30%~40% 提高到 60%~70%，节省 50% 的补炉料，炉龄提高 20 余炉，功率因数由 0.6~0.7 提高到 0.8~0.9，电极消耗降低 20% 左右，每炉冶炼时间缩短 30min，每吨钢节电 20~70kW·h。此外，炉渣的性能对泡沫渣的形成也有重要影响。通常炉渣碱度在 2.0 左右，渣中氧化铁含量在 20% 左右，且炉渣温度在 1570~1580℃是炉渣发泡最适宜的条件。

③ 集束射流供能技术。其原理是在拉瓦尔喷管的周围增加燃气射流，使拉瓦尔喷管氧气射流被高温低密度介质所包围，从而减缓氧气射流速度衰减，在较长距离内保持氧气射流

的初始直径和速度。

④ 氢氧集束射流技术。氢氧集束射流氧枪所采用的燃烧介质完全不涉及碳元素，利用的是清洁能源——氢能，因此在氢氧集束射流氧枪熔化废钢过程中无二氧化碳排放。研究表明，由于氢氧集束射流采用的氢气燃烧是无碳化学能的来源，相比传统使用甲烷和乙烷的集束射流，氢气点火能量低、火焰稳定性好、可燃流速高，满足炼钢生产提速及冷区热量补充的要求。

（3）电弧炉洁净化冶炼技术

① 电弧炉熔池内氧气-CaO喷吹脱磷技术。该技术是将电弧炉喷吹方式从熔池上方移至钢液面以下，采用熔池内氧气-CaO喷吹模式，利用粉剂颗粒提高氧气射流穿透深度，同时降低喷枪出口温度，保护喷吹元件。此外，氧化钙粉剂可实现高效脱磷，显著提高钢液质量。

② 电弧炉二氧化碳-Ar底吹控氮技术。由于电弧炉炼钢中高温电弧电离氮气使钢液易吸氮，特别是在全废钢冶炼条件下，熔液碳含量低，熔池内缺乏碳氧反应，难以有效脱氮。采用二氧化碳-Ar动态底吹技术后，终点钢液碳氧积明显改善，终点钢液氮含量明显降低，钢液洁净度进一步提升。

③ 出钢过程在线喷粉脱氧技术。该技术是将喷粉技术应用于电弧炉出钢阶段的技术。该技术可实现降低脱氧剂消耗、稳定电弧炉出钢后的钢液成分、提高脱氧效率的冶金功效。该项技术是在冶炼过程中根据终点钢液成分、温度和钢液重量等相关参数，并结合精炼环节所需目标钢液成分及温度要求，在线对所需脱氧粉剂成分进行计算并完成配比，动态调整脱氧粉剂和载气喷吹参数，实现炼钢出钢过程在线喷粉脱氧。

④ 电弧炉炼钢炉况实时监控技术。该技术包括自动测温取样技术、泡沫渣在线监控技术、炉气在线分析技术、自动判定废钢熔清技术、电气特征在线监测技术。

⑤ 电弧炉整体控制智能化技术。德国西门子奥钢联集团公司开发的电弧炉Simental EAF Heatopt整体控制方案，通过烟气检测分析系统、温度监控系统、泡沫渣检测系统的实时反馈，在线控制电弧炉炼钢过程的能源输入，实现对电弧炉炼钢过程的整体智能控制。达涅利Q-MELT系统集成过程控制监视器和管理器，可自动识别电弧炉炼钢过程预期行为偏差，并使其自动返回预定的冶炼过程。意大利特诺恩公司（Tenova）开发的AF智能控制系统是在实时、连续测试工艺和在线模拟工艺的基础上，为实现电弧炉动态控制和最优化而建立的一套自动化系统。它依靠各种传感器反馈的工艺信息（如废气分析、电谐波、电流和电压）和可控参数（氧气和燃料流量、氧气喷吹、碳粉喷吹和电极管理），实现对电弧炉的全面控制。

近年来，电弧炉炼钢在绿色化、智能化及洁净化方面取得了长足进步，缩短流程炼钢的发展，对我国钢铁工业工艺流程再造和低碳高质量发展具有重要战略意义。未来，电弧炉炼钢技术的发展将主要聚焦以下几个方面：①重视全废钢电弧炉冶炼过程中残余元素脱除与控制方法的研究；②开发近零碳排放电弧炉炼钢工艺，从能量来源碳近零、冶炼过程碳近零、原料生产碳近零三个层面开展技术创新，以实现炼钢工序碳近零；③开发基于氢基直接还原铁的电弧炉炼钢技术，加速布局和开展基于氢基直接还原铁的电弧炉炼钢前沿技术创新，解决氢基直接还原铁的少渣冶炼、氢基直接还原铁的"冰山"熔化、氢基直接还原铁的热装热送等冶炼难题。

3.4　有色金属绿色冶金技术

3.4.1　铝绿色冶金新技术

3.4.1.1　铝冶金发展简史

铝在自然界中分布极广，地壳中铝的含量约为 8%，仅次于氧和硅，居第三位。在金属元素当中，铝居首位。铝的化学性质十分活泼，在自然界中以化合物形式存在。含铝的矿物总计有 250 多种，其中主要的是铝土矿、高岭土、明矾石等。

我国开采和利用铝矿有悠久的历史，很早就开始从明矾石提取明矾（古称矾石），以供医药及工业上使用。汉代《神农本草经》（公元前 1 世纪）一书中记载了 16 种矿物药，其中就包矾石、铅丹、石灰、朴硝、磁石。明代宋应星所著《天工开物》（公元 1637 年）一书中记载了矾石的制造和用途。

在有色金属中，铝是一种被发现较晚的金属，到 19 世纪下半叶才被大规模制取出来。1825 年，丹麦奥斯特（H. C. Oersted）用钾汞齐还原无水氯化铝第一次得到几毫克的铝。1827 年，德国武勒（F. wohler）用还原无水氯化铝得到少量细微的金属颗粒。1845 年，他用氯化铝气体通过熔融金属钾的表面，得到了细小的铝珠，于是铝的一些物理性质和化学性质得到初步的测定。1854 年，德国本生（Bunsen）和法国维尔分别电解 $NaCl-AlCl_3$ 络合盐，得到金属铝。1854 年，在巴黎附近建成了世上第一座炼铝厂。1865 年，俄国 Bexeros 提议用镁还原冰晶石来生产铝。这一方案后来在德国 Gmelingen 铝镁工厂里采用。这就是化学法制取铝的历史。

1867 年格拉姆制成了发电机，并在 1880 年加以改进之后，才使电解法可以用于工业生产。自从 1887—1888 年电解法炼铝工厂开始投入生产后，化学法便渐渐被弃用了。1883 年，美国 Bradley 提出利用氧化铝可溶于熔融冰晶石的特性来电解冰晶石-氧化铝熔盐的方案。1886 年，美国的霍尔（Hall）和法国的埃鲁（Heroult）分别申请了冰晶石-氧化铝熔盐电解法制铝的专利，专利中的方法被称为霍尔-埃鲁法。霍尔-埃鲁法问世以后，世界铝工业得以迅速发展。1940 年世界原铝产量达到 81 万吨，1973 年达 1247 万吨，1996 年已经达到 2045 万吨。

进入 21 世纪以来，全球铝工业得到了迅猛发展，原铝产量剧增。2007 年，全球原铝产量达到 2480.3 万吨。2008 年金融危机后，世界原铝产量出现了一定程度的下降，但 2009 年仍保持在 2339.9 万吨的较高水平。2018 年，中国的原铝产量更是达到了 3648.8 万吨，约占全球总产量的 56.7%。同时，铝工业技术、装备及管理水平也得到了大幅提高，从全世界范围内来看，呈现三个明显的趋势：一是世界铝工业的组织结构日趋规模化、集团化和国际化；二是铝电解槽日趋大型化或超大型化，其科技含量、智能化程度越来越高；三是电解铝生产的技术经济指标向着高产、优质、低耗、长寿和低污染的方向加快进步。以法国的彼施涅公司为代表，其研制的 500kA 特大型预焙铝电解槽，电流效率达 95%，它的成功标志着世界铝工业进入了一个新的发展时期。

我国铝电解工业是新中国成立后逐渐发展起来的。尤其是 20 世纪 90 年代以来,我国铝工业进入了一个高速发展时期,大型预焙铝电解企业在国内各地相继建立并投产。我国原铝产量自 2002 年以来一直保持世界第一,同时,自 2005 年以来原铝消耗量也一直位居世界第一。目前,我国电解铝产量约占全球总产量的 32.7%,原铝消费量也达到了全球消费总量的 30% 以上,人均铝消费量 9.7kg,超过世界平均 6.1kg 的水平,已成为推动世界铝工业发展的重要力量并成为全球最大、最具活力的铝消费市场。与此相对应,我国铝电解技术也获得了长足的发展。在预焙铝电解技术进步的基础上,国内大容量铝电解槽开发技术取得了多项成果。以中国铝业兰州分公司 400kA 大型铝电解槽为代表的一系列拥有自主知识产权的铝工业成套技术与装备,大幅度提高了我国铝产业的技术装备水平,为我国参与国际竞争打下了坚实的基础;此外,中国铝业公司郑州研究院和中南大学合作进行了 600kA 超大型铝电解槽的前期研究,它的研制成功也将能极大推动我国铝工业向前发展。

尽管铝电解工业获得了巨大的发展,但现行原铝生产工艺仍然存在许多缺点和不足:

① 电解过程需消耗大量的优质碳素。虽然每吨铝理论碳耗仅为 333kg,但由于铝的二次反应以及碳素阳极的空气氧化、CO_2 氧化及炭渣脱落,致使实际的每吨铝阳极耗量达到 500~600kg。同时,频繁的阳极更换使生产过程复杂化,自动化过程受限。

② 环境污染严重。目前世界范围内,每生产 1t 铝,平均等效 CO_2 排放量为 0.28t,而我国则高达 0.691t。发生阳极效应时,还会产生 CO、CF 等有毒气体。此外,铝电解碳素电极材料的生产过程以及电解铝厂所产生的废旧内衬均会对环境造成污染。

③ 碳素阴极与铝液的润湿性差,电解槽在生产过程中不得不保持一定高度的铝液。为了防止铝液运动和界面形变影响电流效率,需采用较高的极距,这导致了生产过程能耗的提高。

④ 由于采用碳素阴极,生产过程中,碱金属渗透进入阴极碳素材料中形成插层化合物,导致阴极膨胀甚至开裂,这是导致电解槽破损的一个重要原因,直接导致电解铝厂投资和原铝生产成本的增大。

⑤ 单室水平式电极,单位面积的生产率低,能量利用率不足 50%,生产成本高。在全世界能源日趋紧张的今天,在各国政府加快构建以低碳排放为特征的工业体系的要求下,迫切需要开发出一种高效率、低能耗、低成本、无污染(或少污染)的炼铝新工艺。

低温铝电解由于具有能够有效地提高电流效率、提高原铝纯度、降低能耗、延长电解槽使用寿命等一系列优点,现已成为世界铝业界最为活跃的研究课题之一。自 1979 年 Sleppy 提出低温铝电解的概念以来,学界对此展开了大量的针对性研究工作,发现 Al_2O_3 在电解质体系中的溶解度和溶解速度是低温电解质体系成功应用的最关键因素。因为在低温条件下电解时,Al_2O_3 溶解度低,即使 Al_2O_3 浓度趋于饱和,电解也只能在很小的电流密度下进行,随着阳极表面附近 Al_2O_3 浓度的降低,阳极电位升高,阳极表面氧化物与电解质反应同样会加剧。为了使电解顺利进行,在电解质中必须有过量未溶的氧化铝存在以及时补充电极附近消耗的氧化铝,使电流密度能保持合理的大小,但是这样很容易造成大量的 Al_2O_3 沉淀。

目前,低温电解质体系的研究工作主要集中在钠冰晶石-氧化铝体系、锂冰晶石-氧化铝体系以及钾冰晶石-氧化铝体系这三种。通过电解实验发现,对于钠冰晶石体系而言,随着电解温度的降低，电解质和铝液的密度之差减小，电导率降低，局部初晶温度增高，氧化铝溶解度降低；对于锂冰晶石体系而言，虽然其电导率是三种体系中最大的，铝液在其中的溶解损失也最小，但氧化铝在其中的溶解度较低，电解时电压波动不稳定；而在钾冰晶石体系中，电导率比钠冰晶石体系略低，钾对阴极的渗透作用较强，但氧化铝的溶解度和溶解速度却占绝对的优势。比较上述三种电解质体系的理化性质，结合铝电解工业生产的实际情况，并考虑到氧化铝在电解质体系中的溶解度和溶解速度等问题，可以看出钾冰晶石体系是一种极具优势的低温铝电解体系。然而，与普通 Na_3AF_6 电解质体系相比，该体系中所含的 K 有着更低的离子势，电解过程中更加容易渗透进入阴极内部，形成相应的 C-K 插层化合物，对阴极产生强烈的破坏作用，严重影响铝电解槽的使用寿命和正常的工业生产。有报道甚至认为，钾有着数十倍于钠的渗透能力，钾对阴极有着极强的（膨胀）破坏作用，单一钾冰晶石作为电解质时，阴极使用寿命大为缩短，电解槽寿命降低，而电解槽作为铝电解生产的关键装备，其使用寿命的长短，不仅影响着电解铝的生产成本及原铝产量，而且关系到废弃内衬所引起的环境污染等问题。针对这一问题并综合考虑阴极寿命和氧化铝的溶解性能，一方面，可以考虑使用钾冰晶石和钠冰晶石的复合电解质体来降低熔体对阴极的破坏作用；另一方面，需要开发出一种具有高耐腐蚀性能的铝电解用阴极。TiB_2 基可润湿性阴极由于具有良好的铝液润湿性，电解过程中，铝液可以对阴极起到很好的保护作用，因而成为一种很有潜力的、有望能够抵御含钾低温电解质熔体强腐蚀性的铝电解惰性电极系统用阴极材料。

虽然碳素材料在熔盐电解质中有着较为稳定的理化性能，但一个至关重要的问题就是其与铝液之间的润湿性较差，在电磁力的作用下铝液会剧烈旋转波动，极易与阳极气体接触，发生氧化反应，降低电解槽的电流效率，因此阴阳极之间必须保持 4~6cm 的距离，两极的电压降达到 1.3~2.0V，高于氧化铝的分解电压 1.2V。

3.4.1.2　现行铝冶金工艺的弊病

传统的熔盐铝电解槽，采用 Na_3AlF_6 基氟化盐熔体为溶剂，Al_2O_3 溶于氟化盐熔体中，形成含氧络合离子和含铝络合离子。由于氟化盐熔体的高温（950℃左右）强腐蚀性（除贵金属、碳素材料和极少数陶瓷材料外，大多数材料在其中都有较高溶解度），自 Hall-Heroult 熔盐铝电解工艺被发明以来，一直采用碳素材料作为阴极材料和阳极材料。在碳素阳极和碳素阴极间通入直流电时，含铝络合离子在阴极（或金属铝液）表面放电并析出金属铝；含氧络合离子在浸入电解质熔体中的碳素阳极表面放电，并与碳阳极结合生成 CO_2 析出。

（1）碳素阳极带来的问题

在电解过程中，碳素阳极是消耗性的，因此碳素阳极必须周期性地更换，由此带来了多方面的问题：

① 消耗优质碳素材料。如果按电流效率为 100%，阳极碳含量为 100% 反应计算，每吨铝理论碳阳极消耗量为 333kg，但是由于发生 Al 的二次反应（电流效率低于 100%）以及碳素阳极的空气氧化、CO_2 氧化及炭渣脱落，致使实际的每吨铝碳阳极净耗量超过 400kg。

② 导致环境污染。铝电解过程中产生大量温室效应气体（GHG）或有害气体，主要包括 3 部分：电解反应过程中，产生含碳化合物（CO_2 和少量 CO）；发生阳极效应时，放出 CF_n；所用原料中含 HO 时，可与氟化盐电解质反应产生 HF（在现代铝电解生产中大部分

HF 被干法净化系统中的 Al_2O_3 吸收并返回铝电解槽中)。

电解反应所排放的含碳化合物主要来自 3 个方面：阳极反应每生产 1kg Al 产生 1.22kg CO_2；阳极的空气氧化每生产 1kg Al 产生 0.3kg CO_2；另外，生产每吨原铝消耗电能 15000kW，依所采用能源种类不同，发电过程中每生产 1kg Al 排放 1.6kg CO_2。

发生阳极效应时，所排放的 CF_n 主要为 CF_4 和 CF_6，这两种温室气体的 GWP（global warming potential，用于表征各类气体相对于 CO_2 的相对温室作用大小）分别达到 6500 和 9200，阳极效应气体的当量温室作用主要取决于阳极效应系数和效应时间，这又主要取决于电解槽结构，特别是下料方式及其控制系统。

在碳素阳极生产过程中也产生 CO_2，按每吨铝碳素阳极消耗量，可计算出碳素阳极生产相对应的每吨铝 CO_2 排放量为 0.2kg。另外，碳素阳极生产过程中，产生大量沥青烟气，主要为多环芳香族碳水化合物，也对环境造成污染。

③ 影响电解槽正常操作的稳定性。一方面是由于阳极的经常更换使电解槽的电流分布和热平衡受到干扰，维护和更换阳极需要较多的工时和劳动力，增加了生产成本。另一方面是由于碳阳极不均匀地氧化和崩落，使电解质中出现炭渣。

（2）碳素阴极带来的问题

现行铝电解槽一直采用碳素材料作为铝电解槽的阴极材料。由于金属铝液与碳素阴极材料表面的润湿性差，为了不使碳素阴极表面暴露于电解质中，电解槽中不得不保持一定高度的铝液。铝液在电磁力的作用下发生运动并导致铝液与电解质界面的变形，并且铝液高度越低，铝液运动越强烈，这就是现行铝电解槽的铝液高度必须保持在 15cm 以上的原因。为了防止铝液的运动和界面形变影响电流效率，电解槽不得不保持较高的极距（如 4cm 以上），这又是现行铝电解槽必须保持较高槽电压（因而能耗高）的重要原因。据测算统计，铝电解槽两极间的电压降在 1.3～2.0V，相比碳阳极铝电解电化学理论分解电压 1.2V，可以看出，现行铝电解工艺很大一部分能量消耗在两极之间，如果能够适当地减小极距，可以大幅度地节约吨铝能耗，降低原铝生产成本。

另外，金属铝与碳素阴极在电解温度下可反应生成 Al_4C_3，当铝液对阴极未覆盖好时，Al_4C_3 将直接与电解质接触并溶解到电解质中，进而促进 Al_4C_3 的生成和阴极的腐蚀。

（3）金属钠析出及废旧内衬带来的问题

铝电解过程中，阴极表面不仅电沉积析出金属铝，同时还会析出金属钠。现代预焙电解槽启动时，首先灌入电解槽的是熔融冰晶石电解质，钠的析出尤为迅速。另外，金属铝与 NaF 发生置换反应也能生成 Na。钠渗透进入阴极碳素材料中形成插层化合物，导致阴极体积膨胀，甚至开裂。这成为导致电解槽破损的一个主要原因，电解槽破损无疑增加了铝电解厂的投资和原铝的生产成本。

电解槽破损后产生大量废旧内衬，按目前电解槽寿命估计，每生产 1t 金属铝产生 30～50kg 废旧内衬。废旧内衬中除了约 30% 的炭质材料外，还含有冰晶石、氟化钠、钠铝氧化物、少量的 α-氧化铝、碳化铝、氮化铝、铝铁合金和微量氰化物。铝电解槽的废旧内衬是一种污染性固体废弃物，其中氰化物为剧毒物质，氰化物具有强烈的腐蚀性。当废旧内衬遇水（如雨水、地面水、地下水）时，所含氰化物将溶于水，使 F^- 和 CN^- 混入江河、渗入地下污染土壤和水源，对周围生态环境造成长期的严重污染。为此，人们一直开展研究，力图解决或减缓由此带来的问题，大多数采用高温焚烧碳素内衬以取出其中的有毒物质，回收有

价氟化物如 AF_3，并使残余物质呈化学惰性。

另外，传统铝电解槽采用碳素材料作为侧壁内衬，为减少侧部氧化与导电，需要强制侧部散热以形成侧部结壳，导致能量消耗。

（4）电解槽的水平式结构及其带来的问题

现行 Hall-Heroult 电解槽使用碳素阳极和表面水平的炭内衬作为阴极，电解析出的铝蓄积在槽底炭阴极上部，形成一个铝的熔池，并作为实际的阴极。阳极用卡具固定其导杆悬挂于槽上部的阳极横梁上，碳素部分的下端浸入槽内的电解质中，并接近槽底的铝液表面。阴极炭块内部嵌入方钢，一端伸出槽外，与外部阴极母线相连。电流由槽外立柱母线进入软带母线，并由软带母线进入阳极横梁，经阳极到电解质和铝液，再由阴极经阴极钢棒流到与下一个槽的立柱母线相连的阴极母线中，形成一个完整的电流通道。

现有的 Hall-Heroult 铝电解槽，尽管尺寸和电解工艺各不相同，但都存在一个普遍的问题就是电能效率较低，一般在 45%～50% 之间。除了理论上将氧化铝还原成铝所需的能量外，实际电解生产中其余的电能均以热量的形式向外散失。造成理论与实际能耗如此大的差异的主要原因就在于现行 Hall-Heroult 铝电解槽采用水平式结构，并且高极距作业，使电解槽产能低、槽电压高。

电能效率低造成了工业电解槽上巨大电能无谓的消耗，也激发了人们寻求新型铝电解槽及其他铝冶炼新工艺以降低能耗的热情。铝电解槽节能降耗的手段有两种：一种是提高电流效率；另一种就是降低槽压，降低极距。然而现有大型预焙铝电解槽电流效率最高已经达到 95% 以上，再通过各种手段提高电流效率以减少能耗，效果不会太大，或者得不偿失。而现有预焙槽极距一般在 4cm 以上，使极间压降达到 2V 以上，这为通过减小极距降低能耗提供了很大的空间。但是对于现有普通预焙槽，极距降低就会影响电解槽的热平衡，另外即使在热平衡允许范围内极距也不能降低太大，这主要是因为极距降低容易引起电解不稳定，使铝液产生波动，降低电流效率。为了能够有效降低铝电解槽极距，降低能耗，就需要对现有电解槽结构进行改进，采用新型电解槽结构。

3.4.1.3　铝电解惰性阳极技术

（1）惰性阳极技术优势

铝电解惰性阳极是指在应用过程中不消耗或者消耗相当缓慢的电极。当使用惰性阳极材料时，阳极析出氧气，铝电解过程的反应方程式为：

$$Al_2O_3 \rightleftharpoons 2Al + 3/2O_2$$

可以看出，由于电解时惰性阳极不被消耗，消除了消耗性碳素阳极所带来的各种弊端。与碳素阳极相比，惰性阳极材料的应用主要优点体现在环保、低碳节能、操作少及降低成本等方面，特别是减少污染和降低原铝生产成本的潜力十分诱人。

表面上看，惰性阳极也有其不足之处，即反应的可逆分解电压较高。惰性阳极反应在 1250K 时的可逆分解电压为 2.21V，而同温度下传统碳素阳极反应的可逆分解电压仅为 1.18V。也就是说碳素阳极的使用可使 Al_2O_3 的理论分解电压降低 1.03V。值得注意的是，这一降低却需要消耗碳素材料。同时，惰性阳极上 Al_2O_3 的高分解电压可由经济优势补偿，仍可达到节能的目的。N. Jarett 指出，在使用惰性阳极的情况下若不改变阳极距离，可以节能 5%；若改变阳极与阴极的距离，可节能 23%；若配合使用可润湿性阴极并改变极间距，最高节能可达 32%。

铝电解槽采用惰性阳极后，铝电解过程不但不再有 CO_2、CO 和 CF_n 的排放，而且阳极排放的是 O_2（可作为副产品利用）。采用惰性阳极后全球铝电解生产的吨铝等效 CO_2 排放量将从 10.5t 降低到 7.1t，降低近 32%。如果考虑到每吨铝能耗的降低，等效 CO_2 排放量将降低得更多。

（2）惰性阳极技术研究概况

铝电解过程是发生于温度高达 940～970℃ 的 Na_3AlF_6-Al_2O_3 熔体中的电化学反应，因而对惰性阳极性能提出了严格的要求。在惰性阳极的选材方面，Benedyk 和 De Nora 指出应该满足以下要求：

① 足够的抗电解质腐蚀能力，年腐蚀应小于 20mm；

② 析氧过电位较低；

③ 采用惰性阳极后电解槽压降不比采用碳素阳极时更大；

④ 足够的抗氧化能力，在 1000℃ 氧气气氛下能稳定存在；

⑤ 不影响产品铝的质量；

⑥ 足够的机械强度以适应正常的电解操作；

⑦ 良好的热震性能，能经受住预热更换及电解过程的各种热冲击；

⑧ 可实现与金属导杆的高温导电连接；

⑨ 价廉，易于大型化制备。

显然，全部达到上述所有要求非常困难。尽管如此，由于惰性阳极独特而巨大的优势，面对上述挑战，人们一直从电极材料研制以及与之相匹配的电解质体系选择与优化、电解槽结构与工艺优化设计、技术经济指标考核与优化等方面开展系列研究。

电解炼铝采用惰性阳极的想法由来已久，从 Hall-Heroult 炼铝法一开始，电解法炼铝的先驱者 C. M. Hall 在 1888 年就力图采用惰性阳极。最初选用 Cu 和其他金属材料，希望在金属表面形成金属氧化物层，从而用作惰性阳极材料。后来人们开始研究一些在冰晶石熔体中溶解度小，并且具有良好半导体特性的氧化物材料。Belyaev 和 Studentsov 于 20 世纪 30 年代首先尝试了使用 SnO_2、NiO、Fe_3O_4、Co_3O_4 等各种烧结氧化物之后，各种惰性阳极材料如金属及合金、硬质耐火金属（refractory hard metals，如硼化物、碳化物）、金属氧化物等都被广泛地进行研究并取得了一定的进展。

1981 年，K. Billehaug 等将在此之前的惰性阳极材料研究成果分为 4 类：耐火硬质合金阳极（refactory hard metals，RHM）、气体燃料阳极（gaseous fuel anodes）、金属阳极（metalanodes）和氧化物阳极（oxideanodes）。20 世纪 80 年代以后，惰性阳极材料的研究工作主要集中在金属氧化物陶瓷阳极、合金阳极及金属陶瓷阳极的研制和试验上。因此，本节简单介绍这三类惰性阳极近年来的最新研究进展。

① 金属氧化物陶瓷阳极。金属氧化物陶瓷相对其他备选材料而言，在电解质熔体中溶解度低，因而拥有腐蚀速率低的优势。Keller 等认为，在实际铝电解过程中，金属氧化物陶瓷阳极的寿命很大程度上依赖于电极组分在电解质中的溶解速度，而这种溶解速度又主要取决于阳极组分在阴极附近的还原；但较差的高温导电性、抗热震性及机械加工性能限制了它的发展，近年来研究日趋减少。所研究的金属氧化物陶瓷阳极材料可分为复合金属氧化物、单一金属氧化物及金属氧化物的混合物等几类。

a. 尖晶石型（AB_2O_4）复合金属氧化物阳极。尖晶石型复合金属氧化物陶瓷由于具有良好的热稳定性和对析氧反应有利的电催化活性（过电位低），所以被作为惰性阳极的备选材料得到大量研究。其中，研究较多的尖晶石型复合金属氧化物有 $NiFe_2O_4$、$CoFe_2O_4$、$NiAl_2O_4$、$ZnFe_2O_4$、$FeAl_2O_4$ 等。1993 年，Augustin 等人研究了 N 及 Co 的铁酸盐的腐蚀行为，结果证实了尖晶石型金属氧化物陶瓷在冰晶石熔盐电解质中的耐腐蚀性能较好。于先进等人研究了 $ZnFe_2O_4$ 的耐蚀性能，发现其腐蚀率在阳极电流密度为 $0.5 \sim 0.75 A/cm^2$ 时最大。

2001 年，Calasiu 等人用共沉淀-烧结方法制备 $ZnFe_2O_4$ 陶瓷材料，发现该工艺制备的惰性阳极性能比常规固相合成-烧结和反应烧结法有较大提高。而 Y. Zhang 等人提出了关于 $NiO/NiAl_2O_4$ 和 $FeO/FeAl_2O_4$ 在冰晶石熔体中的溶解模型，对前者假设 Ni 在溶解后以 Na_2NiF_3 和 Na_3NiF_6 存在，对后者假设有 FeF_3、Na_2FeF_4 和 Na_4FeF_6 存在，实验结果证明这些假设与实验数据吻合良好。此外 2001 年，Julsrud 等人对 $NiFeCrO_4$ 阳极材料进行了电解实验，并提出了铝电解槽中的阳极排布方式。

b. SnO_2 基复合金属氧化物阳极。SnO_2 基阳极被许多研究者作为惰性阳极的首选材料。杨建红等人对 SnO_2 基阳极在铝电解质中的行为进行了研究，并采用稳态恒电位法结合脉冲技术，对 1000℃时，SnO_2 基阳极在摩尔比为 27∶1，含 10% Al_2O_3 的电解质中的析氧过电位做了测量，其结果表明，掺杂微量 Ru、Fe 和 Cr 的阳极具有明显的电催化作用。邱竹贤等人研究了 ZnO、CuO、Fe_2O_3、Sb_2O_3、Bi_2O_3 等氧化物添加剂对 SnO_2 基阳极的成形及其导电性能的影响，并进行了 100A 电解试验。

Haarberg 等人发现，SnO_2 在 1035℃冰晶石熔体中的溶解度为 0.08%，并且在还原性条件下（如电解质中含有炭渣和溶解的金属铝等）溶解度会更高。他们认为 SnO_2 溶解的增加是由于电解过程中 Sn^+ 或 Sn^{2+} 的存在，溶解的锡离子在阴极上被还原为金属锡。Issaeva 和杨建红测试了 SnO_2 的电化学性能，他们采用 Pt、Au 及玻璃状 C 作为工作电极进行循环伏安测试，电压曲线显示，其峰值与在熔盐中锡的两种氧化状态（如 Sn^{2+} 和 Sn^{4+}）有关系。在没有其他氧化物的熔盐中，阳极上会发现 SnF_2 及 SnF_4 的挥发物；而如果有溶解的氧化铝存在，它会与溶解的 Sn 形成稳定物质，没有挥发物生成。

2000 年，Cassyre 等人用透明电解槽研究了 SnO_2 作为阳极时的阳极气体生成过程，进一步证实了使用惰性阳极时的阳极气体与电解质有较好的润湿性。

② 合金阳极。近年来，合金惰性阳极材料的研究较多，这种合金阳极具有强度高、不脆裂、导电性好、抗热震性强、易于加工制造、易与金属导杆连接等优点。Sadoway 认为合金是惰性阳极的最佳备选材料。然而，由于金属活性较高，在高温氧化条件下不稳定，所以能否在合金阳极表面形成一层厚度均匀、致密且能自修复的保护薄膜，并且在使用过程中控制各项条件使该膜的溶解速度和形成速度保持平衡等问题至关重要，也是制约合金阳极研发的主要障碍。

1999 年，J. N. Hryn 和 M. J. Pelin 等人提出一种成分可能是 Cu 与（质量分数为 5% ～ 15%）Al 的"动态合金阳极"。它是一个杯形 Cu-Al 合金容器，容器内装有含熔融铝的熔盐，这些熔融的铝会透过合金壁迁移到容器表面，被阳极电化学（或阳极气体）氧化后形成致密的 Al_2O_3 钝化膜，从而起到保护基体合金免遭氧化与腐蚀的作用；该 Al_2O_3 钝化膜在电解质作用下会不断溶解，同时可通过熔盐中铝的扩散与氧化来实现 Al_2O_3 钝化膜的再生与补充，当 Al_2O_3 钝化膜的溶解速度和扩散补充速度相等时，Al_2O_3 膜便能以一定厚度稳定存在，在保证阳极导电性的同时，避免了阳极基体的氧化与腐蚀。除上述结构外，也有大量研究直接采用板状或棒状 Cu-Al 合金为惰性阳极，通过采用低温电解质来降低 Al_2O_3：钝化膜的腐蚀。

③ 金属陶瓷（cermet）阳极。金属陶瓷是一种由金属或合金与陶瓷所组成的复合材料。一般来说，金属与陶瓷各有优缺点。金属及合金的延展性好、导电性好，但热稳定性和耐腐蚀性差，在高温下易氧化和蠕变。陶瓷则脆性大、导电性差，但热稳定性好、耐火度高、耐腐蚀性强。金属陶瓷就是将金属和陶瓷结合在一起，以期具有高硬度、高强度、耐腐蚀、耐磨损、耐高温、力学性能和导电性能好等优点。理想中的金属陶瓷可兼备金属氧化物陶瓷的强抗腐蚀性和金属的良好导电性及力学性能，可克服金属氧化物阳极的抗热震性差及其与阳极导杆连接困难等问题，也可比金属或合金阳极具有更好的耐腐蚀与抗氧化性能。当前所研究的金属陶瓷惰性阳极一般将氧化物陶瓷作为连续相，形成抗腐蚀、抗氧化网络，金属相分散其中以起到改善材料力学性能和导电性能的作用；但金属相的选择也要考虑其耐腐蚀性能，一般选择在阳极极化条件下可在其表面生成氧化物保护层的金属或合金，从而使电极具有更好的耐腐蚀性能。但是由于目前所用的金属氧化物陶瓷与金属之间还未能实现理想的取长补短，使得制备出的金属陶瓷材料难以充分同时拥有金属相和陶瓷相的优点，甚至有些还引入了各自的缺点，这正是金属陶瓷惰性阳极材料研究需要解决的重要课题。

在美国能源部（DOE）的资助下，以开发、制备和评估不同阳极材料为目的的美国铝业公司（Alcoa）从 1980 年到 1985 年针对 $NiFe_2O_4$ 金属陶瓷惰性阳极进行了系统研究，并于 1986 年发表了有关金属陶瓷惰性阳极材料的研究报告和学术论文。Alcos 的报道确定，原料成分为 17% Cu ＋ 42.91% NiO ＋ 40.09% Fe_2O_3 的 $NiFe_2O_4$ 基金属陶瓷（即所谓的"5324"金属陶瓷）的性能最佳，其电导率为 90S/cm，电解 30h 之后，电极形状基本无变化，在小型试验中显示出良好的抗蚀性和导电性。自此，$NiFe_2O_4$ 基金属陶瓷成为最主要的铝电解惰性阳极材料，得到了广泛的研究。

为提高金属陶瓷的导电性，Alcoa 在其前期研究的 $NiFe_2O_4$ ＋ NiO ＋ Cu 金属陶瓷中添加 Ag，金属陶瓷中镍及铁的氧化物大约占 $50\%\sim90\%$（质量分数），铜和银或铜银合金含量（质量分数）最好能达到 30%，其中铜银合金包含 90% 铜和 10% 银。研究表明降低温度利于提高电极的抗腐蚀性能，含 $6\%CaF_2$ 和 $0.25\%MgF_2$ 的电解质的最佳电解温度为 920℃。

2001 年 9 月，Alcoa 在意大利的一个冶炼厂进行了小型工业化试验，同时它希望能在美电解温度为 920℃。国建立起一个完全用惰性阳极操作的工业规模电解槽。Alcoa 当时计划将其惰性阳极生产能力提高到每天可生产出 1 个电解槽所需惰性阳极的水平，在 2002 年内建立首条惰性阳极电解槽生产线。根据它当时递交给美国能源部的报告，Alcoa 准备在两三年内开始在其碳素阳极电解槽上更换采用惰性阳极，但是 Alcoa 后来宣布他们推迟了惰性阳极的下阶段研究部署，原因是材料的热脆性问题及与导杆连接问题未能得到很好的解决。

3.4.1.4 铝电解惰性可润湿阴极技术

（1）惰性可润湿性阴极优势

惰性阴极，又称可润湿性阴极。铝离子可以直接在惰性可润湿性阴极材料上放电生成铝，这是惰性阴极的主要优点。其仅仅挂上一层 3～5mm 厚的铝液膜即可形成平整稳定的阴极，通过电解槽结构改变（如导流槽），阳极和阴极之间的距离可以明显缩短（从现有工业槽的 4～5cm 缩短到 2～3cm），因此节能潜力巨大。惰性阴极也是惰性阳极成功应用，并实现铝电解过程节能与环保目标的必要基础。

另外，铝液能够良好地润湿惰性阴极，使槽内氧化铝沉淀物不能停留在阴极表面上，阴极电流分布更加均匀，并降低炉底压降；由于熔融铝与这种阴极表面能够很好地润湿，铝液涌动所致的波峰减弱，可将 20cm 左右的阴极铝液高度适当降低，或减轻槽生产操作中磁流体搅动的各种干扰，相同极距下可望提高电流效率；铝液与性阴极的良好润湿性能可减少电解质和金属钠对阴极的渗透与破坏，起到提高电解槽寿命的作用。

（2）惰性可润湿性阴极的要求与研究概况

惰性阴极是一种新型电极，由于阴极是潜没式的，它的上面覆盖着铝液层，所以它的工作环境稍好于阳极。理想的惰性可润湿性阴极应满足：

① 能很好地与熔融金属铝湿润；

② 难溶于高温氟化物熔盐与熔融金属铝，并能耐其腐蚀和渗透；

③ 良好的导电性；

④ 高温下具有良好的机械强度、抗磨损性以及抗热震性；

⑤ 能够和基体材料良好地结合，从而阻止电解液渗透；

⑥ 容易加工成形，便于大型化生产，原材料来源广泛，生产制造、安装施工应用成本低。

元素周期表中第 $\mathbb{IV}$～$\mathbb{VII}$ 副族过渡金属元素的硼化物、碳化物、硅化物和氮化物通常称为 RHM（refactony hard meas）。20 世纪 50 年代，英国铝业公司（The British Aluminium Company LTD.）研究观察发现，TiB_2 能与熔融金属铝良好地润湿，并且设想 TiB_2 等化合物能成为铝电解槽用惰性可润湿性阴极材料。之后，经过研究，人们发现 RHM 尤其是 Ti 和 Zr 的硼化物和碳化物具有高熔点、高硬度、良好的导电性和导热性，与熔融金属具有良好的润湿性，能抵挡熔融金属铝和冰晶石-氧化铝熔盐的腐蚀与渗透，具有惰性可湿润阴极材料所要求的主要性能，但是这类化合物脆性大、抗热震性差。TiB_2 和 ZrB_2 两者的物理特性相差不多，由于在价格上后者比前者更为昂贵，因此人们主要针对 TiB_2 陶瓷及其复合材料用作惰性可润湿性阴极进行研究。

以 TiB_2 为基本原料的惰性可润湿性阴极材料，在过去几十年中，发展相当迅速。人们通过不同的制备方法制备了多种多样的 TiB_2 惰性可润湿性阴极材料，但归纳起来主要有三种：

① 将纯 TiB_2 制成板、棒、管等形状的陶瓷材料；

② 将 TiB_2 与碳素材料结合制备 TiB_2-C 复合阴极材料；

③ 含有 TiB_2 的阴极涂层材料。

3.4.2　铜绿色冶金新技术

3.4.2.1　铜的冶炼方法

（1）火法炼铜

火法炼铜是将铜矿（或焙砂、烧结块等）和熔剂一起在高温下熔化，直接炼成粗铜或先炼成铜锍（铜、铁、硫为主的熔体）然后再炼成粗铜。其工艺流程为造锍熔炼—锍的吹炼—粗铜火法精炼—阳极铜电解精炼。

传统火法炼铜工艺是将含铜20%～30%的铜精矿在密闭鼓风炉、反射炉、矿热电炉或者白银炉中进行造锍熔炼，然后将熔融铜锍转入转炉进行吹炼产出粗铜，再经反射炉氧化精炼浇铸成阳极板，最后进行电解精炼产出含铜99.95%的电铜。传统火法炼铜工艺具有工艺成熟简短、适应性强、铜回收率高的特点；但存在热效率低、能耗高、环保差、自动化程度低、生产效率低、二氧化硫废气回收率低、污染大的问题。此工艺属于典型高能耗、高污染工艺。

随着环保要求的日趋严格，以闪速熔炼、艾萨熔炼、奥斯麦特熔炼、三菱熔炼及富氧底吹熔池熔炼为代表的现代火法炼铜新工艺具有短流程连续炼铜、高富氧、连续化与自动化、高效节能和清洁环保等优点，因此，越来越受到关注。

（2）湿法炼铜

湿法炼铜是在常温、常压或高压下用溶剂将铜从矿石中浸出，然后从浸出液中除去各种杂质，再将铜从浸出液中沉淀出来。

湿法炼铜工艺根据铜矿石的矿物形态、铜品位、脉石成分不同，主要分为以下三种：

① 适合处理硫化铜精矿的焙烧—浸出—净化—电积法，此法是将硫化铜矿石焙烧变成氧化铜后再进行湿法溶浸提铜。

② 适合处理氧化矿、尾矿、含铜废石、复合矿的硫酸浸出—萃取—电积法。

③ 适合处理高钙、镁氧化铜矿或硫化矿的氧化砂氨浸出—萃取—电积法。

3.4.2.2 铜火法冶炼绿色技术的发展

反射炉、鼓风炉、电炉等传统工艺熔炼存在生产效率低、熔炼强度低、送风氧浓度低、铜品位低、能耗高、成本高、环境污染严重、自动化程度低等问题。为此，各国纷纷开展铜强化熔炼工艺研究。近年来开发的先进炼铜技术如闪速炼铜法、诺兰达法、艾萨法、奥斯麦特法、三菱法以及富氧底吹熔池熔炼等，其主体工艺流程为：铜精矿熔炼—铜吹炼—粗铜火法精炼—阳极铜电解精炼—阴极铜。如今的铜火法熔炼工艺已逐渐采用新技术，向短流程连续炼铜、高富氧、连续化与自动化、高效节能和绿色环保方向发展。其主要特点概括如下：

① 一般铜精矿80%的粒度小于$74\mu m$（200目），通过工业氧可以实现强化熔炼，产能大，一般单套系统最大铜产能超过40万吨/年。

② 先进炼铜熔炼过程采用富氧操作，送风氧浓度高，如Inco闪速熔炼氧浓度可达到90%，ISA炉、三菱法以及诺兰达熔炼的氧浓度分别达到60%、55%和45%。

③ 先进炼铜新技术能够有效利用硫化矿物燃烧所产生的热量，精矿中的S和Fe与氧反应，大量放热，过程中可以实现自热或半自热熔炼，无需过多添加额外燃料。

④ 造锍熔炼获得的铜锍的品位较高，一般超过50%～60%，最高可以高达75%。

⑤ 熔炼强度高，如闪速熔炼单炉铜精矿处理量首先突破100万吨/年以上；ISA炉单炉铜精矿处理量达到130万吨/年；三菱炉铜精矿处理量将超过100万吨/年（温山）。

⑥ 先进铜熔炼新技术在熔炼过程中硫的捕集率高，超过95%，环保效应好。如闪速熔炼和三菱熔炼法硫的利用率都超过99%，吨铜硫排放量不到2kg，是最清洁的铜冶炼工艺。

⑦ 现代先进炼铜技术的自动化控制程度高，如闪速炉实现了计算机在线控制。

⑧ 铜精矿中的金、银、铂、钯等稀有贵金属在铜冶炼中随铜有效富集，回收率可以达到 98%。

（1）我国铜冶金技术发展现状

近 30 年来我国铜冶金技术发展迅速，已集中了世界上几乎所有的现代铜熔炼、铜吹炼、铜电解和再生铜的冶炼技术和装备，荣获"世界铜冶金技术的博物馆"称号。先进的熔炼技术如闪速熔炼、艾萨法、奥斯麦特法及三菱法等在国内得到广泛应用。业内认可的先进熔炼工艺主要有 Outokumpu 型闪速熔炼、浸没喷枪式熔炼（ISA/Ausmelt）以及三菱熔炼技术，可以实现短流程连续炼铜、高富氧、连续化与自动化、高效节能和绿色环保。

我国引进的先进火法炼铜技术主要包括：

① 江西铜业、贵溪冶炼厂及安徽金隆铜业公司的闪速炉熔炼技术；山东阳谷祥光铜业、广西金川有色金属有限公司、防城港项目以及铜陵有色金属集团股份有限公司、金冠铜业分公司的闪速熔炼+闪速吹炼"双闪"技术。

② 采用氧气顶吹熔炼技术的有 4 家，还有 5 家正在建设，氧气顶吹炉最大处理能力达每年 30 万吨精矿；安徽铜陵集团金昌冶炼厂、湖北大冶的奥斯麦特熔炼及山西中条山公司侯马冶炼厂的奥斯麦特熔炼+奥斯麦特吹炼"双奥"技术。

③ 金川有色金属有限公司的顶吹旋转转炉法（卡尔多炉）。

我国自主研发的技术主要包括：山东方圆集团的富氧底吹熔炼技术、水口山炼铜法、白银炼铜法以及金川"合成炉"等。

近年来，江西铜业集团每年的产量均在 100 万吨以上；铜陵有色金属集团控股有限公司铜产量（含金隆铜业有限公司）也在 100 万吨以上（产能 120 万吨）；山东阳谷祥光铜业有限公司产量 40 万吨；云南铜业股份有限公司产量 45 万吨；金川集团股份有限公司（含防城港项目）产能 60 万吨，实际 40 万吨左右，金川项目正逐步达产；大冶有色金属集团产量 40 万吨以上，白银有色铜产量 13 万吨左右，这些大型规模企业铜产量已占全国 90% 以上。铜绿色冶金新技术。

（2）火法炼铜发展趋势

根据我国《有色金属工业中长期科技发展规划（2006—2020 年）》和有色金属工业相关发展规划相关内容与精神，我国铜精矿火法冶金发展的前沿技术主要包括以下四点：

① 短流程连续炼铜清洁冶金技术。缩短铜冶炼工艺流程是解决冶炼低空污染和节能的重要途径。由于铜冶炼工艺流程长、不连续，熔炼和吹炼两个阶段需在两个独立的炉子中进行，造成铜冶炼工艺流程长、能耗高、投资大等一系列问题。流程工业重大节能减排效果的取得，必须在流程上有重大创新。

国外在铜连续冶炼方面获得成功的有三菱法连续炼铜工艺和"双闪"工艺。但上述两种连续炼铜工艺虽解决了吹炼作业的环保问题，但也存在如投资较高或运行成本高或不能处理粗铜冷料等问题。同时，引进这两种国外的技术工艺不仅费用高，而且技术上受制于人。目前，国内除了山西侯马冶炼厂采用 Ausmelt 吹炼，山东阳谷祥光铜业和金川有色金属有限公司广西防城港项目采用"双闪"工艺之外，其他炼铜厂几乎都是采用 PS 转炉吹炼或者已被国家列为淘汰工艺的鼓风炉+连吹炉工艺。因 PS 转炉间断操作，存在烟气量波动大、炉口漏风率高、一氧化硫烟气泄漏等问题，采用连续炼铜技术，缩短冶炼工艺流程或取消 PS

转炉吹炼，是未来解决冶炼低空污染的重要途径。

为解决该技术难题，国内目前已经实施及在建的有两种新型工艺技术路线：一是氧气底吹连续炼铜技术；二是闪速炉短流程一步炼铜技术。

a. 氧气底吹连续炼铜工艺技术。氧气底吹铜熔炼技术在国内已经成熟，借鉴氧气底吹熔炼和其他连续吹炼的成功经验，开发的底吹连续炼铜技术已经具备工业化试验基础。氧气底吹连续炼铜技术开发的核心是铜锍连续吹炼。工业化试验开发的内容主要包括：连续炼铜工艺技术，包括工艺条件、工艺参数和过程控制等；包括喷枪、炉体在内的连续吹炼炉规格和结构的选择开发；熔炼炉与连吹炉相配套的成套装置的研究开发。

b. 闪速炉短流程一步炼铜工艺技术。中国恩菲工程技术有限公司设计并采用技术集成及优化方法，将白银炉、闪速炉及粗铜连吹炉进行工程性结合，将"闪速炉短流程一步炼铜"新技术在甘肃白银有色集团股份有限公司进行产业化示范，达到取消节能排放瓶颈——PS转炉吹炼工序，实现在一个冶金炉装置中完成铜精矿到粗铜产出的整个冶炼过程，创造出一种具有我国自主知识产权的"连续炼铜"短流程新工艺，可实现重大的节能效果，提升我国铜铅冶炼工业整体技术装备水平和竞争力。技术指标：铜锍品位 70%，粗铜品位 98%，每吨粗铜综合能耗 260kg 标准煤，硫控制率 99.7%，初期产业化规模为粗铜 10 万～20 万吨/年。

② 实现无碳底吹连续炼铜清洁生产。国内第一家底吹炼铜厂建于山东东营，以铜锍捕集黄金为主，是山东东营方圆铜业集团和中国恩菲联合开发的。第一期工程 2008 年底投产，实际产能规模已提高到每小时 85t 炉料，实现全自热熔炼，每吨粗铜能耗小于 200kg 标准煤，处理含铜 20% 左右的精矿时回收率为：铜 97.98%、金 98%、银 97%、硫 96%。

东营方圆集团第二期工程目标是年产 20 万吨粗铜、100 万吨多金属铜精矿的冶炼，于2012 年建设投产。方圆利用两台底吹吹炼炉同时工作，交替作业，吹炼炉将铜锍吹成粗铜后继续在吹炼炉中完成应在阳极炉中进行的氧化、还原精炼工序，直接生产阳极铜，取消了阳极炉，将传统的四步炼铜法简化为"熔炼—吹炼加精炼—电解精炼"三步炼铜（方圆不算电解将其称为两步炼铜），经过生产实践，已实现产业化运行，并积累了操作经验，可供新建工厂选择。

无论双底吹还是三底吹（四步或三步）连续炼铜，不用吊装铜锍在车间内倒运，采用液流的办法，彻底消除二氧化硫污染和低空烟害的逸散，均克服了转炉吹炼造成的 SO_2 低空污染，较传统炼铜工艺在环保领域前进了一大步。但底吹吹炼有其固有缺点，并非最经济的吹炼方案。因为底吹喷枪的送风压力需要大于 6000kPa，如果直接吹炼热铜锍，送风氧浓度一般较低，送风量大，动力消耗高于其他吹炼工艺，即吹炼成本较高。只有在搭配处理大量高品位冷铜料的条件下，送风氧浓提高，才能体现底吹吹炼的优越性。

拥有国内自主知识产权的"氧气底吹无碳熔炼多金属捕集新工艺"与"氧气底吹无碳连续炼铜的清洁生产新工艺"，以及国产化的核心设备"氧气底吹熔池熔炼炉"，经过全国百余家企业和资深的炼铜专家组鉴定，已向世界宣告，无碳铜熔炼氧气底吹新工艺在山东东营方圆铜业集团试验成功并推广应用，具有运行可靠、投资省、生产成本低等优点，主要技术经济指标处于世界领先水平。方圆集团铜冶炼工艺率先成为无碳连续炼铜的清洁生产榜样，提前跨入世界先进列，引领中国铜冶金行业走出一条低碳经济发展的新路子。

③ 难治炼复杂铜资源复合型冶炼新工艺与成套装置。我国自 20 世纪末开始陆续引进了芬兰奥托昆普闪速熔炼技术、澳大利亚奥斯麦特/艾萨炼铜技术、加拿大诺兰达炼铜法等先

进技术。闪速熔炼和奥斯麦特熔炼在原料适应性方面各有长处和短处，针对全球铜资源不断向难冶炼与复杂性方向发展，依托国内科研实力，通过消化吸收与自主创新，开发具有自主知识产权的复合型铜冶炼新工艺与成套装置，实现难冶炼复杂矿的高效、节能、环保冶金具有重大意义。

我国主要开展了低品位难冶炼铜原料闪速熔炼工艺技术与装置，复杂铜原料奥斯麦特熔炼工艺技术与装置，复杂铜资源伴生元素的污染控制与资源化，复杂铜资源粗铜质量控制和"闪速熔炼—闪速吹炼"技术创新研究。在原料铜品位 15％、35％条件下，每吨粗铜综合能耗 300kg 标准煤，硫捕集率 99.7％。

④ 有色金属矿物中有害元素的无害化处理及资源化利用。铜精矿常伴生有毒有害元素，比如 As、Pb、F、Hg、Cd 等，有些还伴生辐射性元素。这些元素对生产过程影响大，污染控制要求高，如果不能很好地开路、循环和富集，不但影响产品质量，还对人身安全造成威胁。长期以来，许多企业对伴生复杂元素的铜精矿望而生畏，而我国铜精矿资源短缺又限制了企业对铜精矿来源的选择性，无论自产矿还是进口矿都存在有害元素增高的情况。

我国开展对铜精矿中有害元素的无害化处理和资源化利用的基础工艺研究，对控制有色金属环境污染、拓宽原料适应范围、缓解资源短缺矛盾和实现废弃资源的循环利用有重大意义。除了有害元素污染的高效控制技术，更重要的是研究有害元素在生产过程中的行为特征和有效收集方法，包括分布在废水、废气、废渣中的有害元素的处理及收集，同时寻求有害元素的新用途和加工方法，取得最大的经济效益和环境效益。

3.4.2.3　闪速炉短流程炼铜技术

闪速熔炼充分利用细磨物料巨大的活性表面，强化冶炼反应过程，具有工艺成熟、配套设施完善、反应速率高、能耗低、环境保护好等优势。近几十年来，奥托昆普闪速熔炼在国内得到了快速的应用和发展，技术经济指标不断进步。

（1）高富氧浓度的工艺风富氧熔炼

奥托昆普闪速熔炼过程中，通过控制氧料比，可任意改变产出铜锍的品位，这是其他很多传统熔炼技术所不能及的，但同时渣含铜较高。

20 世纪 80 年代，国外的闪速炉炼铜技术中富氧浓度一般都是 21％～30％。随着富氧技术在冶金中广泛推广和应用，目前闪速炉炼铜都是采用富氧强化熔炼工艺达到高铜锍品位、高投料量、高热强度，进而提高闪速炉的生产能力。在铜精矿的富氧强化熔炼过程中，在确定的配料情况下，工艺风的富氧浓度一般控制在 40％～70％，以达到所希望的目标铜锍品位。铜锍品位则是通过调节工艺风中的 O_2 量、精矿投入量的比值来实现的。其比值大，则铜精矿中的 Fe 和 S 在闪速炉内得到充分氧化，从而产生高品位铜锍；如果比值小，则情况相反。由此看来富氧浓度的波动会直接影响到铜锍品位的稳定。因此，富氧浓度的控制在铜精矿的富氧强化熔炼过程中是相当重要的。如山东祥光铜业一期设计氧浓度为 64％，随着投料量的加大，氧浓度已提高到 90％以上。单台闪速熔炼炉投料量已达 260t/h 以上，日处理量在 6000t 以上。

（2）喷嘴结构的技术进步

闪速炉炼铜在反应塔顶部设置了下喷型精矿（铜锍）嘴。干燥的铜精矿和熔剂与富氧空气或热风高速喷入反应塔内，在塔内呈悬浮状态。物料在向下运动过程中，与气流中的氧发生氧化反应，放出大量的热，使反应塔中的温度维持在 1673K 以上。在高温下物料迅速反应（2～3s），产生的熔体沉降到沉淀池内，完成造铜锍和造渣反应，并进行澄清分离。喷嘴是闪速炉核心的设备，但该设备专利长期被国外垄断，虽然近年来国内不少企业对喷嘴做了不少改进并取得了一定的效果，但始终没有摆脱奥图泰技术专利的范围，我国企业需花费大量外汇购买技术许可证和关键设备喷嘴。

① 中央扩散型精矿喷嘴的使用。近年来很多厂家都对闪速熔炼喷嘴结构进行了改进，用单个喷嘴取代原有 4 个喷嘴。现在的喷嘴结构普遍采用中央扩散型精矿喷嘴取代原有的文氏管型喷嘴，中央扩散型精矿喷嘴由芬兰奥托昆普公司研制，不是文氏管型而是倒锥型，由壳体、料管、风管、混合室等组成。

炉料从中央料管流入混合室，富氧空气则从空气管喷入混合室内，与精矿在此处进行充分的混合。混合室呈圆筒形，其底部在喷嘴最下端与闪速炉顶相接。在精矿喷嘴中心安装一根小管，其端部设有锥形喷头，喷头周围分布有许多直径 3.5mm 的小孔。压缩空气由中间小管通入，而后从小孔沿水平方向喷出，将精矿粉迅速吹散到整个反应塔内。国内如贵溪冶炼厂、金隆铜业等的奥托昆普闪速炼铜炉均采用的是中央扩散型精矿喷嘴。

贵溪冶炼厂改造的中央喷嘴，设计精矿处理能力 160t/h，常温，送风氧浓度 44％～47.5％。采用富氧空气及 723～1273K 热风作为氧化气体，喷嘴结构连续改进，用单个喷嘴取代原有的 4 个喷嘴，炉体结构进行了连续改进和冷却强化，生产能力逐步提高。

② 悬浮喷嘴的开发。近年来，祥光铜业通过自主创新开发出悬浮喷嘴，适用于闪速熔炼、闪速吹炼，并取得了巨大的成功。

a. 采用粒子碰撞反应机理，确保反应充分完全。空间冶炼过程中，由于原料性质和工艺条件不同，反应速度不一样，会出现粒子过氧化和欠氧化现象。闪速熔炼反应机理主要是反应塔上部氧气和原料粒子的反应，若初始反应不好，产生的过氧化粒子和欠氧化粒子下落过程中没有再反应机会，所以整体反应不完全。悬浮熔炼反应机理分为两部分：第一部分同闪速熔炼一样，主要是反应塔上部氧气和粒子反应；第二部分主要是反应塔下部过氧化粒子和欠氧化粒子间的碰撞再反应。悬浮熔炼的粒子碰撞反应机理确保了整个空间冶炼过程反应充分完全，为实现超强化冶炼奠定了理论基础。

b. 采用龙卷风形式分散物料，强化气粒混合和粒子碰撞。龙卷风是自然界中具有极强扩散卷吸能力的高速旋流体，在自然界形成后破坏力巨大，但用在物料分散上则有利于风料的完全混合。

悬浮熔炼正是借鉴龙卷风的形式来分散物料，粒子呈旋流状态分布在反应塔中央。优点：一是气粒混合好；二是粒子碰撞反应机会多；三是高温粒子集中在反应塔中央，对塔壁冲刷少，热损失少，可以自热冶炼。

c. 采用中央脉动氧气，强化粒子脉动碰撞反应，中间氧通过脉冲阀连续脉冲式通入，在旋流脉动力学效应下，精矿粒子在下降的喷射流中产生自旋转、脉动、碰撞、聚合等现象，这种效应强化了闪速炉内的气-固及固-固间的多相反应，有利于熔炼过程的进行和完成。

d. 采用风内料外供料方式，强化传质传热。与中央扩散型精矿喷嘴风包料（中间是精矿，外围是工艺空气）的进料方式不同，悬浮熔炼采用料包风的进料方式，在炉内依靠中间的旋流反应空气卷吸和扩张的特性，使物料粒子在较小的空间内处于悬浮状态，同时以脉动气流影响粒子的运动。这种供料方式的优点是原料粒子和工艺风接触的面积大，着火反应快。

3.4.2.4　铜锍吹炼绿色技术

各种铜精矿熔炼方法，绝大多数都是产出铜锍。吹炼的目的是将铜锍转变为粗铜。当代传统成熟的吹炼技术主要是 PS 水平转炉吹炼。先进吹炼技术包括闪速炉吹炼、三菱法吹炼炉、奥斯麦特炉吹炼和富氧底吹炉吹炼等，已经实现工业化，很有发展前景的高效吹炼技术如艾萨炉吹炼法正处于工业试验阶段，从发展趋势看，先进高效吹炼技术正在逐步取代传统吹炼技术。

（1）PS 转炉吹炼工艺的问题

① 炉子之间倒运熔体，周期性开停风，周期性进料、放渣作业等均导致 SO 逸散环境控制困难；

② 送风氧气浓度无法提高（一般仅 26%），烟气量大，SO 浓度低，制酸设备的投资和操作成本高；

③ 烟气量、SO 浓度、温度大范围波动，制酸操作不稳定，制酸能耗较高；

④ 设备的生产能力低，只能靠增加转炉的数量提高产量，受场地和制酸能力的制约；

⑤ 厂房的强度要求高，增加了投资。

现代熔炼技术对吹炼的发展要求有：提高吹炼富氧浓度，能处理高品位铜锍，产出的烟气连续、稳定，SO_2 浓度高，逸散烟气少。为此，需开发铜锍连续吹炼工艺，取代 PS 转炉。

（2）连续吹炼工艺

连续吹炼是利用铜精矿熔炼，产出高品位铜锍，经水淬或者用溜槽（或包子、行车）送进连续吹炼炉进行吹炼。目前已经成熟工业化的连续吹炼技术包括如三菱连续吹炼、Kennecott-Outokumpu 连续吹炼、Noranda 连续吹炼、Ausmelt 连续吹炼、氧气底吹炉连续炼技术等。

① 三菱连续炼铜工艺。该工艺是第一个工业化的铜锍连续吹炼工艺，并首次采用铁酸钙渣型进行铜锍吹炼。熔炼过程是在连续的三个炉子内完成，造锍熔炼产出的锍经过溜槽进入圆形吹炼炉中，圆形炉中用顶吹直立式喷枪进行吹炼。

在喷吹方式上，三菱法将空气、氧气和熔剂喷到熔池表面上，通过熔体面上的薄层，与锍进行氧化与造渣反应；喷枪内层喷石灰石粉，外环层喷氧含量为 26%～32% 的富氧气。使用铁酸钙炉渣，Fe_2O_3 不容易析出；产生的 SO_2 烟气浓度为 15%～16%。其喷枪头随着吹炼的进行不断地消耗，喷枪头要定期更换。

② 闪速吹炼。闪速吹炼采取侧吹或顶吹，将富氧空气鼓入熔融铜锍熔池中进行吹炼，产出金属，不同于液态熔池熔炼。第一个闪速熔炼-闪速吹炼炼铜厂 1995 年在美国 Utah 冶炼厂顺利投产，将固态铜粉喷入闪速炉反应塔，进行闪速吹炼，改变了传统铜锍的液态吹炼方式，全厂硫的捕收率达 99.9%，SO_2 的逸散率吨铜小于 2.0kg；只要铜锍品位适中，吹炼过程可以实现自热；耗水量减少 3/4。该厂当时被认为是世界上最清洁的冶炼厂。

闪速吹炼的优势可概括如下：

a. 没有熔体输送，没有周期性开停风、进料、出渣作业，杜绝 SO_2 的逸散；

b. 送风氧浓度高（>50%），烟气 SO_2 浓度为 30%～40%，烟气量小，制酸作业稳定，制酸成本低；

c. 单炉产量高，可达年产铜 30 万吨以上，甚至达到年产铜 100 万吨；

d. 环境污染小，SO_2、粉尘、NO_2 等的排放量远低于目前世界上最严厉的环境标准；

e. 能适应未来铜原料市场的变化和冶炼技术发展，进行高品位精矿甚至一般品位精矿的闪速炉一步直接炼铜。

除了 Utah 冶炼厂外，目前还有秘鲁的 Ilo 冶炼厂采用闪速吹炼，国内山东阳谷祥光铜业、广西金川有色金属有限公司铜冶炼以及铜陵金冠铜业分公司都采用了闪速熔炼＋闪速吹炼的"双闪"炼铜技术。

山东阳谷祥光铜业有限公司是继美国肯尼柯特公司之后世界上第二座采用"双闪"工艺的铜冶炼厂，设计规模为年产 40 万吨阴极铜。该项目优化集成了国际一流的铜冶炼技术和装备，是目前世界最环保、高效、节能的现代化铜冶炼企业之一。

铜精矿与石英砂、渣精矿、吹炼渣按一定比例配比后经蒸汽干燥送入闪速熔炼炉熔炼成含铜 70% 的铜锍，熔炼渣送选矿车间处理，生产渣精矿返回闪速熔炼炉循环。铜水淬后经磨碎干燥成含水 0.3% 的细铜锍，然后同生石灰、石英砂一起送入闪速吹炼炉冶炼成含铜 98.5% 的高硫粗铜。"双闪"铜冶炼工艺技术是先进成熟的工艺，是当今世界高效环保的炼铜技术，是未来铜冶炼工艺的发展方向。

③ 奥斯麦特炉连续吹炼。侯马冶炼厂提出在不进行大的技术改造的前提下，充分发挥奥斯麦特炉现有设备潜能，进行富氧吹炼，实现以下目标：

a. 提高粗铜产能。侯马冶炼厂奥斯麦特双炉操作系统是在一个试验炉的基础上放大产能到 35kV·A。提高产能是企业竞争生存的需要，也是奥斯麦特技术发展的方向。在现有的操作条件下提高产能，需要增加鼓风量，鼓风量的提高加大了烟气处理系统的压力，增加了炉渣泡沫化的隐患，不利于安全环保生产。

b. 提高烟气 SO_2 浓度。空气吹炼时的 SO_2 浓度为 4%～5%，低于设计值 7%～12%，采用富氧吹炼，可提高烟气 SO_2 浓度，有利于烟气制酸。

c. 降低燃料率。吹炼过程中向吹炼炉中加入的物料主要有热铜锍、冷铜锍、石英石、粒度煤，这些物料在吹炼炉中的反应需要消耗大量的氧气。采用富氧吹炼，可提高烟气 SO_2 浓度，有利于烟气制酸。

在吹炼过程中，投入炉中的物料越多，耗用的氧气越多，考虑到漏风、氧利用率等因素，实际反应需氧量要高于理论计算需氧量。炉内氧量的增加会加快吹炼反应的速度，提高鼓风的氧浓度是在保证总鼓风量不变的条件下提高吹炼速率的最好手段。

吹炼炉中 80% 的炉料为水铜锍，铜锍从熔炼系统淬水后直接入炉，含水率达 12% 以上并且吹炼炉不进料时为了控制炉渣的过氧化状态，需要加入适量粒度煤。因此，燃料率高，总燃料率达到 8%。在供风速度相等的情况下，富氧空气中氧含量高，化学反应热增加；同时富氧吹炼消耗的气体体积比空气吹炼少，产生的烟气量少，烟气带走的热损失降低。比较而言，富氧吹炼比空气吹炼燃料率要低，达到了节能的目的。

浸没顶吹冶炼技术的特点是冶炼强度大，对环境污染小，但它的不足之处是容易产生泡沫渣，特别是在吹炼过程中，炉渣泡沫化的原因还有待研究，但普遍认为与炉渣的过氧化程度和鼓风量有关。鼓入渣层的风如果不能及时克服炉渣表面张力脱离渣层，就会使炉渣泡沫化，风量越大，泡沫化就越严重，富氧吹炼会增加炉渣的过氧化程度，但相同氧量的气体氧气浓度高时会使鼓风量降低。炉渣的过氧化程度可以通过调整炉内的氧化还原气氛进行控制，与空气吹炼控制手段一样。通过对吹炼工艺的理论研究，认为向吹炼炉提供一定的氧气以提高吹炼强度，增加粗铜产能，提高 SO_2 浓度是可行的。尽管存在一定的风险，只要在控制上采取一定的措施，工艺上严格控制作业参数，对原有吹炼工艺的数学模型和程序进行相应的改进，采用富氧吹炼是完全可行的。

3.4.2.5　再生铜绿色冶炼技术

世界再生铜产量已占原生铜产量的 40％～55％，其中美国再生铜产量约占其铜产量的 60％，德国再生铜产量约占其铜产量的 80％。再生铜产量中约 67％的高品位铜废料不需要熔炼处理，可直接用于铜产品，而其余的 33％废杂铜则需要熔炼进一步处理。

再生铜生产根据原料品位不同，有一段法、二段法和三段法处理流程。

① 一段法。铜品位大于 98％的紫杂铜、黄杂铜、电解残极等直接加入精炼炉内精炼成阳极，再电解生产阴极铜。

② 二段法。废杂铜在熔炼炉内先熔化，吹炼成粗铜，再经过精炼炉电解精炼产出阴极铜。

③ 三段法。废杂铜及含铜废料经鼓风炉（或 ISA 炉、TBRC 炉、卡尔多炉等）熔炼和转炉吹炼—阳极精炼—电解，产出阴极铜。原料品位可以低至铜含量为 1％。

全世界具有代表性的四家再生铜企业有比利时霍博肯冶炼厂、北德精炼凯撒冶炼厂、奥地利 Montanwerke Brixlegg 冶炼厂和比利时 Metallo-Chimique 公司冶炼厂。

（1）比利时霍博肯冶炼厂再生铜生产

比利时霍博肯冶炼厂原是矿铜、铅冶炼厂，由于环保和效益问题，放弃矿铜、铅冶炼，1997 年转而从事铜、铅、贵金属等再生物料预处理，是目前世界最大的贵金属再生冶炼公司。它与 Mount lsa 公司合作，用 1 台 ISA 炉熔炼、吹炼含铜二次混合物料。年处理二次物料 30 万吨，回收 17 种元素，年产铜 3 万吨、产金 100 吨及其他稀贵金属。其铜产量不高，但产值和利润很高。

（2）北德精炼的再生铜冶炼技术

北德精炼凯撒冶炼厂用 1 台 ISA 炉取代 3 台鼓风炉和 1 台 PS 转炉，处理铜含量为 1％～80％的残渣和杂铜，开发了所谓的"凯撒回收再生系统"（KRS）再生铜工艺。一台 ISA 炉间断地进行熔炼和吹炼，含铜残渣和杂铜先在 ISA 炉中进行还原熔炼，产出黑铜和硅酸盐炉渣，黑铜继续吹炼，产出含铜 95％的粗铜。富集 Sn-Pb 的吹炼渣单独处理。

KRS 中 ISA 熔炼的优势：熔炼渣含铜率低，铜的总回收率高；运行的炉子台数少；烟气量大大降低；生产能力超过原设计 40％；能耗降低 50％以上；CO_2 排放减少 64％以上；总的排放减少 90％。

（3）奥地利 Montanwerke Brixlegg 冶炼厂

该厂铜二次物料含铜品位波动范围较大，铜品位低时低至 15％，高时高至 99％以上。不同品位的残渣和紫杂铜用不同的工艺流程生产。含铜率 15％～70％的残渣原料先进鼓风炉，用焦炭还原生产出黑铜，再进转炉生产出粗铜。

含铜 75％以上的黑铜和铜合金直接进转炉，生产出含铜 96％以上的粗铜进阳极炉精炼；含铜品位较高的杂铜、粗铜则直接进阳极炉精炼；而含铜品位更高的光亮铜则无需冶炼处理，直接加入感应电炉生产铜材。该厂 80%～85% 的铜产量来自品位较高的杂铜，10%～15% 的铜来自工业残渣，年冶炼处理各种原料 15 万吨，年生产 LMEA 级阴极铜 10.8 万吨。

（4）比利时 Metallo-Chimique 公司冶炼厂

该厂始建于 1919 年，专门处理含铜、铅、锡等的二次复杂物料，生产金属铜、锡、铅产品及氧化锌、金属镍等副产品，是欧洲精锡的主要生产商。主要原料为含铜 25%～30% 的工业残渣、各种铜合金（黄铜、青铜等）、废旧电机（含铜 20%～30%，其余为铁）、海绵铜、电缆、各种品位的杂铜等，尤以处理含铜、铅、锡的低品位工业残渣、铜合金、难处理的杂铜为主。该厂采用特有的技术，专门处理其他工厂难以处理或不愿处理的复杂二次物料，获得额外收益。

3.4.2.6 铜湿法冶炼绿色技术的发展

随着世界各地铜矿山中的富矿、易开采矿逐渐减少，以及人们的环保意识逐渐增强，炼铜发展相对较慢，生产规模也相对较小，致使火法炼铜面临越来越大的困难，而铜的湿法冶炼工艺成为发展趋势。湿法炼铜是利用溶剂如酸、碱、盐等水溶液将铜矿、精矿或烙砂中的铜溶解出来，再进一步分离、富集、提取铜及有价金属。近年来湿法炼铜主要发展方向可概括如下：

① 浸出技术的发展：制粒堆浸、细菌浸出、加压浸出等技术的发展。

② 萃取技术的发展：萃取剂的研究、萃取设备的开发以及萃取工艺的开发。

③ 矿浆电解法的研究：矿浆电解是一种全新的冶金方法，它是在用隔膜把阳极室与阴极室隔开的电解槽中，使矿物浸出与金属沉淀同时进行的方法。

然而，随着对节能环保的重视，湿法冶金技术在迅速发展的同时，也暴露出一定的局限性和需要改进的一系列问题，如开放式生产环节的环境危害和对人员健康的威胁、低浓度金属溶液的有效提取、多种伴生金属的分离纯化工艺的简化、节能降耗技术与设备的研发等。这些存在的问题都迫切需要开发环保型湿法冶金新技术。

（1）黄铜矿的氯介质浸出技术

随着耐氯化物腐蚀的新材料的诞生，氯化物体系湿法冶金的研究有了长足的发展，氯化物溶液浸取黄铜矿不出现硫酸盐溶液的那种钝化现象，即使在硫的熔点之下，浸取粒径比较大的矿粉，也能达到很高的浸取率。氯化浸出黄铜矿有许多工艺路线，最有工业应用价值的为 Intec 和 Hydro Copper 工艺。

Intec 工艺使用含有氯化铜和卤素络合物的氯化钠溶液作为溶浸介质，浸出在常压和 80～85℃ 的条件下，在逆流浸出系统中进行。铜在电积槽中以枝状物的形式电积在阴极板上，可直接用于粉末冶金或被压制成材，质量可以达到伦敦金属交易所 A 级铜标准。由于电积是从铜的一价状态开始的，因此电力需求只是常规电积的一半。该工艺的独特之处是金也随之浸出，吸附于活性炭上。浸出介质在电积槽的阳极区再生。Intec 工艺的工业试验显示，全流程吨铜电耗 1650kW·h，如不包括溶液循环，才 1435kW·h。浸取时空气为氧化剂，不需要富氧，硫仅氧化为单质硫，耗氧低，电积一价铜离子，其能耗比其他湿法冶金流程都低。

Outokumpu 公司经多年研究，开发了 Hydro Copper 黄铜矿精矿湿法冶金新流程。该工艺采用 Cu^{2+} 离子作为氧化剂，在氯介质中经常压三段逆流浸出，浸出温度为 80～100℃，整个浸出时间为 10~20h，铜的浸出率为 98%，硫绝大部分氧化成单质硫，仅少量氧化成硫酸根。通过控制反应器进气量使 pH 值为 1.5~2.5，浸取液含一价铜 60~80g/L，二价铜 10g/L，浸出不需添加酸和碱。浸出工艺受控于 pH 值和氧化还原电位，第一段浸出中二价铜离子尽可能多地被新加入的铜精矿还原，所以空气的流量很低或基本不需要，第二段具有最大空气氧化和浸出率，但空气氧化速率过高，会引起 pH 值的增加，从而使铜以碱式氯化铜沉淀，第三段应维持较高的氧化电位以浸出金。

当黄铜矿浸出完成后，电位增加，金开始以氯络合离子的形式被浸出，来自第三段的载金液通过活性炭吸附柱回收或沉淀回收。第一段浸出液的一半经净化沉淀出纯净的氧化亚铜，在 400~550℃氢气中还原成金属铜，进一步熔铸成 8~16mm 线材；另一半浸出液送入电氯氧化槽，将溶液中的一价铜离子氧化为高价之后返回精矿浸出作业。Hydro Copper 工艺的基础仍是氯化物浸出法，不会造成环境污染，生产的是中间产品铜粉，可直接加工高附加值产品，流程能耗低，金银的回收率高，不产生硫酸，非常适合于建立年产 3 万~15 万吨的冶炼工厂。

（2）矿浆电解技术

针对铜湿法冶金存在的优势以及矿产资源品位逐年下降、复杂成分多的矿产逐年增加，湿法冶金将会成为主要的冶金工艺，也会成为世界上大多数国家的主要研究方向。与一些湿法冶金发达国家相比，我国铜湿法冶金还处于成长阶段，还需更多的科研投入，实现更绿色环保和更完善的新型湿法冶金技术的研发。

矿浆电解是近四十年来发展的一种湿法冶金新技术，它将湿法冶金通常包含的浸出、溶液净化、电积三道工序合而为一，利用电积过程的阳极氧化反应来浸出矿石，使通常电积过程阳极反应的大量耗能转变为金属的有效浸出，这一变革不仅大大简化了生产流程而且充分利用能源，对环境友好。

澳大利亚 Dextec 公司认为：矿物氧化主要是通过矿物颗粒和阳极之间的碰撞接触来完成的，阳极电极面积越大，越有利于矿物的浸出。为增大电极面积而设计的圆形矿浆电解槽内排布了密集的电极，大型化实施极为困难。北京矿冶研究总院以邱定院士为首的团队，也开始了矿浆电解的研究，取得了多项具有自主知识产权的专利技术。从浸出机理方面认为：在矿浆电解过程中，阳极反应约 90% 是 Fe^{2+} 的氧化反应，硫化物的氧化主要由 Fe^{3+} 完成，Fe^{3+} 被硫化物还原为 Fe^{2+}，Fe^{2+} 又在阳极上氧化为 Fe，如此反复循环；而硫化物颗粒和阳极之间的碰撞接触氧化并不是影响硫化物浸出的主要原因。

研究表明，矿浆电解技术比较适合多金属复杂矿及伴生矿的处理，如复杂锑铅矿、高铅金精矿、大洋多金属结核矿、钴锰物料、铅冰铜等。

① 复杂锑铅矿矿浆电解。在 HCl-NHCl 体系中采用矿浆电解处理复杂锑铅矿，可以实现锑、铅的一步分离和锑的一步提取，在阴极直接产出锑含量 98% 的金属锑板，锑浸出率大于 98%。锑铅矿中的铅则主要以 $PbCl_2$ 和 $PbSO_4$ 的形态在渣中富集；通过对银的控制浸出，可以使 80% 以上的银和铅富集在一起，并进一步回收。

② 高铅金精矿矿浆电解。在 HCl-CaCl 体系中采用矿浆电解处理高铅金精矿，铅浸出率大于 95%，80%~96% 的银被同时浸出并在海绵铅中析出，金不浸出。矿浆电解渣再直接氰化，金浸出率约 98%，和金精矿原矿直接氰化相比，金浸出率提高约 3%，会引起 pH 值增加，从而使铜以碱式氯化铜沉淀。

③ 大洋多金属结核矿矿浆电解。矿浆电解由于结合了电解过程阴极的还原性和阳极的氧化性，因而可以利用廉价的直流电使多金属结核在阴极还原浸出的同时，使浸出的锰在阳极再重新氧化生成 MnO_2 产品。

从宏观上看，在矿浆电解过程中，结核中锰的价态并没有发生改变，只是在电场的作用下发生了 MnO_2 的迁移。在硫酸体系中通入 80％锰的理论浸出电量，锰、钴、镍、铜的浸出率均达到 97％以上。阳极析出的二氧化锰含锰大于 59％。

④ 钴锰物料矿浆电解。采用常规湿法工艺处理含 Co 10％～20％、Mn 20％～30％的钴锰物料，钴/锰浸出、分离及提纯所消耗的化学试剂多，钴直收率和回收率低。采用矿浆电解，在温度 80℃、1.25 倍 Co＋Mn 的理论电量下，钴、锰浸出率可以达到 99％。由于大部分锰在阳极重新以 MnO_2 析出，能够实现锰的初步脱除，因此产出的钴、锰浸出液的钴锰比由常规浸出的 1：3 升高至 4：3，大幅降低了后续钴溶液的除锰负荷，节省了试剂消耗。

⑤ 铅锍矿浆电解。铅锍是铅冶炼过程的中间产物，一般含 40％铅、30％铜、20％硫、约 10000g/t 的银和少量铁、砷，目前主要采用反射炉吹炼分离铜、铅，此工艺污染很大。氧压浸出则因硫酸铅的包裹，铜浸出率一般不会超过 80％。

在硫酸体系中采用矿浆电解处理，通入 1.1 倍铜＋铅的理论浸出电量，可以使约 95％的铜和约 10％的银被浸出，在阴极产出含铜约 80％的铜粉，大部分铅和银则以硫酸铅渣的形态产出并富集在一起（含铅 60％、银 15000g/t），实现铜和铅、银的分离。

思考题

1. 简述金属冶炼的概念与方法分类。冶金工艺流程和主要冶金单元过程有哪些？简述近年来钢铁冶炼技术和有色金属冶炼技术方面的创新。

2. 简述低碳炼铁技术的发展现状。炼铁过程节能减排先进技术与低成本低排放高炉炼铁生产技术生产过程中的关键技术有哪些？

3. 简述低碳炼钢技术的发展现状。转炉炼钢流程绿色节能技术在传统转炉炼钢技术上有什么发展和优势？新型绿色电弧炉炼钢技术与传统技术在节能方面相比能有多大优势？

4. 简述有色金属绿色冶金技术的发展现状。铝冶金和铜冶金都有哪些新发展的绿色冶金技术？

参考文献

[1] 孙丽达，范兴祥. 冶金概论 [M]. 北京：冶金工业出版社，2022.

[2] 俞娟，王斌. 有色金属冶金新工艺与新技术 [M]. 北京：冶金工业出版社，2019.

[3] 张训鹏. 冶金工程概论 [M]. 长沙：中南大学出版社，1998.

[4] 朱荣，王新华. 钢铁冶金——炼钢学 [M]. 北京：高等教育出版社，2023.

[5] 张建良，焦克新. 炼铁过程节能减排先进技术 [M]. 北京：冶金工业出版社，2020.

[6] 朱荣，董凯. 炼钢过程节能减排先进技术 [M]. 北京：冶金工业出版社，2020.

金属材料绿色铸造技术

铸造是制造业的重要组成部分，是机械工业重要的基础制造工艺之一，是装备制造业发展的重要基础。高质量复杂铸件是航空航天、动力机械等高端装备的重要支撑，广泛应用于航空航天、汽车、船舶、钢铁石化、能源装备、纺织机械、工程机械等装备制造产业。采用绿色铸造工艺与装备，可减少铸造过程中的材料及能源浪费，减少废弃物排放，降低铸件废品率，提高铸件成品率，实现铸件高效高质量精确成形，实现绿色铸造生产。本章主要介绍绿色铸造工艺与装备总体发展情况，聚焦绿色铸造材料、绿色铸造技术与工艺、绿色铸造装备等方面，包括绿色铸造成形工艺及装备的一些研究状况，部分典型先进绿色铸造工艺及其相关研究进展和应用情况，以更好地了解绿色铸造工艺与装备的发展。

4.1 金属材料绿色铸造原理

4.1.1 金属材料铸造概述

铸造是指熔炼金属、制造铸型，并将熔融金属浇入铸型，凝固后获得具有一定形状、尺寸和性能的金属零件毛坯的成形方法。金属及合金熔化后铸造成优良铸件的能力称为铸造性能。铸造性能的好坏主要取决于液体金属的流动性、收缩性，以及成分均匀度、偏析的趋向。

① 流动性，即液体金属充满铸型型腔的能力。流动性好的金属容易充满整个铸型，获得尺寸精确、轮廓清晰的铸件。流动性不好，金属则不能很好地充满铸型型腔，得不到所要求形状的铸件，就会使铸件因"缺肉"而报废。流动性的好与坏主要与金属材料的化学成分、浇铸温度和熔点高低有关。例如，铸铁的流动性比钢好，易于铸造出形状复杂的铸件。同一金属，浇铸温度越高，其流动性就越好。

② 收缩性，即金属材料从液体凝固成固体时其体积收缩程度，也就是铸件在凝固和冷却过程中，其体积和尺寸减小的现象。铸件收缩不仅影响尺寸，还会使铸件产生缩孔、疏松、内应力等缺陷，特别是在冷却过程中容易产生变形甚至开裂。因此，用于铸造的金属材料，应尽量选择收缩性小的。收缩性的大小主要取决于材料的种类和成分。

③ 成分不均匀对工件质量的影响。铸造所生产的产品称为铸件。铸造时，要获得化学成分非常均匀的铸件是十分困难的。大多数铸件只能作为毛坯，经过机械加工后才能成为各种机器零件。当有的铸件达到使用的尺寸精度和表面粗糙度要求时，才可作为成品或零件直接使用。铸件（特别是厚壁铸件）凝固后，截面上的不同部分及晶粒内部不同区域会存在化学成分不均匀的现象，这种现象称为偏析。

偏析会使铸件各部位的组织和性能不一致。铸件的化学成分不均匀，会使其强度、塑性和耐磨性下降。产生偏析的主要原因是合金凝固温度范围大，浇铸温度高，浇铸速度及冷却速度快。偏析严重时可使铸件各部分的力学性能产生很大差异，降低了铸件的质量。

铸造方法虽然很多，但习惯上一般把铸造分成砂型铸造和特种铸造两大类。在砂型中生产铸件的方法称为砂型铸造。图4.1为齿轮毛坯的砂型铸造简图。砂型铸造按其铸型性质不同，分为湿型铸造、干型铸造和表面烘干型铸造三种。特种铸造按其形成铸件的条件不同，又可分为熔模铸造、金属型铸造、离心铸造、压力铸造等；如按铸造合金不同，则有铸铁、铸钢、非铁合金铸造等。

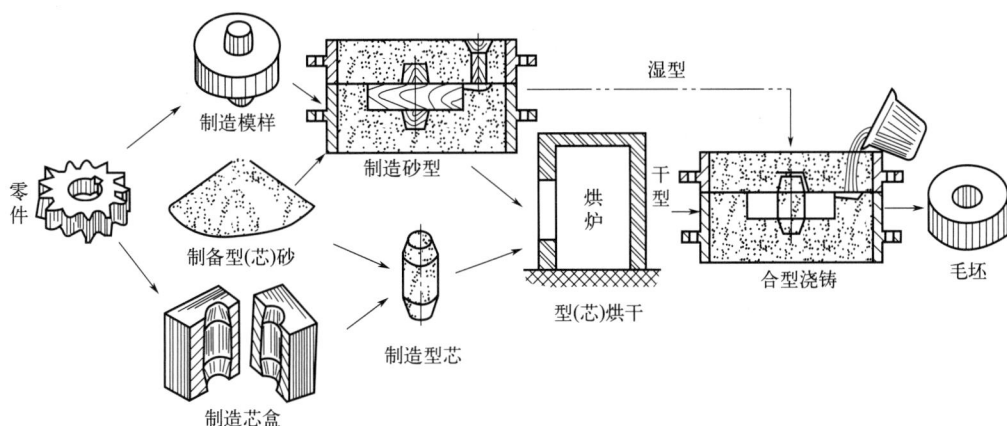

图 4.1　齿轮毛坯的砂型铸造

在制造业的诸多材料成形方法中，铸造生产具有以下特点：

① 使用范围。铸造生产几乎不受铸件大小、厚薄和形状复杂程度的限制，铸件的壁厚可达 0.3～1000mm，长度从几毫米到几十米，质量从几克到 300t 以上。铸造最适合生产形状复杂，特别是内腔复杂的零件，如复杂的箱体、阀体、叶轮、发动机气缸体、螺旋桨等。

② 铸造生产能采用的材料广，几乎能熔化成液态的合金材料均可用于铸造，如铸钢、铸铁、各种铝合金、铜合金、镁合金、钛合金及锌合金等。对于塑性较差的脆性合金材料（如灰铸铁等），铸造是唯一可行的成形工艺。在工业生产中，以铸铁件应用最广，约占铸件总产量的 70％以上。

③ 铸件具有一定的尺寸精度。一般情况下，铸件比普通锻件、焊接件成形尺寸精确。

④ 成本低廉，综合经济性能好，能源、材料消耗及成本为其他金属成形方法所不及。铸件在一般机器中占总质量的 40％～80％，而制造的成本只占机器总成本的 25％～30％。成本低廉的原因是：生产方式灵活，批量生产可组织机械化生产；可大量利用废旧金属材料和再生资源；与锻造相比，其动力消耗小；有一定的尺寸精度，可减小加工余量，节约加工工时和金属材料。

但是，铸造工作环境粉尘多、温度高、劳动强度大；废料、废气、废水处理任务繁重。

铸造生产在国民经济中占有极其重要的地位。铸造生产厂是机械制造工业毛坯和零件的主要供应者。铸件在机械产品中占有较大比例，如汽车中铸件重量占 19％（轿车）～23％（卡车），内燃机中近十种关键零件都是铸件，占总重量的 70％～90％；机床、拖拉机、液压泵、阀和通用机械中铸件重量占 65％～80％；农业机械中铸件重量占 40％～70％；矿冶（钢、铁、非铁合金）、能源（火、水、核电等）、海洋和航空航天等工业的重、大、难装备中铸件都占很大的比重并起着重要的作用。

4.1.2　铸件的凝固

合金从液态转变为固态的状态变化称为凝固，从液态转变为固态的过程称为凝固过程。铸件在凝固过程中，如果控制不当，就容易产生缩孔、缩松、热裂、气孔、夹杂等铸造缺陷。

4.1.2.1 铸件的凝固方式

（1）凝固区域

铸件在凝固过程中，除纯金属和共晶合金之外，其断面上一般存在三个区域：固相区、凝固区和液相区。铸件的质量与凝固区域的大小和结构有密切关系。图 4.2 所示是铸件在凝固过程中某一瞬间凝固区域示意图。

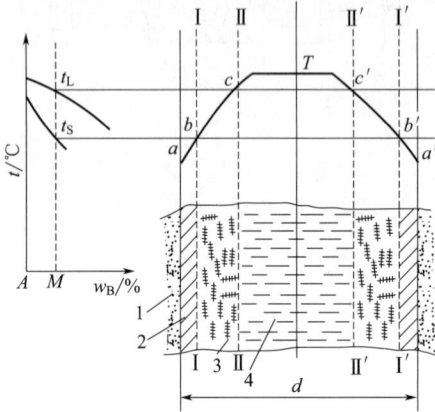

图 4.2　铸件某一瞬间凝固区域

d—铸件壁厚；T—铸件瞬间温度曲线；t_L—液相线
温度；t_S—固相线温度；

1—铸型；2—固相区；3—凝固区；4—液相区

图 4.2 左图是合金相图的一部分，成分为 M 的合金结晶温度范围为 $t_L \sim t_S$，右图是铸件中正在凝固的铸件断面，铸件壁厚为 d，该瞬时的温度场为 T（温度场指铸件断面上某瞬时温度分布曲线）。在此瞬时，铸件断面上的 b 和 b′ 点的温度已降到固相线温度 t_S，因此，Ⅰ-Ⅰ 和 Ⅰ′-Ⅰ′ 等温面为固相等温面。同时 c 和 c′ 点温度已降到液相线温度 t_L，Ⅱ-Ⅱ 和 Ⅱ′-Ⅱ′ 为液相等温面。由于从铸件表面到 Ⅰ 和 Ⅰ′ 之间的合金温度低于 t_S，所以这个区的合金已凝固成固相，称为固相区；液相等温面 Ⅱ 和 Ⅱ′ 之间的合金温度高于 t_L，尚未开始凝固，称为液相区；在 Ⅰ 和 Ⅱ 之间、Ⅰ′ 和 Ⅱ′ 之间的合金温度低于 t_L 而高于 t_S，正处于凝固状态或液固相并存状态，称为凝固区。

随着铸件的冷却，液相等温面和固相等温面向铸件中心推进，当铸件全部凝固后，凝固区域消失。

（2）凝固方式

铸件的凝固方式是根据铸件凝固时其断面上的凝固区域的大小来划分的，一般分为逐层凝固、糊状凝固（体积凝固）、中间凝固三种方式。

① 逐层凝固。图 4.3 所示是逐层凝固方式示意图。图 4.3(a) 所示为恒温下结晶的纯金属或共晶成分合金某瞬间的凝固情况。其中，t_C 为结晶温度，T_1 和 T_2 是铸件断面上两个不同时刻的温度场。

从图中可以看出，恒温下结晶的合金，在凝固过程中其铸件断面上的凝固区宽度等于零，断面上的固体和液体由一条界线清楚地分开。随着温度的下降，凝固层逐渐加厚直至凝固结束。这种凝固方式称为逐层凝固方式。

如果合金的结晶温度范围 Δt_C 很小或断面上温度梯度 δ_t 很大时，铸件断面上的凝固区域也很窄，如图 4.3(b) 所示，这种情况也属于逐层凝固方式。

由于逐层凝固合金的铸件在凝固过程中发

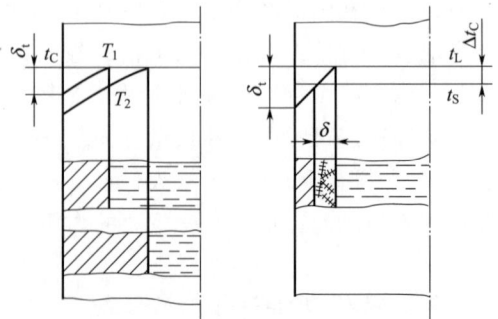

(a) 纯金属或共晶成分合金　(b) 窄结晶温度范围合金

图 4.3　逐层凝固方式示意图

生的体积收缩可以不断得到液态合金的补充，因此铸件产生缩松的倾向极小，只是在铸件最后凝固的地方留下较大的集中缩孔。由于集中缩孔可从工艺上采取措施（如设置冒口等）来消除，因此这类合金的补缩性良好。另外铸件在凝固过程中因收缩受阻而产生的晶间裂纹处，也很容易得到未凝固液态合金的填补而弥合起来，所以，铸件的热裂倾向较小；因铸件在凝固过程中凝固前沿较平滑，对液体金属的流动阻力较小，所以这类合金有较好的流动能力。这类合金包括低碳钢、高合金钢、铝青铜和某些结晶温度范围窄的黄铜等。

② 糊状凝固。图 4.4 所示是糊状凝固方式示意图。当合金的结晶温度范围 Δt_C 很宽 ［图 4.4(a)］或因铸件断面温度场较平坦 ［图 4.4(b)］，在铸件凝固过程中，铸件断面上的凝固区域很宽，在某一段时间内，凝固区域甚至会贯穿于铸件的整个断面，铸件表面尚未出现固相区，这种凝固方式称为糊状凝固方式或体积凝固方式。

呈糊状凝固方式的合金铸件，在凝固初期尚可得到金属液的补缩，但当凝固区中的固相所占的比例较大时，便将尚未凝固的液体分割成若干个互不相通的小熔池。这些小熔池在凝固时因得不到补缩而形成许多小的缩孔即缩松。这类合金铸件的补缩性差、热裂倾向较大、流动能力较差。这类合金包括高碳钢、球墨铸铁、锡青铜、铝镁合金和某些结晶温度范围宽的黄铜等。

③ 中间凝固。图 4.5 所示是中间凝固方式示意图。如果合金的结晶温度范围 Δt_C 较窄 ［图 4.5(a)］，或者铸件断面上的温度梯度 δ_t 较大 ［图 4.5(b)］，铸件断面上的凝固区域宽度介于逐层凝固和糊状凝固之间，则属于中间凝固方式。属于中间凝固方式的合金包括中碳钢、高锰钢、白口铸铁等。这类合金铸件的补缩能力、产生热裂的倾向和流动能力也都介于以上两类合金之间。

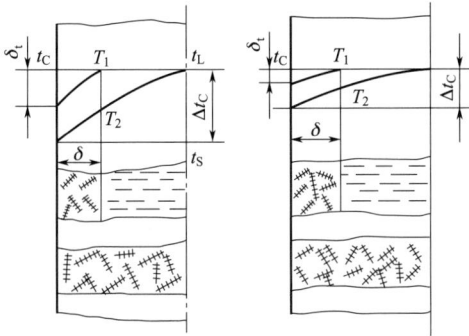

(a) 合金的结晶温度范围较宽　(b) 铸件断面温度场较平坦
图 4.4　糊状凝固方式示意图

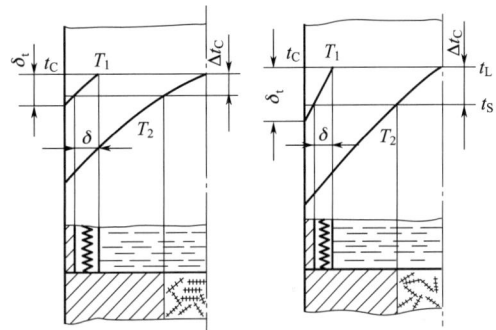

(a) 合金的结晶温度范围较窄　(b) 铸件断面上的温度梯度较大
图 4.5　中间凝固方式示意图

铸件断面凝固区域的宽度是由合金的结晶温度范围和铸件断面上的温度梯度决定的。在温度梯度相同时，凝固区域的宽度取决于合金的结晶温度范围。而当合金成分一定时，铸件断面上凝固区域的宽度则取决于铸件断面上的温度梯度。梯度较大时，可以使凝固区域变窄。所以铸件断面上的温度梯度是调节凝固方式的重要因素。

4.1.2.2　灰铸铁和球墨铸铁的凝固特点

生产中常用的灰铸铁和球墨铸铁都是接近共晶成分的合金，但是它们的凝固方式和铸造性能却与一般逐层凝固的合金不同，其铸造性能和产生缺陷的倾向也有明显的区别。

　　灰铸铁和球墨铸铁的凝固过程可以分为两个阶段：第一阶段是从液相线温度到共晶转变开始温度，析出奥氏体枝晶，称为枝晶凝固阶段；第二阶段是从共晶转变开始温度到共晶转变终了温度，发生奥氏体＋石墨的共晶转变，称为共晶转变阶段。

　　实验表明，灰铸铁和球墨铸铁在枝晶凝固阶段的凝固过程十分相似，但在共晶凝固阶段却表现出明显不同，如图 4.6 所示。图 4.6 所示为从直径 $\phi50.8\text{mm}$ 圆柱体试样上测得的共晶凝固过程曲线。由图可知，共晶转变开始后，经过 5.5min，灰铸铁表层已完全凝固的厚度达 10mm 左右，其余部分皆在凝固中。10min 后，灰铸铁已完全凝固至中心。球墨铸铁在 5.5min 后表面只凝固了 80%，与此同时，中心部分已开始凝固，即铸件整个断面都处于凝固状态，表面尚未结壳。在 11.5min 时全部凝固结束。球墨铸铁的共晶凝固是典型的糊状凝固方式。

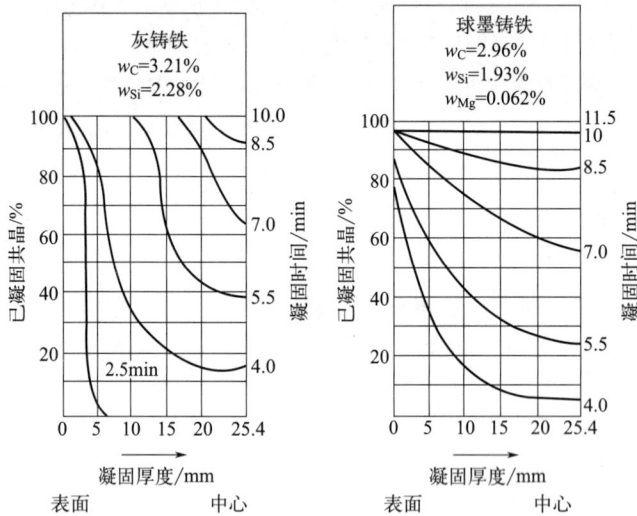

图 4.6　灰铸铁和球墨铸铁的共晶凝固曲线

4.1.2.3　铸件的凝固原则

（1）顺序凝固（也称定向凝固）原则

　　顺序凝固原则是通过采取工艺措施，使铸件各部分能按照远离冒口的部分先凝固，然后是靠近冒口部分凝固，最后才是冒口本身凝固的次序进行，即在铸件上远离冒口的部分到冒口之间建立一个递增的温度梯度，如图 4.7 所示。

　　顺序凝固的铸件冒口补缩作用好，铸件内部组织致密。但铸件不同位置温差较大，故热应力较大，易使铸件变形或产生热裂。另外，顺序凝固一般需要加冒口补缩，增加了金属的消耗和切割冒口的工作量。

　　逐层凝固是指铸件某一断面上的凝固顺序，即铸件的表面先形成硬壳，然后逐渐向铸件中心推进，铸件断面中心最后凝固。所以，顺序凝固与逐层凝固二者的概念不同。逐层凝固有利于实现顺序凝固；糊状凝固易使补缩通道阻塞，不利于实现顺序凝固。因此，采用顺序凝固原则时，应考虑合金本身的凝固特性。

（2）同时凝固原则

　　同时凝固原则是采取工艺措施保证铸件结构各部分之间没有温差或温差很小，使铸件

Ⅰ、Ⅱ、Ⅲ厚度不同的各部分同时凝固，如图 4.8 所示。采用同时凝固原则，铸件不易产生热裂，且应力和变形小。该方式由于不用冒口或冒口很小，从而节省金属，简化工艺和减少工作量，但铸件中心区域可能会产生缩松缺陷，导致铸件组织不够致密。

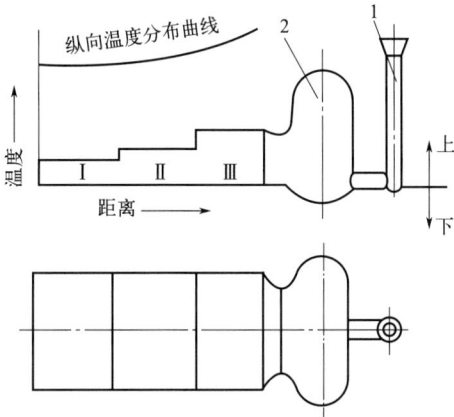

图 4.7　定向凝固原则示意图
1—浇道；2—冒口

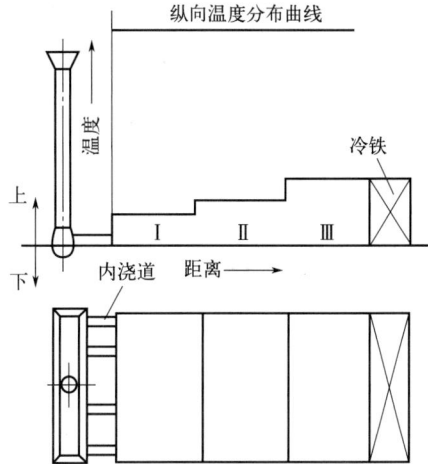

图 4.8　同时凝固原则示意图

4.1.2.4　铸件凝固原则的选择

顺序凝固和同时凝固两者各有优缺点。选择凝固原则时，应根据铸件的合金特点、铸件的工作条件和结构特点以及可能出现的缺陷等综合考虑。

① 除承受静载荷外还受到动载荷作用的铸件，承受压力而不允许渗漏的铸件或要求表面粗糙度低的铸件（如气缸套、高压阀门或齿轮等）宜选择定向凝固或局部（指铸件重要部位）顺序凝固原则。

② 厚实或壁厚不均匀的铸件，当其材质是无凝固膨胀且倾向于逐层凝固的铸造合金（如低碳钢）时，宜采用顺序凝固原则。

③ 碳硅含量较高的灰铸铁，其铸件凝固时有石墨化膨胀，不易出现缩孔和缩松，宜采用同时凝固原则。

④ 球墨铸铁铸件利用凝固时的石墨化膨胀力实现自补缩（即实现无冒口铸造）时，应选择同时凝固原则。

⑤ 非厚实的、壁厚均匀的铸件，尤其是各类合金的薄壁铸件，宜采用同时凝固原则。

⑥ 当铸件易出现热裂、变形或冷裂缺陷时，宜采用同时凝固原则。

对于结晶温度范围大、倾向于糊状凝固的合金铸件，对其气密性要求不高时，一般采用同时凝固原则。当其重要部位不允许出现缩松时，可用覆砂金属型铸造或加放冷铁，使该处提前凝固以避免缩松。由此可见，凝固原则是可以通过采取一定的工艺措施来控制的。

图 4.9 所示是水泵缸体在不同凝固原则下所采用的两种工艺方案。图 4.9(a) 所示为采用同时凝固原则的工艺方案，在铸件壁厚较大的部位安放冷铁，使铸件各部分的冷却速度趋于一致。当该铸件工作压力要求不高时，使用此种工艺方案，不但可以满足铸件的使用要求

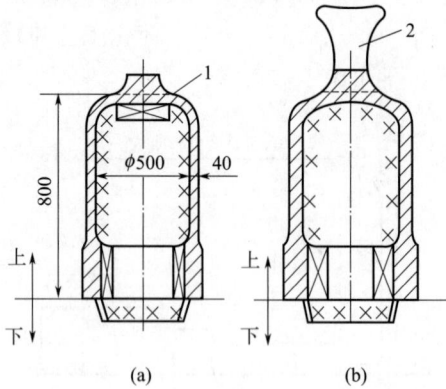

图 4.9 水泵缸体的两种工艺方案
1—冷铁；2—冒口

还可以简化铸造工艺。如果该件的致密度有较高要求，则应采用顺序凝固原则，如图 4.9（b）所示，在铸件下面厚实部位安放厚大的冷铁，在铸件顶面厚实部位安放冒口，保证铸件自下而上地顺序凝固，以消除缩松和缩孔缺陷。

4.1.2.5　控制铸件凝固原则的措施

在生产中，控制铸件凝固原则的工艺措施有很多，包括正确布置浇口位置、确定合理的浇铸工艺、采用冒口补缩、在铸件上增加补贴、采用冷铁或不同蓄热系数的铸型材料、浇铸后改变铸件位置等。其中冒口、补贴及冷铁此处不详细讨论，这里只介绍其他控制铸件凝固原则的措施。

（1）合理地确定浇口开设位置及浇铸工艺

浇口的开设位置可以调节铸件的凝固顺序。当浇口从铸件厚大处（或通过冒口）或顶注式引入时，有利于顺序凝固，若在浇铸时采用高温慢浇，则更能增大铸件的纵向温度梯度，提高补缩效果；当浇口从铸件的薄壁处均匀分散引入时，采用低温快浇，则有利于减小温差，有利于实现同时凝固。

（2）采用不同蓄热系数的铸型材料

凡比硅砂蓄热系数大的材料（如石墨、镁砂、锆砂、刚玉等）均可用来加快铸件局部的冷却速度。可以根据需要，用不同的铸型材料来控制铸件不同部位的凝固速度，实现对凝固过程的控制。

（3）卧浇立冷法

当铸件属于易氧化合金不能采用顶注式，而铸件又有补缩冒口时，可采用卧浇立冷的方法，如图 4.10 所示，以提高冒口的补缩效果。

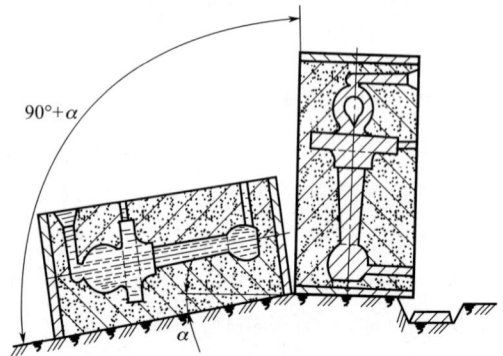

图 4.10　铸件的卧浇立冷示意图

4.2　液态模锻技术

4.2.1　概述

液态模锻是一种金属材料高能效绿色成形技术，也是金属零件先进成形技术。它是铸造和锻造技术融合发展的产物，在锻造领域简称液锻，在铸造领域称为挤压铸造。液态模锻的工艺过程是将熔炼合格的液态金属直接注入高强度的压室或模腔内，然后持续施以机械静压力，使熔融态金属在压力作用下发生流变充型、结晶凝固和流变补缩，最终获得内部致密、外观光洁、尺寸精确的零件毛坯——液态模锻件。液态模锻件具有细晶、均质和零缺陷的特点，在军工、航天、汽车、高铁、电子信息等重要领域的应用不断扩大。从铸造的视角看，液态模锻具有高效、绿色、高品质的突出优势，是一种少无切削的精密铸造技术，它没有传统意义上的冒口，所以也被称为无冒口铸造技术。从锻造的视角看，液态模锻具有材料利用率高、对材料和结构复杂性的适应性强的突出优势，因此被称为"万能锻造"技术。

4.2.1.1　液态模锻发展简史

液态模锻是在压力铸造基础上演变的产物。通过实践人们逐渐认识到，压力铸造虽然取代了金属型铸造的重力浇注方式，改在高压高速下充填方式，但金属型利用重力（冒口）的补缩作用，在压力铸造中很难实现，即压力下不可能通过浇道（因浇道比制件凝固早）对体持续补缩，直至凝固结束。显然，对于厚壁（大于 6mm）或壁厚相差悬殊的制件，很难获得合格的产品。另外，压铸件不能进行热处理，使它的应用范围受到很大的限制。相关技术人员结合了锻造工艺力学成形的观点，将本来仅是一个物理化学的铸造过程，变成一个物理化学-力学的液态模锻过程，摒弃了压力铸造的浇口和浇道，采用点浇口模具，直接上注。和闭式模锻一样，封闭模腔，液态金属在上模块和横梁自重的作用下充满模腔。接着施以压力并在压力持续作用下，使液态金属发生结晶凝固，流动成形，直至过程结束。从表面看，这一过程和模锻成形很相似，即压力作用于制件整个外表面上。不同的是，前者是把液态金属作为加工对象，而后者是把已加热的固态金属作为加工对象，所以人们把它冠以"液态模锻"的名称，就是从这一观点出发的。

液态模锻从 1937 年在苏联问世，初期进展主要集中在对铜合金液态模锻工艺实践研究上。第二次世界大战期间，采用该工艺成功进行了铜合金轴承衬套的大量生产。到 1964 年，苏联采用该工艺生产的已有 150 家工厂，约 200 多种产品，并以 B. M. 普俩茨基发表的专著《液态金属模锻》为标志，使这项工艺在生产中完全确立。次年以"*Extrusion casting*"为书名译成英文出版，开始在世界范围内传播。

我国从 1958 年便开始开展液态模锻工艺研究工作，20 世纪 70 年代后快速发展，液态模锻主要有如下成就。

① 建立了一个物理化学与力学成形相融合的理论体系。该理论体系研究了液态模锻下的物理化学过程、凝固过程和力学过程，以揭示压力对合金热物理参数、状态图、凝固的热力学和动力学条件的影响规律，制件凝固的热传导和凝固方式、凝固组织特征及力学性能等变化，力学模型及力的传递，压力损失，塑性变形机制，凝固与塑性变形相互交融规律等，为液态模锻过程稳定建立、工艺参数选定和优化、设备的选定和改造等提供了坚实的可靠平台。

② 开展液态模锻材料适用性研究。什么材料适用于液态模锻成形？从理论讲，几乎所有合金，包括铸造、锻造合金，甚至难熔合金，均能进行液态模锻。但目前应用最广泛的、研究最多的有铝镁合金及其复合材料、锌基合金、铜合金和铁合金，其中占主导地位的是铝镁合金及其复合材料。这是由于汽车、摩托车、机电和仪表在零部件制造中，正向着高质量、高可靠性、轻量化和低成本方向发展，铝镁合金及其复合材料便成为首选的零部件材料，而采用液态模锻成形各种零件的优势也就凸显出来。

③ 工艺方法的比较研究。液态模锻工艺依据制件的材质、形状及尺寸，存在多种成形

方案。方案选定后，又存在工艺参数（比压、保压时间、浇注温度、模具温度、加压开始时间、加压速度）多种匹配方案，以确定制件尺寸精度和使用性能。在理论研究中所获得的数据积累，可以对一些典型制件成形有极强的指导作用。实际上，制件形状是多样的，成形时的热传导、力的传递千差万别。因此，对某种特殊的制件，开展其实验研究，寻找其中最佳成形方案和优化工艺参数，并和铸造方法、锻造方法进行比较，以获得满意的认知。由此基础研究和比较研究相结合，推进液态模锻应用。

④ 液态模锻设备发展。液态模锻设备研究远远不如压铸机。早期多采用通用油压机，后发展带辅助活动横梁、顶出器油缸或侧向油缸的普通型液态模锻机，又发展了从模具清理、喷涂、浇注、施压到取件全自动化，加压速度可分级调节，工艺参数可全过程计算控制并显示的先进的液态模锻机，其中以日本宇部公司卧式 HVSC 和全立式 VSC 液态模锻机系列最为成功。

⑤ 生产规模有较大发展，产品涉及铝、镁、锌、铜、高温合金及复合材料，产品遍及机械、交通、家电等。

4.2.1.2　液态模锻发展趋势

液态模锻技术正在以前所未有的速度迅速发展，已经形成了一个新产业，与压铸、低压铸造、固态热模锻等技术，构筑了金属零件成形技术的新体系。液态模锻材料包括了铸造合金、变形合金、基于标准合金成分进行优化改良的新型液态模锻合金和金属基复合材料；液态模锻件已经涵盖了轮盘盖类、叉架座类、箱体罩三大类常用零件。

液态模锻技术与装备今后的主要发展方向是：

① 继续扩大间接液锻产品边界，与压铸和半固态铸造协同，向薄壁、复杂件的高性能成形方向延伸；

② 扩大直接液锻产品边界，对标固态热模锻，向高强韧、大型复杂重要结构件方向扩展；

③ 提高液态模锻装备系统功能的完备性和可靠性，对接短流程、自动化和绿色环保需求，向多功能、智能化和大型化方向发展。

4.2.1.3　液态模锻特点及适用范围

液态模锻是一种借鉴压力铸造和模锻工艺而发展起来的新型金属加工工艺，它包含了压力铸造和模锻的若干特点，并且有自己的特性。

液态模锻的主要特点如下。

① 在成形过程中，尚未凝固的金属液自始至终受等静压，并在压力作用下，发生结晶凝固，流动成形。

② 已凝固的金属在成形过程中，在压力作用下产生塑性变形，使毛坯外侧紧贴模腔壁，金属液获得并保持等静压。

③ 由于凝固层产生塑性变形，要消耗一部分能量，因此金属液经受的等静压值不是定值，而是随着凝固层的增厚下降。

④ 固-液区在压力作用下，发生强制性的补缩。

液态模锻与压力铸造比较，除了以液态金属作为原料这点相同外，还有许多不同之处。

① 液态金属注入模腔的方式不同。压力铸造是借助压力，沿着浇注系统，在极短的时间内，将熔融金属以高速（15～70m/s）充满闭合的模腔。而液态模锻时，金属液是通过浇包直接注入模腔内，其浇注速度不高。前者由于在高速下模腔内的空气来不及排出，而被卷入金属液内，形成皮下气泡。后者则是在冲头施压（闭合腔）时缓慢稳定，气体大部分可以从凸凹模间隙中排出，而溶解在金属液内的少量气体在压力下也可以逐渐逸出，在毛坯中不易形成气孔。因此，压力铸造必须考虑排气条件，而液态模锻可不必过多考虑。

② 压力的传递方式不同。压力铸造靠浇注系统传递压力。由于浇道很长，金属液经过浇道很快失掉过热度，压入模腔后迅速凝固。当填充结束时，尚未凝固的金属液可能在压力持续作用下凝固，但这一压力是有限的，更何况在浇道堵塞情况下，金属液便发生自由结晶。液态模锻则不然，压力传递时通过施压冲头端面直接施加（或通过已固壳）在金属液面上，除了在成形过程中已凝固层塑性变形要消耗一部分能量外，机器全部能量都用在使金属液获得等静压，并在过程中保持它。因此，两者的根本区别在于后者是在压力作用下发生结晶凝固，流动成形，而前者则不完全属于压力结晶凝固，更不属于压力下液态金属凝固流动成形直至获得制品的范畴。前者组织粗化、缺陷多，后者组织致密、晶粒细化。

液态模锻与模锻相比，除了在压力作用下，在闭合金属模腔内成形这点相同外，也有以下不同点。

① 模锻时，原始毛坯与模腔形状不一致。为了获得与模腔轮廓形状一致的毛坯，必须在压力下使金属发生镦粗、压挤等强烈的塑性流动，以填充模锻获得具有一定外形和一定流线组织的毛坯。液态模锻则不具有上述的特征。因为合模时，金属液在上模块和横梁的自重作用下，便可发生流动以填充模腔。在成形过程中，也有塑性流动，但这种塑性流动是有限的。因此液态模锻的组织不可能具有明显的塑性变形组织。

② 对于形状复杂件的模锻，均要采用多模腔模锻才能成形，而对于液态模锻一次便可成形，并且前者成形时所需要的设备吨位比后者大很多。

液态模锻工艺适用范围，从国内外实际应用情况来看，主要是以下几方面。

① 在材料种类方面适用性较广，可用于生产各种类型的合金，如铝合金、锌合金、铜合金、灰铸铁、球墨铸铁、碳钢、不锈钢等。

② 对于一些形状复杂且性能上又有一定要求的产品，采用液态模锻较为合适。因为形状复杂，采用一般模锻方法成形是困难的，即使能够成形，但成本太高（或废品率高），在经济上不合算。如果采用铸造的方法，则在产品性能上又难以达到要求。而液态模锻的生命力在于补充铸造和模锻两种工艺的不足，针对某些特殊产品，既可以顺利成形，又能保证产品性能的要求。

③ 在工件壁厚方面，一般来讲不能太薄，否则将给成形带来困难，甚至产生废品。如某些有色金属的电器工件，当壁厚在 5mm 以下时，采用液态模锻则组织不均。当然，也不宜太厚，尤其对于黑色金属，在目前生产条件下，只有壁厚在 50mm 以下，才能顺利成形。

4.2.2　液态模锻工艺方法分类

液态模锻工艺方法的突出特征就是加压，其加压方式灵活多样。各种工艺方法都是施压途径、施压方向、模腔数量和结构、型芯使用等方面的交叉与综合。目前，已经形成了包括直接液锻、间接液锻、复合液锻和智能液锻四大类加压方式的一个完整体系。

4.2.2.1 直接液态模锻

直接液态模锻是最早采用的液锻工艺。其压头直接作用在工件金属上，工件的承压面积与其水平投影面积相同，无浇道、无冒口，工艺出品率可达100％。这种工艺下金属的流变方向与压头施压方向相同，其压力传递简洁，加压效果明显。但是，研究和应用发现，直接液锻工艺存在两个突出问题，限制了其应用。

① 尺寸精度受浇注量波动。直接液锻件的尺寸精度受控于浇注量的定量精度和金属液的体收缩量的稳定性。无论是质量定量还是体积定量，金属液的定量精度都受金属液的温度和化学成分影响，而这两个因素是很难准确控制的。因此，直接液锻不适用于尺寸精度要求高且不加工的工件。为了提高其尺寸精度，可以用在模具上设置溢流槽的方法进行定量。但是，溢流槽定量只能解决浇注过量带来的尺寸精度低的问题，浇注欠量的情况下就会因尺寸不合格或内部不致密而报废。

② 压力传递与损耗大。直接液锻的压力传递和损耗难以稳定。特别是在承压面积大及压头（凸模）横截面形状复杂的情况下，凸模与凹模的配合间隙很难均匀一致，在工作过程中升温带来的热膨胀和变形可能导致凹凸模之间的配合关系变为过盈配合，而过盈量又受模具和合金液热制度的影响而不稳定。这种过盈配合将极大地消耗液锻压力，使有效液锻力显著降低且不稳定，成形质量的稳定性降低。此外，开始加压前形成的凝固壳对凸模的支撑作用，要求液锻力必须大于凝固壳的变形抗力方能实现补缩，这也使得加压补缩致密化的效果大打折扣。

4.2.2.2 间接液态模锻

专业化液锻机出现后，间接液态模锻越来越受重视。与直接液锻不同，其压头并不直接作用在工件金属上，而是作用在料筒内的金属上，间接地对工件金属加压。其最大的优势是可以获得尺寸精确的零件毛坯，并可以一模多腔，生产效率显著提高。近年来间接液态模锻工艺的主要进展是围绕充分补缩展开的，主要表现是薄壁化以及高性能化。

薄壁化是间接液锻的研究热点之一。通常认为液态模锻适合制作壁厚大于10mm的厚壁零件，但是随着间接液态模锻技术的出现和发展，人们发现间接液锻与压铸非常类似，甚至可以理解为超低速高压压铸。因此利用间接液态模锻技术生产薄壁零件的研究与应用越来越多，目前已经可以生产壁厚2～3mm的铝合金复杂件，从而出现了与压铸技术竞争发展的态势，相应地出现了一种新的液态模锻工艺"挤压压铸"，即在压铸机上增加局部加压功能进行挤压铸造。

高性能化是间接液锻的又一个研究重点。液态模锻从一开始就给人一种高性能化的期望。但是，实际应用中经常出现令人失望的结果：液态模锻件的性能并没有期望的那么好，特别是间接液锻产品的性能波动很大，其性能稳定性不能与固态锻造件媲美，甚至低于低压铸造和压铸。近年来的研究和应用证明，液态模锻件性能不稳定的原因，首先，液态合金在给料和充型过程中都有造成氧化、卷气和卷渣的危险；其次，液态模锻成形是流变与凝固的强耦合过程，收缩缺陷、热裂缺陷以及冷隔等缺陷发生概率较高；最后，液态模锻属于液态成形的范畴，其凝固过程的溶质再分配无法完全避免，偏析现象在所难免。解决这三方面的问题，是实现高性能的关键。

4.2.2.3　复合液锻和智能液锻

液态模锻技术的进一步发展，产生了间接-直接复合的液态模锻和智能液态模锻。所谓间接-直接复合的液态模锻就是间接加压充型、直接加压补缩的复合液态模锻。这种液锻方式集成了直接液锻有效压力高和间接液锻件尺寸精确的双重优势，在复杂重要零件的液态模锻中应用越来越多。目前，局部加压、分级加压和多向加压的复合液态模锻研究和应用成了新热点。这种根据需要灵活加压的复合液锻，体现了智能化的特点，所以也有人称其为智能液锻。

复合液锻和智能液锻的技术关键在于事先对工件的凝固路径和进程有深入细致的了解。要做到这点，必须借助有效的 CAE 技术，即对液态模锻的温度场和凝固过程进行模拟仿真。可喜的是，这种模拟仿真技术已经成为业内专业人员熟悉并灵活应用的手段，只要尽量符合实际地输入有关的条件，如材料参数、工艺参数、设备参数以及冷却参数，就可以比较准确地预报成形质量，为工艺优化和质量控制提供重要参考。

4.2.3　液态模锻技术的研究进展

4.2.3.1　装备的研究进展

液态模锻技术装备经历了最早的油压机改制型、压铸机改制型两个阶段，目前正在向专业化和大型化的方向快速迈进。

专业化液态模锻技术装备在国内外都是基于压铸技术装备发展起来的。国外专业化的液态模锻装备生产商基本都是压铸机企业。日本宇部兴产生产的 HVSC 和 VSC 系列挤压铸造机，是中国早期进口的液态模锻装备。日本东芝公司的 DXHV 和 DXV 挤压铸造机采用电磁泵装置输液，缩短了金属液充型至开始加压的时间，减少料缸中因凝固结壳给铸件带来的夹渣、冷隔等缺陷。但是，电磁泵的使用可靠性还不能令人满意。欧洲一些压铸机专业生产企业（如瑞士布勒）甚至通过改造压铸机的压射系统实现液态模锻，实现了一机多用。

国内专业化的液态模锻装备生产商主要是广州合德轻量化成形技术有限公司和苏州三基铸造装备股份有限公司。它们都可以生产专业化的立式、卧式液态模锻机，其技术水平已经接近国际先进水平，可以实时控制压射过程、工艺参数计算机控制与显示、可倾转料筒合模浇注，形成了模具清理与冷却、喷涂、给汤浇注、液锻、取件、完整性识别、冷却、切浇口等全流程自动化的液锻岛，实现了无人化全自动作业。其中，苏州三基铸造装备股份有限公司产品形成了 SCH 卧式挤压铸造机和 SCV 立式挤压铸造机两大系列。SCH 卧式挤压铸造机是卧式合模、立式压射的结构；SCV 立式挤压铸造机则是立式合模、立式压射的结构，近 5 年投放市场百余台（套）。广州合德轻量化成形技术有限公司起步较晚，但其机型也包括了卧式合模、立式压射的 HVSC 系列卧式液态模锻机和立式合模、立式压射结构的 HSC 系列立式液态模锻机两大系列，可实现加料、给汤、喷雾、取件、冷却、转运、堆垛、去毛边、打磨等工作的全自动化作业。此外，上海一达也实现了在压铸机上进行压铸与液态模锻的便利切换，实现了一机多用。

液态模锻技术装备的专业化还表现在液态模锻模具设计与制造的专业化。近年来，很多压铸模企业立足多年压铸模设计生产的经验，开始着力向液锻模的设计与制造方向发展。目前很多压铸模模具厂基本可以做到基于零件的液锻成形工艺分析、模流分析、模具 CAD 及 CAE，为液态模锻技术的产业化应用提供专业化模具保障。但是，必须看到，目前液锻模的设计还无规范可依，基本是专家型和经验式设计，因此，液锻模的设计规范将是亟须研究的课题。

目前液态模锻技术装备存在的主要问题是给汤机浇注过程氧化严重、料筒倾出导致开始加压时间长、压射系统和模具热制度控制水平较低，导致液态模锻件的质量稳定性低。例如，液态模锻 6061 车轮的抗拉强度和伸长率可以分别达到 371MPa 和 16%，高于模锻件的性能。KANG 等在 100MPa 压力下非固态模锻 Al-Si-Mg 合金 H 型试件，其极限强度达到了 320MPa，伸长率达到了 13%，可以与固态模锻 6061 的性能相当，但其强度和伸长率离差分别达 40MPa 和 3%。要从根本上提高液态模锻件质量，解决性能稳定性低的问题，需要摆脱目前压铸岛思路的约束，根据液态模锻工艺特点开发出洁净化给汤、压射系统的实时控制、模具热制度有效调控的液锻岛。

此外，零件轻量化和集成化制造需求催生了零件成形装备的大型化。压铸装备公称力已经达到了万吨级，而液锻装备的大型化程度还很不够。目前国内最大吨位的立式液态模锻机只有 4000t，卧式液态模锻机只有 3500t。液态模锻机组能力的大型化是液锻技术装备今后的又一个发展趋势。

4.2.3.2 材料与产品的研究进展

简单地说，可以采用液态模锻工艺进行零件成形的材料称为液锻材料；评价材料液态模锻成形难易程度的性能称为液锻工艺性能。液锻工艺性能主要包括充型能力、热裂敏感性和补缩能力三个方面。

早期的液态模锻材料主要是常用的铸造铝合金。随着液态模锻技术的发展，液态模锻材料已经突破了铸造合金的限制，向变形铝合金领域拓展，对标模锻件。例如，用变形铝合金 2A50 液锻特种车辆轮盘取得了大批量生产应用，替代锻造轮盘，性能满足要求的同时成本显著降低；又如，用变形铝合金 7A04 生产纺织机盘头零件，也取得了预期的效果。可以说所有变形合金和铸造合金都是液锻材料，但是材料的液锻工艺性能与液锻工艺直接相关。实验证明，ZL205A 铝合金在 30MPa 比压下直接液锻，其热裂敏感性很大，螺旋线试样出模就裂成了数段，但是，将比压提高至 60MPa，则长达 1350mm 的螺旋线试样未见任何裂纹。

目前，液态模锻材料除了铝合金外，已经向铜合金、钢铁材料及金属基复合材料延伸，并取得了成功的应用。特别是钢铁耐磨材料液锻件，强韧兼备，耐磨性显著提高。

4.2.4 液态模锻常见缺陷及防止措施

液态模锻与挤压铸造是一种优质、高效的工艺方法，只要各工艺环节控制合理，在正常情况下，是能保证做出内部组织致密、表面光洁、力学性能优良的铸件的。但是，在实际生产中，往往会出现诸如缩松、缩孔、气孔、夹渣、浇不足、未熔合、冷隔、偏析及裂纹等缺陷。这大多是与挤压铸造方式的选择、模具设计、合金的熔炼、挤压参数的选取和工人实际操作不当有关。下面重点对各种常见的尤其是对工艺特有的缺陷的形成机制、特征影响因素及解决办法等进行讨论。

4.2.4.1　表面损伤缺陷

（1）直接冲头挤压冷隔

直接冲头挤压冷隔（或未熔合）只是在直接冲头挤压时出现的。当液态金属浇入凹型以后，在挤压冲头下压之前的一段时间内，此金属液在接触凹型型壁的部位形成结晶硬壳，在金属液面形成氧化膜并漂浮有氧化渣。当挤压冲头插入此液面以后，中间未凝固的液态金属向侧上方流动以形成杯形铸件的上部，而已经结壳的部分金属则不会移动，因而上流的液态金属与结壳金属之间在浇注液面高度上，紧靠凹型周边则会形成冷隔（或未熔合，或氧化皮夹渣），这就是直接冲头挤压冷隔。

在应用直接冲头挤压工艺时，此种冷隔是不可避免的，但其严重的程度是与合金种类和工艺参数有关的，如升高铸型温度、缩短加压时间可减轻冷隔的形成。但应注意的是工艺设计时，要尽量将此冷隔移到非受力部位或留到加工余量中去。

（2）直接挤压夹皮

直接挤压夹皮是一种在直接冲头挤压和柱塞挤压时才会出现的夹皮。在液态金属浇入带有尖角或窄小型腔的凹型过程中，液态金属由于表面张力或部分温度过低等原因，在重力条件下流不进此尖角或窄腔处，进而形成圆弧结壳，并在此结壳外被氧化或粘上涂料等，当挤压头加压之后，此结壳的某一处被挤裂，使未凝固的液态金属（即二次液流）穿过此裂纹被挤进尖角或窄腔处，因而在此圆弧结壳外出现夹皮。改变工艺参数，如升高铸型温度、浇注温度，减少喷涂和缩短开始加压时间，可以减轻此类夹皮的形成。但最好的办法仍需改变铸型的结构，将此尖角或窄腔改由冲头直接成形为好。

4.2.4.2　缩松、缩孔及渗漏类缺陷

（1）压力不足造成的缩松、缩孔

在直接冲头挤压和柱塞挤压形式中，由于不能设置冒口补缩系统，只靠压力压缩正凝固中的铸件，将部分尚未凝固的金属挤入铸件热节处以进行补缩，当压力不足时，此种补缩效果不能完全实现，因而在铸件热节范围内会出现缩松或缩孔，在其附近的铸件表面甚至会出现缩陷。消除此类缺陷所需的最低压力，即称临界压力，它与铸件形状、尺寸、挤压部位、合金材料等多种因素有关，一般情况下，直接冲头挤压的临界压力大于 60MPa，柱塞挤压的临界压力要大于 80MPa。

（2）冲头局部受阻而造成的缩松、缩孔

在直接冲头挤压和柱塞挤压工艺中，由于冲头的挤压过程与铸件凝固过程同时进行，铸件中早一些凝固的部位（多数为薄壁部位）会成为一个支撑点，阻碍冲头对厚大的尚未凝固的热节部位的进一步挤压，使此部位得不到压力补缩效果而出现缩松、缩孔。

若出现此种情况，需将铸件壁厚和其冷却速度做局部调整，使整个铸件大体达到同时凝固的目的。

（3）压力损失造成的缩松、缩孔

在对液态金属实施挤压的过程中，由于已凝固的结晶硬壳与铸型型壁之间存在摩擦力，

加之此结壳对挤压头的支撑作用，部分窄小部位对补缩液态金属流的阻碍作用，使铸件上远离挤压头的部位实际上受到的挤压压力远低于挤压头压力，即存在较大的压力损失，而这在间接冲头挤压工艺中尤为明显。这样使铸件上一些厚大部位易出现缩松、缩孔。

若出现此种情况，需改变挤压方式和挤压铸型设计，应用顺序凝固的设计原则，使铸件的厚大部位和重要受力部位更靠近挤压冲头，或者对个别厚大部位实施局部补压。

4.2.4.3 气孔、起泡类缺陷

挤压铸件中气孔按气体来源可分为侵入气孔、析出气孔和反应气孔三种类型，其中前两者是主要的。在前述的缩孔、缩松形成过程中大都伴有合金气体的析出，因而缩孔、缩松和气孔大多是伴生的。如果合金中含气量过高，或液态金属充填过程中侵入气体过多，会加剧上述缩孔或气孔的形成。为达到良好的力学性能，对于绝大多数挤压铸件而言，用户都要求进行固溶热处理。一些原来未见有气泡的铸件，经此热处理后往往会出现新的气泡。因此，防止热处理气泡就成为挤压铸造工艺中需解决的一个突出问题。

(1) 热处理气泡的直接原因

液态金属在压力推动下充型过程中，往往会卷入气体和有挥发性的涂料夹渣，如模具型腔中来不及排出的空气、涂料挥发的烟气等；液态金属中已析出而又来不及浮出的气泡；模具型腔中未干涸的带有易挥发性油脂、水汽的涂料、夹渣等。它们在随后的高压凝固时被封闭，压缩在铸件金属中。在常温条件下，这些被卷入的气体和涂料夹渣在铸件中往往是不易觉察的，但是当这些铸件进行固溶热处理或高温加热时，基体金属会大幅度软化，而被封闭压缩的气体、未挥发的油脂和水汽又会急剧挥发和膨胀，使铸件在该部位产生新的气泡，此即为热处理气泡。由于铸件表皮下卷入气体及夹渣概率较大，"起泡"需克服的阻力较小，因而铸件皮下气泡较多。小的有小米大小，大的有蚕豆大小，多呈密集分布。而实际上，铸件厚壁深处也会出现起泡现象，只是要在严重夹渣时才会出现此种情况，而此种起泡一般都是比较大的。

热处理气泡的特征是：铸件经固溶热处理（或高温加热后），铸件表面局部"起泡"，将此"起泡"表面铲掉后，下面留有孔洞。此孔洞内表面光滑，并有被污染的痕迹，严重的留有大的涂料夹渣。

(2) 直接挤压铸件的热处理气泡特点

直接挤压方式，主要包括直接冲头挤压和柱塞挤压两种，此类方式的特点是液态金属浇入下方的凹模中，挤压冲头（柱塞）由上向下实施挤压。在进行合模、液态金属充型和压力下凝固过程中，液态金属始终处在下方，型腔中的空气在上方；液态金属流速慢甚至不流动；很少有与空气相互对流、混流的情况；而且空气可从冲头与凹模间的间隙向外排出。因此，此类挤压方式"卷气"的概率小，只要控制好喷涂和排气问题，此类挤压方式的产品都是可以顺利进行固溶热处理的。

① 涂料品种的选择。常用涂料有水剂的和油剂的（包括蜡基的）两大类。前者的冷却效果好，润滑性略差，喷涂后，水汽很快挥发，型腔内壁只留有一层干涸的粉末；而后者润滑性好，喷涂后型腔表面不易干涸，会留下一些油性物质。在随后的浇注、挤压充型及凝固过程中，对喷涂水剂涂料的铸件表层，虽留有固态润滑剂粉末，但在固溶热处理时，不易挥发起泡，反之，对型腔的喷涂油剂涂料的铸件，由于油性物质已卷入铸件表层，在后面固溶

加热时，会挥发膨胀，而极易发生起泡。

因此，对于需固溶热处理的挤压铸件，其模具型腔要尽量避免使用油剂涂料或不能沾上油污。当然，不同品种水剂涂料的"发气性"也是有区别的，选用时，要注意比较。

② 喷涂工艺注意点。喷涂要均匀，浇注前一定要将型腔表面水汽吹干，绝对不能局部积水或残留湿的涂料，在用手工刷涂时尤要注意。

③ 配合间隙。直接挤压铸造主要靠凹模与冲头（柱塞）间的配合间隙进行排气，因此间隙大小比较关键，过小则排气不畅，过大则造成液态金属喷溅。一般情况下，冲头、芯棒与凹模、套孔之间配合间隙可选用 H7/e8～H7/d8（对铝合金、镁合金铸造），配合长度（或封闭高度）20～50mm。为了有利于排气还可以在冲头或芯棒外周配合面上，加工数条 0.05～0.1mm 深、10～30mm 宽的排气槽。

（3）间接挤压铸件热处理气泡的特点

间接冲头挤压铸造主要分下顶式和上挤压式两种方式。与直接挤压相比较，此方式液态金属流动距离长，其铸件又大多数形状较复杂，解决热处理气泡问题的技术难度要大。

但是与普通压力铸造相比，间接挤压方式液态金属多为自下而上充型的，且内浇口大、浇道粗，液态金属充型速度慢，因此，产生热处理气泡的概率要小得多。只要模具设计合理，工艺选配得当，在生产中间接挤压铸件是完全可固溶热处理的。必须说明的是，间接挤压中，下顶式和上挤压式出现热处理气泡的概率也是有区别的，前者由于排气和挡渣条件好，解决"起泡"问题比较容易；而后者要设置横的内浇道，容易出现液态金属与储液槽气体混流情况，加之储液槽侧壁附近的液态金属结壳及表面夹渣在挤压充型时，不可避免地会冲入型腔中（无法挡渣），因此，解决"起泡"问题相对困难一些。

① 液态金属充型速度的控制。根据理论分析和实践试验，为使液态金属不出现涡流而卷气，其充型速度应控制在 0.8m/s 以下。在实际生产中，对于直接挤压铸造，多由挤压头的挤压速度来控制。对于厚壁铸件，此挤压速度可慢些，宜控制在 0.1m/s 左右；对薄壁或小铸件，此速度可高些（充型速度），达 0.2～0.4m/s。对于间接挤压铸造，常测算其内浇口处或铸件最窄处的液态金属流速进行控制。对于厚壁铸件，此充型速度（或口速度）可控制在 0.5～1m/s；对于薄壁铸件，此速度可控制在 0.8～2m/s。

为了使流动的液态金属不产生涡流，在模具设计时，尤其是内浇道设计时要尽量减小液流对型芯和模腔壁的正面冲击，适当地加大铸件上的圆角过渡，甚至增设附加流道。

② 型腔排气的措施：

a. 利用推杆孔间隙排气。模具中推杆的设置本来是为了顶推铸件脱模，在其每次顶推过程中，实际上对顶杆与其孔的间隙进行了一次清理，即会将间隙间的堵塞物，如料、金属的毛刺及氧化物等进行清除而经常保持可排气状态。所以，在模具设计中，有时也要专门为排气而设置推杆，尤其是无法从分型面排气的铸件部位等。

b. 利用分型面排气。在模具的分型面上一般都是要设置排气槽的。排气槽尺寸推荐为深 0.05～0.1mm、宽 5～20mm。在每次挤压铸造过程中，排气槽往往会射进部分金属飞边、毛刺，故排气槽要设置成便于清理的。多数情况下，分型面上的排气槽与集渣包串联，并和推料杆一起，实现排气和集渣。

c. 特殊排气措施。为了使型腔中气体更彻底地排出，对于要求高的铸件，往往还需采取一些特殊的排气措施，如设置排气块、排气阀和使用真空抽气等。

4.3 半固态铸造技术

4.3.1 半固态铸造技术原理及特点

4.3.1.1 半固态铸造成形的原理及方法

20 世纪 70 年代，美国麻省理工学院（MIT）的 M. C. Flemings 等人提出了搅拌铸造（stircasting）新工艺：用旋转双桶机械搅拌制备出了 Sn-15％Pb 半固态金属浆料用于浇铸。但由于专利保护等，半固态铸造成形仅局限于实验室研究及小规模的生产，没有得到较大的应用。直到 20 世纪 90 年代，半固态铸造的研究和实际应用才迅速扩大。

半固态铸造成形的基本原理是：在液态金属的凝固过程中，在金属的液相和固相区间进行强烈的搅动，使普通铸造易于形成的树枝晶网络骨架被打碎而形成分散的粒状组织形态，从而制得半固态金属液，然后将其压铸成坯料或铸件。它是由传统的铸造技术及锻压技术融合而成的新的成形技术。半固态成形与传统压力铸造成形相比，具有成形温度低（铝合金至少可降低 120℃）、模具的寿命长、节约能源、铸件性能好（气孔率大大减少、组织呈细颗粒状）、尺寸精度高（凝固收缩小）等优点；它与传统的锻压技术相比，又有充型性能好、成本低、对模具的要求低、可制造复杂零件等优点。因此，半固态铸造成形工艺被认为是21 世纪最具发展前途的近净成形技术之一。

根据工艺流程的不同，半固态铸造可分为流变铸造和触变铸造两类。流变铸造是将从液相到固相冷却过程中的金属液进行强烈搅动，在一定的固相分数下将半固态金属浆料压铸或挤压成形，又称一步法 [图 4.11(a)]。触变铸造是先由连铸等方法制得的具有半固态组织的锭坯，然后切成所需长度，再加热到半固态状，然后再压铸或挤压成形，又称二步法 [图 4.11(b)]。

由于流变铸造中，半固态金属浆料的保持和输送控制严格而困难，目前实际应用较少。但如果能在半固态金属浆料的获取、保持及输送方面取得进展和突破，流变铸造的工业应用前景会更加广阔，因为流变铸造的工艺更简单、能耗更低（不需一次加热）、铸件的成本低。

目前，国外工业主要应用的是触变铸造，即二步法。但触变铸造首先需要生产半固态金属坯料，成本高（坯料的成本占零件的成本约 50%），二次加热能耗大，工艺过程较复杂，且具有触变性能的材料种类不多。半固态铸造的关键技术包括：半固态浆料的制备（机械搅拌法、电磁搅拌）、半固态浆料的保持（或半固态料坯的制备）、二次加热技术、半固态零件的成形等。

用机械搅拌法制备半固态浆料，设备结构简单、搅拌的剪切速度快，但对设备的材料要求高；电磁搅拌制备半固态浆料，构件的损耗少，但搅拌的剪切速度慢（电磁损耗大）。

近年来，世界各国的研究人员在研究新的半固态铸造成形工艺技术时，加强了以流变铸造为基础的半固态金属铸造（或成形）新工艺技术研究探索工作。他们将塑料的注射成形原理，应用于半固态金属流变铸造中，集半固态金属浆料的制备、输送、成形等过程于一体，

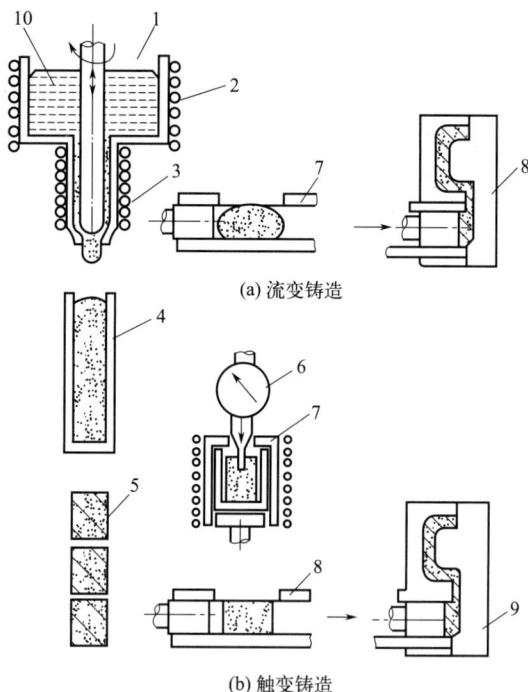

图 4.11　半固态铸造装置示意图

1—金属液；2—加热炉；3—冷却器；4—流变铸锭；5—料坯；6—软度指示仪；
7—坯料二次加热器；8—压射室；9—压铸模；10—压铸合金

较好地解决了半固态金属浆料的保存及输送控制困难问题，形成了半固态金属流变注射成形新技术。其核心是对一步法技术的重大突破，使半固态流变铸造技术的工业应用展现出了光明的前景。

对金属材料而言，半固态是其从液态向固态转变或从固态向液态转变的中间状态，尤其是对于结晶温度区间宽的合金，半固态阶段较长。金属材料在液态、固态和半固态三个阶段均呈现明显不同的物理特性，利用这些特性，便形成了液态的铸造成形、半固态的流变成形或触变成形、固态的塑性成形等多种金属热加工成形方法。

4.3.1.2　半固态金属的特点

半固态金属（合金）的内部特征是固液相混合共存，在晶粒边界存在金属液体，根据固相分数的不同，其状态不同，如图 4.12 所示。半固态金属的金属学和力学特点主要有如下几点：

① 由于固液共存，在两者界面处熔化、凝固不断发生，产生活跃的扩散现象。因此，溶质元素的局部浓度不断变化。

② 由于晶间或固相粒子间夹有液相成分，固相粒子间几乎没有结合力，因此，其宏观流动变形抗力很低。

③ 随着固相分数的降低，呈现黏性流体特性，在微小外力作用下即可很容易变形流动。

④ 当固相分数在极限值（约 75%）以下时，浆料可以进行搅拌，并可以很容易地混入异种材料的粉末、纤维等，实现难加工材料（高温合金、陶瓷等）的成形。

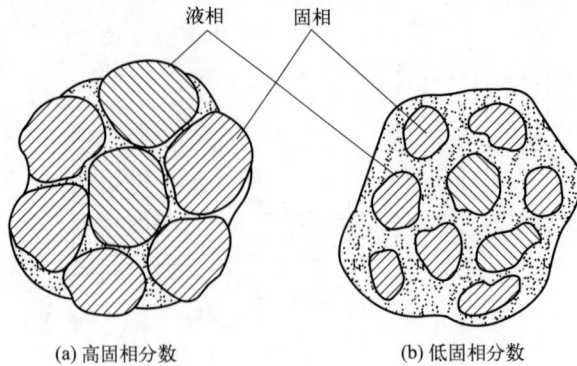

图 4.12　半固态金属（合金）的内部结构

⑤ 由于固相粒子间几乎没有结合力，在特定部位虽然容易分离，但因液相成分的存在，又可很容易地将分离的部位连接形成一体，特别是液相成分很活跃，不仅半固态金属间容易结合，而且与一般固态金属材料也容易形成很好的结合。

⑥ 当施加外力时，液相成分和固相成分存在分别流动的情况，通常，存在液相成分先行流动的倾向和可能性。

上述现象在固相分数很高或很低，或加工速度特别高的情况下都很难发生，主要是在中间固相分数范围或低加工速度情况下较显著。

与常规铸造方法形成的枝晶组织不同，利用流变铸造生产的半固态金属零件，具有独特非枝晶、近似球形的显微组织结构。由于是在强烈的搅拌下凝固结晶，枝晶之间互相破碎、剪切，液体对晶粒剧烈冲刷，枝晶臂被打断，形成了更多的细小组织粒，其自身结构也逐渐向蔷薇形演化，而随着温度的继续下降，最终使这种蔷薇形结构演化成更简单的球形结构（图 4.13）。球形结构的最终形成要靠足够的冷却速度和足够高的剪切速率。

图 4.13　球形组织的演变过程示意图

与普通的加工成形方法比较，半固态金属加工具有许多独特的优势：

① 黏度比液态金属高，容易控制。模具夹带的气体少，可减少氧化，改善加工性，减少模具粉接，可以实现零件加工成形的高速化，改善零件的表面精度，易实现成形自动化。

② 流动应力比固态金属低。半固态浆料具有流变性和触变性，变形抗力小，可以更高的速度成形零件，而且可进行复杂件的成形，缩短了加工周期，提高了材料利用率，有利于节能节材，并可进行连续形状的高速成形（如挤压），加工成本低。

③ 应用范围广。凡具有固液两相区的合金均可实现半固态加工成形，适用于多种加工工艺，如铸造、轧制、挤压和锻压等，还可进行复合材料的成形加工。

4.3.2　半固态铸造关键技术及应用

半固态铸造的基本工艺及过程如图 4.14 所示。半固态金属铸造成形主要分为流变铸造成形和触变铸造成形两种。前者的关键技术包括半固态浆料制备、流变铸造成形；后者的关键技术包括半固态浆料制备、半固态坯料制备、二次加热、触变成形。下面就有关的关键技术进行介绍。

4.3.2.1　半固态浆料制备

　　无论是流变铸造成形还是触变铸造成形，首先要获得半固态浆料。因此，半固态金属浆料的制备方法及设备的发展，是多年来半固态铸造成形技术发展的标志性技术，其内容丰富多彩，已出现了很多专利技术，各有特点，目前主要有电磁搅拌、机械搅拌两大类。

　　（1）机械搅拌式半固态浆料制备装置

　　机械搅拌制备方式是最早采用的半固态浆料制备方式，其设备的结构简单，可以通过控制搅拌温度、搅拌速度和冷却速度等工艺参数，获得半固态金属浆料。机械搅拌可以获得很高的剪切速度，有利于形成细小的球形微观组织。机械搅拌式装置的缺点是：高温下机械搅拌构件的热损耗大，被热蚀的构件材料对半固态金属浆料会产生污染，因此对搅拌构件材料的高温性能（耐磨、耐蚀等）要求较高。机械搅拌式装置通常可分为连续式和间歇式两种类型。图 4.15 所示是 MIT 最早报道的半固态机械搅拌装置及流变铸造机。

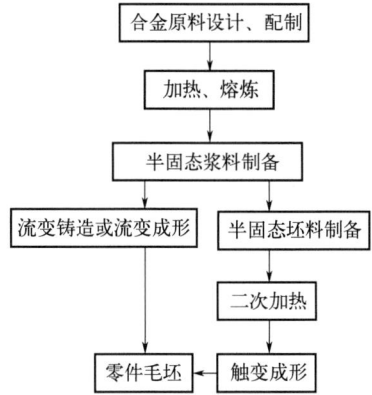

图 4.14　半固态成形的基本工艺及过程

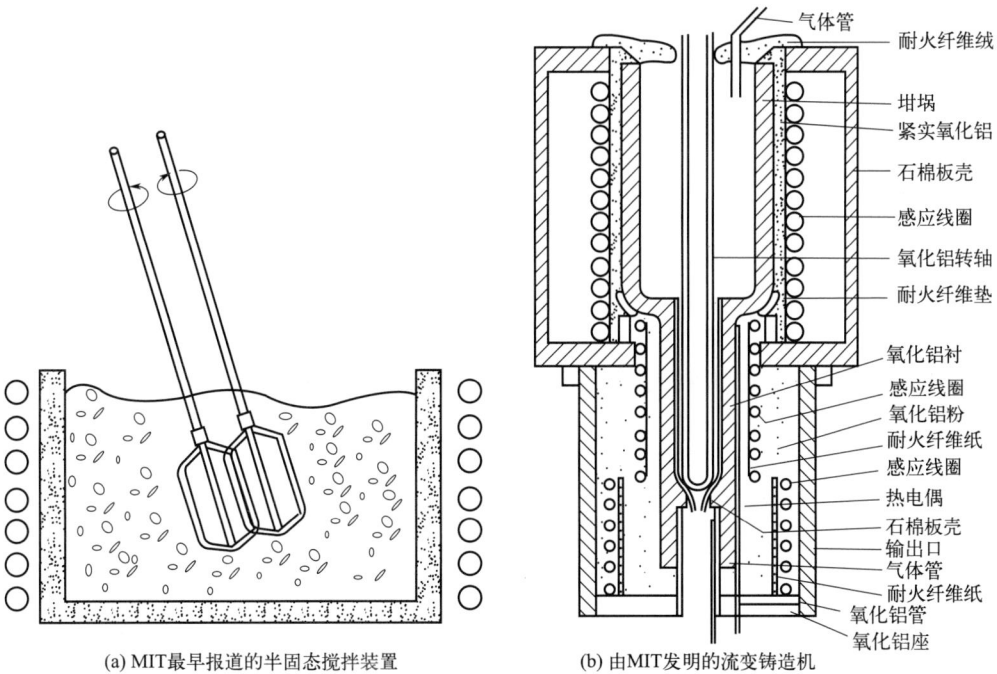

(a) MIT最早报道的半固态搅拌装置　　(b) 由MIT发明的流变铸造机

图 4.15　MIT 最早报道的半固态机械搅拌装置及流变铸造机原理图

　　（2）电磁搅拌式半固态浆料制备装置

　　电磁搅拌法是利用感应线圈产生的平行于或垂直于铸型方向的强磁场对处于液-固相线之间的金属液形成强烈的搅拌作用，产生剧烈的流动，使金属凝固析出的枝晶充分破碎并球化，进而制备半固态浆料或坯料的方法。该方法不污染金属液，金属浆料纯净，不卷入气体，可以连续生产流变浆料或连铸锭坯，产量可以很大。通常，影响电磁搅拌效果的因素有搅拌功率、冷却速度、金属液温度、浇注速度等。但直径大于150mm的铸坯不宜采用电磁搅拌法生产，电磁搅拌获得的剪切速度不及机械搅拌的高。

从金属液的流动方式看，电磁搅拌主要有两种形式：一种是垂直式，即感应线圈与铸型的轴线方向垂直；另一种是水平式，即感应线圈平行于铸型的轴线方向。电磁搅拌法在国外已用于工业化生产，大量生产半固态原材料铸锭。

（3）超声波振动半固态浆料制备

超声波振动半固态浆料制备原理是：利用超声机械振动波扰动金属的凝固过程，细化金属晶粒，获得球状初晶的金属浆料。

超声波振动作用于金属熔体的方法有两种：一种是将振动器的一面作用在模具上，模具再将振动直接作用在金属熔体上；另一种是振动器的一面直接作用于金属熔体上。实验证明，对合金液施加超声振动，不仅可以获得球状晶粒，还可使合金的晶粒直径减小，获得非枝晶坯料。

（4）蛇形通道浇注法制备半固态浆料

蛇形通道浇注法是北京科技大学毛卫民等提出的半固态浆料制备新方法。该方法的技术路线是：将过热度不大于100℃的合金熔体浇入立式蛇形通道中，在合金熔体沿蛇形通道向下流动的过程中，流动方向不断改变，同时向通道内部快速传热，合金熔体流出蛇形通道时即成为半固态浆料。其原理为：蛇形通道内过冷的合金熔体经过弯道的作用，熔体内部的对流、剪切和搅拌使初生激冷晶核经过游离、增殖、长大和熟化，最后演变成近球状和蔷薇状的晶粒。该半固态浆料可直接流入压室或锻模内进行流变成形，也可以流入坩埚中对半固态浆料质量做进一步提高。

（5）倾斜滚筒法制备半固态浆料

倾斜滚筒法是南昌大学的杨湘杰等提出的半固态浆料制备新方法。其技术路线是：将过热的铝合金熔体从不断旋转的圆筒上方浇入，当其从圆筒下方流出时即获得半固态浆料。高温金属熔体流经转管的过程中，金属熔体主要经历两个阶段：第一个阶段是迅速降温阶段，在这一个阶段内转管对高温熔体主要起激冷作用，其目的就是要使合金熔体的温度快速下降到接近合金的液相线附近；第二个阶段主要是大量形核及枝晶的破碎与晶粒球化，当流经转管的金属熔体温度降低到液相线附近时，开始出现大量细小的初生固相，并随着熔体温度的快速下降而不断长大，出现枝状的网络结构，由于转管一直在转动，对合金熔体不断搅拌，使刚形成的枝状结构迅速破碎，在转管剪切力的作用下，不断地翻滚，晶粒不断地被球化，最终形成近似球体的晶粒。

（6）应变诱导熔化激活法制备半固态料坯

应变诱导熔化激活法制备半固态料坯的工艺要点为：利用传统的连铸法制出晶粒细小的金属锭坯；然后将该金属锭坯在回复再结晶的温度范围内进行大变形量的热态挤压变形，通过变形使铸造组织破碎；再对热态挤压变形过的坯料加以少量的冷变形，在坯料的组织中储存部分变形能量；最后按需要将经过变形的金属锭坯切成一定大小，迅速将其加热到固液两相区并适当保温，即可获得具有触变性的球状半固态坯料。

4.3.2.2 二次加热及坯料重熔测定控制技术

流变铸造采用一步法成形，半固态浆料制备与成形连为一体，装备较为简单；而触变铸造采用二步法成形，除有半固态浆料制备及坯料成形外，还有二次加热装置、坯料重熔测定控制装置等。下面就介绍触变铸造中的二次加热装置、坯料重熔测定控制装置。

（1）二次加热装置

触变成形前，半固态棒料先要进行二次加热（局部重熔）。根据加工零件的质量大小精确分割经流变铸造获得的半固态金属棒料，然后在感应炉中重新加热至半固态供后续成形。二次加热的目的是：获得不同工艺所需的固相体积分数，使半固态金属棒料中细小的枝晶碎片转化成球状结构，为触变成形创造有利条件。

目前，半固态金属加热普遍采用感应加热，它能够根据需要快速调整加热参数，加热速度快、温度控制准确。图 4.16 所示为一种二次加热装置原理图，它利用传感器信号来控制感应加热器，得到所要求的液、固相体积分数。其工作原理为：当金属由固态转化为液态时，金属的电导率明显减小（如铝合金液态的电导率是固态的 0.4～0.5）；同时，锭坯从固态逐步转变为液态时，电磁场在加热锭坯上的穿透深度也将变化，这种变化将会引起加热回路的变化，因此可通过安装在靠近加热锭坯底部的测量线圈测出回路的变化。比较测量线圈的信号与标定信号之间的差别，就可计算出锭坯的加热温度，从而实现控制加热温度（即控制液相体积分数）的目的。

（2）重熔程度测定装置

理论上，对于二元合金，重熔后的固相体积分数可以根据加热温度由相图计算得出。实际中，常采用硬度检测法，即用一个压头压入部分重熔坯料的截面，以测定加热材料的硬度来判定是否达到了要求的液相体积分数，半固态金属重熔硬度测定装置如图 4.17 所示。

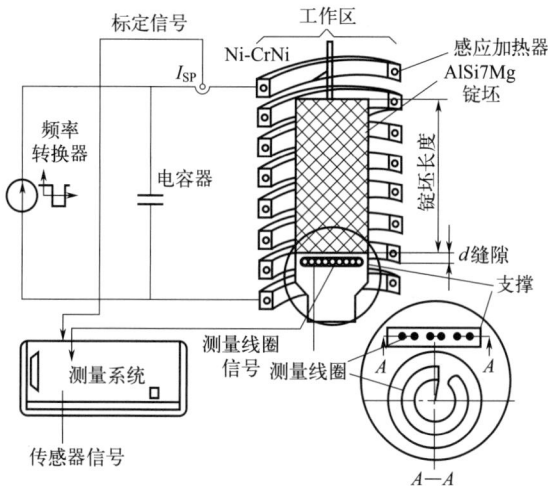

图 4.16　一种二次加热装置原理图

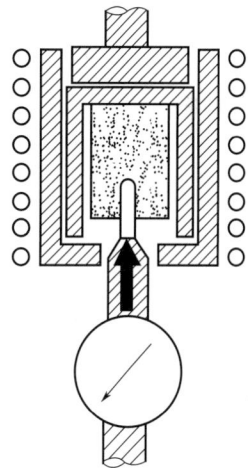

图 4.17　半固态金属
重熔硬度测定装置

4.3.2.3　半固态金属零件的成形

半固态金属零件加工的最后工序是成形，常用的成形方式有压力铸造、挤压铸造、轧制成形、锻压成形等。理论上，所有带温度控制、压力控制的压力成形机都可进行半固态金属零件的压力成形，但因各种成形设备的原理不同，其成形工艺过程不尽相同。

随着航空、航天、舰船、现代交通、机械制造业的快速发展，轻合金材料的需求量越来越大，性能要求越来越高，利用半固态成形技术工艺来近净成形轻合金制件具有较大潜力和优势。半固态加工方法能够生产形状复杂的零部件，半固态加工在镁合金产品的商业性生产主要是触变注射成形（thixomolding）工艺，在铝合金生产方面，主要集中在半固态触变成形。北京有色金属研究总院已建成国内第一条年产量 300t 的铝合金半固态材料制备生产线，可批量生产 A356、A390、7075、6061 等多种合金牌号的半固态坯料，同时还可以进行半固态坯料制备设备、流变制浆机、二次加热专用加热设备等半固态加工成套设备的生产。北京交通大学利用半固态流变挤压技术成功地制造碳钢 ZG230-450 基座和低合金钢齿轮和箱体。南昌大学利用流变铸造技术实现了传统铸造专用合金如 ADC10 的铸造。在国外，英国康明斯公司利用半固态技术进行高品质零部件的生产，如增压涡轮发动机叶轮、自动变速器齿轮变速杆、控制臂、上悬挂、发动机支架、柴油发动机泵体等。意大利 AnnalisaPola 采用半固态技术生产铅锑合金、生产车用电池上的金属零件，以提高其力学性能和抗腐蚀能力。泰国 J. Wannasin 用气泡诱导半固态流变铸造工艺生产了转子盖、修复管接、修复脚适配器等零部件。

4.3.2.4　半固态铸造成形新技术

世界各国的研究人员在研究新的半固态铸造成形工艺技术时，将塑料的注射成形原理，应用于半固态金属铸造中，集半固态金属浆料的制备、输送、成形等过程于一体，形成了半固态金属注射成形新技术，较好地解决了半固态金属浆料的保存及输送控制困难问题。

（1）半固态金属触变注射成形工艺

由美国 Thixomat 公司提出的半固态金属触变注射成形工艺，近乎采用了塑料注射成形的方法和原理，其结构如图 4.18 所示。目前该设备系统主要用于镁合金零件的半固态注射成形。其成形过程为：被制成粒料、屑料或细块料的镁合金原料从料斗中加入；在螺旋的作用下，粒、屑状镁合金材料被向前推进并加热至半固态；一定量的半固态金属液在螺旋的前端累积；最后在注射缸的作用下，半固态金属液被注射入模具内成形。

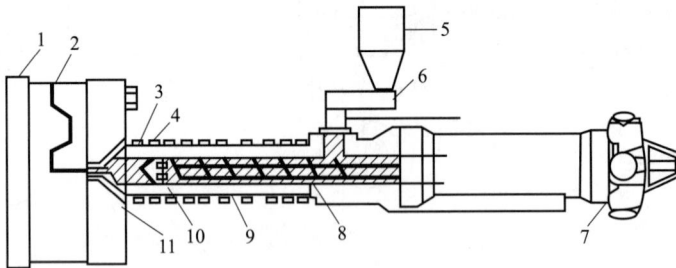

图 4.18　触变注射成形原理示意图

1—模具架；2—模型；3—半固态镁合金累积器；4—加热器；5—镁粒料斗；6—给料器；
7—旋转驱动及注射系统；8—螺旋给进器；9—筒体；10—单向阀；11—注射嘴

该成形方法的优点是：成形温度低（比镁合金压铸温度低 100℃）、成形时不需要气体保护、制件的孔隙率低、制件的尺寸精度高等。此方法是目前国外成功用于实际生产的唯一的一步法半固态金属成形工艺方法。该方法的缺点是：所用原材料为粒料、屑料或细块料，原材料的成本高；由于半固态金属的工作温度较高，机器内的螺杆及内衬等构件材料的使用寿命短，高温下构件材料的耐磨、耐蚀性问题一直使用户感到头痛。

（2）半固态金属流变注射成形工艺

美国 Conell 大学的 K. K. Wang 等，首先将半固态金属流变铸造（SSM-rheocasting）与期料注射成形（injection-moulding）结合起来，形成了一种称为流变注射成形（rheo-moul-dimg）的半固态金属成形新工艺，所发明的流变注射成形机（rheo-moulding machine）的结构原理如图 4.19 所示。流变注射成形机垂直安装，它由液态金属熔化及保护装置、单螺旋搅拌装置、搅拌筒体、冷却及加热装置、注射成形系统等部分组成。

流变注射成形的工作原理是：液态金属依靠重力从熔化及保温炉中进入搅拌筒体，然后在单螺旋的搅拌作用下（螺旋没有向下的推进压力）冷却至半固态，积累至一定量的半固态金属液后，由注射装置注射成形。上述过程全在保护气体下进行。

上述方法的不足之处是：设备构造材料的性能（高温下的耐磨、耐蚀性能等）要求较高，设备的生产循环也存在某些问题；由于单螺旋搅拌装置没有类似于泵的推进作用，故设备必须垂直安装；另外，由单螺旋搅拌装置产生的剪切速度不高。

Kono Kaname 也发明了一种半固态金属注射成形系统，如图 4.20 所示。其工作过程是：金属液被送入给料器内保温搅拌；开启给料阀时，金属液被送入筒体内，在搅拌器的作用下推进并冷却至半固态；球阀有选择地开闭，使半固态金属浆料在累积室内积累一定量后，由液压缸体完成零件的注射成形。对于半固态 Mg 合金，其控制温度为（550～580）℃ ±1℃（沿筒体方向呈温度梯度）。

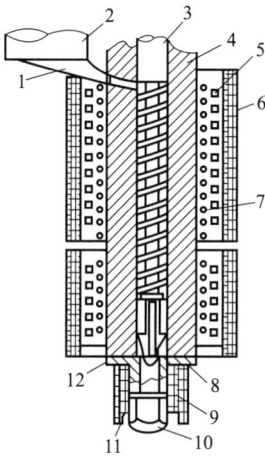

图 4.19　K. K. Wang 的流变注射成形机原理图
1—金属液输入管；2—保温炉；3—螺杆；4—筒体；
5—冷却管；6—绝热管；7—加热线圈；8—半固态
金属累积区；9—绝热层；10—注射嘴；
11—加热线圈；12—单向阀

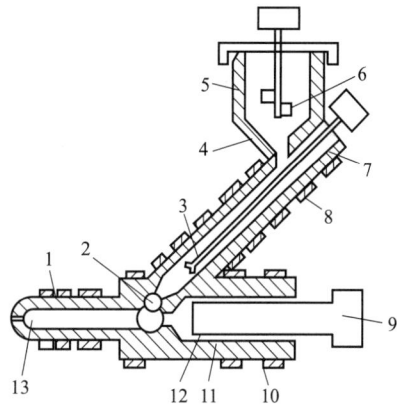

图 4.20　Kono Kaname 的流变注射成形原理图
1—加热元件；2—球阀；3—搅拌器Ⅰ；4—金属液给料器；
5—加热元件；6—搅拌器Ⅱ；7—筒体；8—加热元件；
9—活塞；10—加热元件；11—缸体；12—密封圈；
13—半固态金属累积室

它与 K. K. Wang 专利的主要区别在于：采用叶片式搅拌装置（搅拌叶片具有类似于泵的推进作用），搅拌筒体的前端为半固态浆料累积室，并在搅拌筒体与半固态浆料累积室之间设有一球形控制阀。该控制阀可以有选择地打开和关闭，可以适应或调节搅拌筒体与半固态浆料累积室之间的压力变化。但设备构造材料的性能要求仍然较高，叶片搅拌产生的剪切速度不高。

英国 Brunel 大学 Z.Fan 等提出的双螺旋注射成形技术，克服了剪切速度不高的瓶颈。该专利的特点：双螺旋搅拌产生的剪切速度很快；搅拌螺杆及搅拌筒体内衬等构件采用陶瓷材料，其耐磨、耐蚀性能大大提高。

总之，流变注射成形技术的完善和工业化应用，是半固态金属流变铸造技术研究及应用的巨大成就，将为半固态金属流变铸造技术的发展带来美好的前景。

（3）低过热度浇注式流变铸造

① 低过热度倾斜板浇注式流变铸造。日本 UBE 公司申请了非机械或非电磁搅拌的低过热度倾斜板浇注式流变铸造技术，称为 new rheocasting。其过程为：首先降低浇注合金的过热度，将合金液浇注到一个倾斜板上，合金熔体流入收集坩埚；再经过适当的冷却凝固，这时半固态合金熔体中的初生固相就呈球状，均匀分布在低熔点的残余液相中；然后对收集于坩埚中的合金浆料进行温度调整，获得尽可能均匀的温度场或固相分数，最后将收集于坩埚中的半固态合金浆料送入压铸机或挤压铸造机中进行流变铸造。

② 低过热度浇注和短时弱机械搅拌流变铸造。MIT 的 Martinez 和 Flemings 等提出了一种新的流变铸造技术。该技术的核心思想是：将低过热的合金液浇注到制备坩埚中（坩埚内径尺寸适应压铸机的射室尺寸），利用镀膜的铜棒对坩埚中的合金液进行短时间的弱机械搅拌，使合金熔体冷却到液相线温度以下，然后移走搅拌铜棒，让坩埚中的半固态合金熔体冷却到预定的温度或固相分数，最后将坩埚中的半固态合金浆料倾入压铸机射室内，进行流变压铸。

4.4 无模铸造复合成形技术

4.4.1 概述

砂型铸造从造型方法上可以分为有模铸造和无模铸造，传统的造型工艺是通过木模或金属模进行翻模制造，存在工序多、流程长、形状精确控制难等难题。随着无模铸造快速成形技术的出现，砂型铸造不再需要模具，这大幅缩短了产品的研制周期，节约了新型材料，达到生产过程低排放、节能高效的目标。

单忠德等人提出了一种砂型/砂芯曲面柔性挤压近净成形、切削成形的无模铸造复合成形方法，无需木模或金属模等传统刚性模具，通过挤压-切削一体化成形技术可实现砂型的高精高效快速制造。该成形方法针对砂型铸造性能与加工性能、成形效率与表面质量、成形精度与复杂曲面等协同性矛盾问题，攻克了造型材料、工艺方法、系统装备等关键技术，形成了具有自主知识产权的核心方法、技术及装备。该方法是铸造技术的创新，拓展了成形制造方法。

无模铸造复合成形方法的原理是：根据铸件三维 CAD 模型，结合铸造工艺数据库和铸造模拟仿真技术，建立不同材质型砂的复合砂型三维优化模型；由三维 CAD 模型驱动砂型柔性挤压近净成形、砂型切削成形或者直接切削制造砂型/砂芯，制造出不同材质的砂型/砂芯单元；经砂型/砂芯尺寸及质量检测，坎合组装出复合铸型，熔融金属浇铸制造出高品质复杂铸件。

4.4.2　无模铸造复合成形工艺

无模铸造复合成形工艺流程主要分为以下 7 个部分：

① 数字化及轻量化设计。在铸件设计之初，可考虑进行轻量化设计，如通过运用高牌号灰铸铁、蠕墨铸铁来减小铸件的壁厚。基于无模铸造复合成形技术进行铸型设计可取消起模斜度，以实现铸件轻量化设计与制造。数字化设计就是根据金属铸件的结构特点，以及铸件的材料、铸件质量和尺寸精度等要求进行综合分析，对整个铸件进行铸造工艺设计，包括砂芯设计、铸造工艺参数选取以及浇冒口系统设计等。

② 铸造工艺模拟及仿真。确定浇注温度和浇注速度，利用铸造工艺数值模拟软件对铸件浇注过程的流场及温度场进行仿真模拟。分析浇注过程流场和温度场的变化，观察是否有涡流、喷溅现象及明显的速度波动；还可以模拟分析是否有铸造缺陷，如缩孔、缩松、裂纹等；最后根据计算结果优化出合理的冒口系统方案。

③ 铸型分模。确定优化的铸造工艺后，首先根据整体铸型的结构特点，确定分模数量，其次通过在表面设计合适的坎合结构类型，实现分块铸型定位紧组装，最后为每个铸型单元选择不同型砂，设定收缩率，以及设计内部预埋冷铁、冷却管道和排气管等。

④ 砂坯制备。砂坯的制备需要准备原砂、黏结剂、固化剂等原材料。原砂的颗粒尺寸不能过小，否则原砂流动性差，铸型透气性也变差；但又不能太粗，否则会使铸型表面粗糙，达不到精度要求，且影响刀具寿命。综合考虑无模铸造复合成形工艺用的原砂粒度级别为 50/100（平均粒径为 0.150mm）、70/140（平均粒径为 0.106mm）或 70/140 和 50/100 的级配。水玻璃砂、覆膜砂等也可应用于无模铸造复合成形工艺，能够满足铸件产品质量和环保要求，实现绿色清洁铸造生产。砂坯的抗拉强度应大于 1.5MPa，其原因：一是可以防止加工过程中坍塌，二是可以获得良好的铸型加工精度和表面质量。

⑤ 砂型/砂芯加工制造与检测。针对砂型剖分后的单元模块，根据复合铸型复杂度评价原则，选用相匹配的无模铸造复合成形工艺进行加工，包括砂型挤压-切削一体化成形工艺、三轴砂型切削加工成形工艺、五轴砂型切削加工成形工艺等，并对制造完的砂型、砂芯单元进行精度、质量及铸造性等方面的检测。

⑥ 复合铸型坎合组装。将加工好的砂型/砂芯单元进行组装，采用坎合方式进行各分块单元的组装，以保证铸型整体的组装精度。

⑦ 浇注。将组装好的铸型涂上涂料，并在铸型结合面和芯头配合面的四周，采用封箱膏密封，防止金属液流入，影响砂芯气体的排出和造成铸造缺陷。然后进行液态金属的浇注、落砂、清理和检测，最终制造出高质量铸件。

4.4.3　多材质复合铸造成形工艺

多材质复合铸型的原理是：首先根据大型复杂铸件的结构特点设计铸型，并对铸件、铸型采取一体化几何三维 CAD 建模，然后对其设置边界条件及工艺参数进行铸造工艺有限元模拟计算，结合模拟分析结果综合考虑铸件局部凝固特点，确定出合理的型砂材料及配比。再单独设计一块铸型单元，铸型单元可选用树脂砂、水玻璃砂、锆英砂等不同造型材料，例如对热节、转角处及散热条件不好的部位可采用铬铁矿砂或者钢丸混砂（耐火度高、激冷能力强），内部复杂砂芯采用发气量小的树脂砂，对力学性能要求高的部位可采用透气性好的水玻璃砂。每块铸型单元也可分别设置不同的收缩率，铸型内部根据需要也可设计预埋冷铁、冷却管道及排气管等。另外，每块铸型单元之间的定位与组装可通过设计不同形式的坎合结构来实现。接着依据设计好的铸型方案，采用数字化无模铸造精密成形设备或者砂型3D打印成形设备并根据各铸型单元三维CAD模型进行加工，最后经过坎合组装得到浇注所需铸型。总之，通过该技术可获得高质量、高性能及结构优良的铸件。

多材质复合铸型工艺造型材料选择原则如下：

① 铸件壁厚>10mm时，钢丸混砂和锆英砂可作为激冷砂代替冷铁使用。

② 铸型材料为锆英砂和铬铁矿砂时，可获得高力学性能的铸铁件。

③ 铸型材料为水玻璃砂和宝珠砂时，可获得尺寸精确的铸铁件。

以某船用发动机部件壳体为例，其外形尺寸为754mm×603mm×472mm，厚壁约为55mm，最薄壁为8mm，壁厚差异非常大。该壳体件为发动机的重要部件，两侧与气缸盖相连，中间安装有隧道式曲轴，因而要求铸件两侧及中间部位必须具有较高强度与尺寸精度。考虑铸铁件形状复杂且壁厚不均，结合多材质复合铸型工艺特点，铸造工艺设计时将整个铸型拆分为9个砂型单元。因锆英砂与铬铁矿砂蓄热系数大，凝固速度快，且铬铁矿砂具有防粘砂作用，故在两侧与气缸盖相连处应用锆英砂，在中间型腔厚壁处3个砂芯应用铬铁矿砂，其余砂型单元均应用树脂砂。

思考题

1. 简述铸造技术的发展历程。近现代铸造技术有哪些发展与创新？特种铸造包括哪些铸造技术，与传统铸造技术相比有哪些优势？

2. 简述液态模锻技术方法分类与研究进展。液态模锻常见缺陷及防治措施有哪些？

3. 阐述连续铸造成形技术原理。铁管连续铸造技术、铸铁型材卧式连续铸造技术与有色合金坯连续铸造技术典型应用和相关关键技术有哪些？

4. 简述半固态铸造技术原理与工艺特点。半固态铸造关键技术及应用有哪些方面？

参考文献

[1] 曹瑜强. 铸造工艺及设备 [M]. 北京：机械工业出版社，2021.

[2] 张俊善，尹大伟. 铸造缺陷及其对策 [M]. 北京：机械工业出版社，2008.

[3] 芦刚，毛蒲. 特种铸造技术 [M]. 武汉：华中科技大学出版社，2022.

第5章

金属材料短流程塑性加工技术

金属材料的塑性加工在现代制造业中扮演着至关重要的角色，对于提高产品质量、降低成本、增强竞争力具有重要意义。本章将深入探讨金属材料塑性加工原理及技术创新，涵盖塑性加工的物理本质、组织性能变化和力学基础等。通过系统学习本章内容，读者将深入了解金属材料塑性加工领域的重要性和创新动态，为掌握先进制造技术、推动工业转型升级提供坚实支撑。

5.1　金属材料短流程塑性加工原理

塑性成形方法多种多样，且具有各自的特点，但它们都涉及一些共性问题，主要有：塑性变形的物理本质和机理；塑性变形过程中金属的塑性行为、组织性能的变化规律；变形体内部的应力、应变分布和质点流动规律；所需变形力和变形功的合理评估等。研究和掌握这些共性问题，对于保证塑性加工的顺利进行和推动工艺的进步均具有重要的理论指导意义，为学习各种塑性成形技术奠定理论基础。

5.1.1　金属塑性加工的物理本质

塑性成形所用的金属材料绝大部分是多晶体，其变形过程较单晶体复杂得多，这主要是与多晶体的结构特点有关。

实际金属晶体如图5.1所示，是由许多处于不同位向的晶粒通过晶界结合成的多晶体结构，每个晶粒可看成一个单晶体，相邻晶粒彼此位向不同，但晶体结构相同，化学组成也基本一样。就每个晶粒来说，其内部的结晶学取向并不完全严格一致，而是有亚结构存在，即每个晶粒又是由一些更小的亚晶粒组成。

晶粒之间存在厚度相当小的晶界，如图5.2所示，晶界实际上是原子排列从一种位向过渡到另一种位向的过渡层，在空间上呈网状，原子排列的规则性较差。晶界的结构与相邻两晶粒之间的位向差有关，一般可分为小角度晶界和大角度晶界。小角度晶界由位错组成，最简单的情况是由刃型位错垂直堆叠而构成的倾斜晶界。实际多晶体金属通常都是大角度晶界，其晶界结构很难用位错模型来描述，可以笼统地把它看成是原子排列混乱的区域，并在

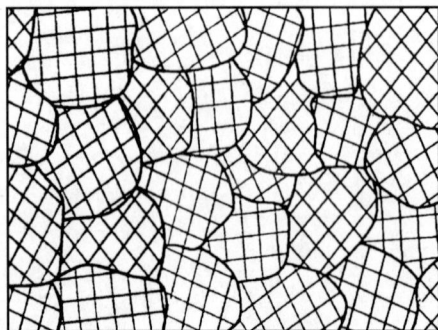

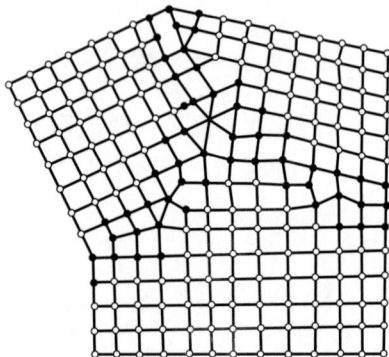

图5.1　多晶体结构　　　　图5.2　多晶体的晶间原子排列

该区域内存在较多的空位、位错及杂质等。正因为如此，晶界表现出许多不同于晶粒内部的性质，室温时晶界的强度和硬度高于晶内，而高温时则相反；晶界中原子的扩散速度比晶内原子快得多；晶界的熔点低于晶内；晶界易被腐蚀等。

5.1.2　金属塑性加工的组织性能变化

5.1.2.1　冷塑性变形对金属组织和性能的影响

（1）塑性变形对组织结构的影响

① 显微组织的变化。金属经冷加工变形后，其晶粒形状发生变化，变化趋势大体与金属宏观变形一致。例如，轧制变形时，原来等轴的晶粒沿延伸变形方向伸长，如图 5.3 所示。若变形程度很大，则晶粒呈现为一片如纤维状的条纹，称为纤维组织。晶体金属经冷态塑性变形后，晶粒内部还出现滑移带、孪生带和吕德斯带等组织特征。

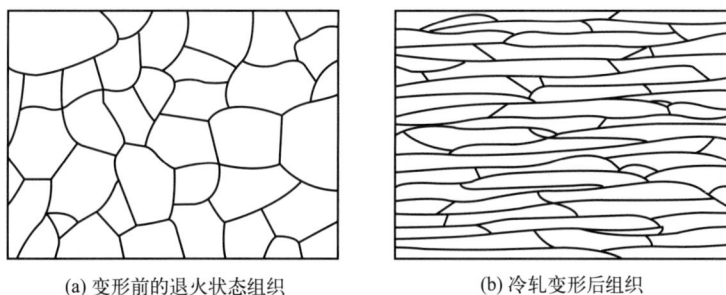

(a) 变形前的退火状态组织　　　　　(b) 冷轧变形后组织

图 5.3　冷轧前后晶粒形状变化

② 结构缺陷增加和产生形变亚晶。已知金属的塑性变形主要是借位错的运动而进行的。在塑性变形过程中，晶体内的位错不断增殖，经很大的冷变形后，位错密度可从原先退火状态的 $10^6 \sim 10^7 \, \mathrm{cm}^2$ 增加到 $10^{11} \sim 10^{12} \, \mathrm{cm}^2$。由于位错运动及位错交互作用，金属变形后的位错分布是不均匀的。它们先是比较纷乱地纠缠成群，形成位错缠结。如果变形量增大，就形成胞状亚结构。这时变形的晶粒是由许多称为胞的小单元组成，各个胞之间有微小的取向差，高密度的缠结位错主要集中在胞的周围地带，构成胞壁；而胞内体积中的位错密度甚低。随着变形量进一步增大，胞的数量会增多、尺寸减小，胞壁的位错更加稠密，胞间的取向差增大，胞的形状甚至还会随着晶粒外形的改变而改变，形成排列甚密的呈长条状的形变胞。

需要指出，对于奥氏体钢、铜及铜合金等所谓低层错能的金属，由于位错滑移困难，这类金属变形后位错的分布会比较均匀和分散，构成复杂的网络，尽管位错密度增加了，但不倾向于形成胞状亚结构。

③ 变形织构出现。多晶体塑性变形时伴随有晶粒的转动，当变形量很大时，多晶体中原为任意取向的各个晶粒，会逐渐调整其取向面彼此趋于一致，这种由于塑性变形的结果而使晶粒具有择优取向的组织，称为变形织构。如图 5.4 所示，金属或合金经对称拉拔或挤压变形后所有晶粒的某一晶向趋于与最大主应变方向平行，形成丝织构；经轧制变形后，各个晶粒的某一晶向趋于与轧制方向平行，而某一晶面趋于与轧制平面平行，形成板织构。由于

变形织构的形成，金属的性能将显示各向异性，经退火后，织构和各向异性仍然存在。用具有织构的板材冲出的拉深件，其壁厚不均、沿口不齐，出现所谓"制耳"。

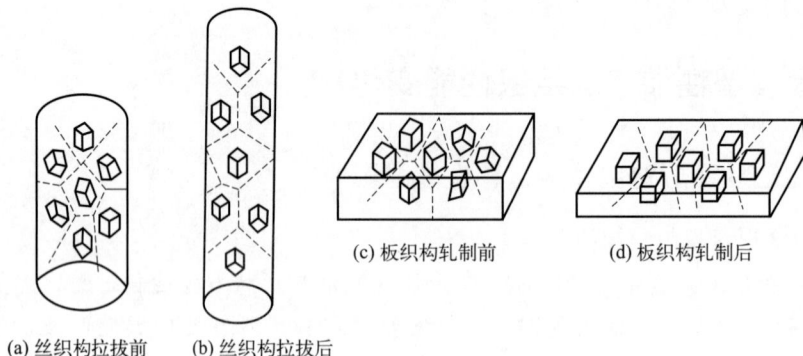

(a) 丝织构拉拔前　　(b) 丝织构拉拔后　　(c) 板织构轧制前　　(d) 板织构轧制后

图 5.4　变形织构示意图

（2）塑性变形对性能的影响

① 加工硬化。上述组织的变化，必然导致金属性能的变化，其中变化最显著的是金属的力学性能（图 5.5），即随着变形程度的增加，金属的强度、硬度增加，而塑性、韧性降低，这种现象称为加工硬化。加工硬化的实质和机理就是结构缺陷的增加而增加了位错运动的阻力。加工硬化具有重要意义，首先是强化材料的一种手段。其次，加工硬化对加工工艺具有重要作用。加工硬化还有安全保护作用。

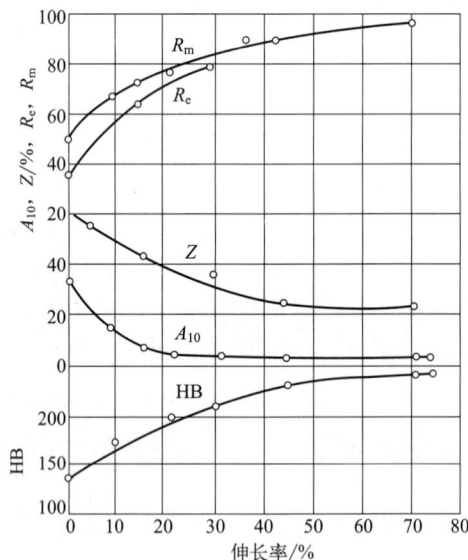

图 5.5　碳钢拉拔时力学性能的变化

② 各向异性。如前所述，多晶体在宏观上表现为各向同性，称为伪各向同性。变形之后，又会出现各向异性。其原因：一是变形织构造成的，这是结构的方向性导致性能的方向性；二是晶粒、夹杂、偏析区沿变形方向的伸展，由组织的方向性导致性能的方向性。而结构的方向性是主要因素。变形量越大，各向异性越显著。各向异性，有利有弊。

③ 残余应力及物理性能变化。变形总功的百分之几到百分之十几，作为残余畸变能存

在于晶体之中，表现为各种类型的残余应力，即变形的不均匀而造成的内部牵扯之力。显然内应力的存在，会使材料逐渐产生变形，严重者造成裂纹或断裂。

变形之后，除力学性能之外的物理性能，凡属结构敏感者，均发生明显变化，如电阻及磁矫顽力上升，而电导率、磁导率、磁饱和度下降。对结构不敏感的性能也受到一定影响，如密度、热导率、抗蚀性能有一定下降，化学活性有一定增加。

5.1.2.2　冷变形金属在加热时的组织与性能变化

金属经冷塑性变形后，其组织、结构和性能都发生复杂的变化，引起金属内能增加。当加热时原子具有大的扩散能力，变形后的金属会自发地向自由能低的方向转变，这个转变过程称为回复和再结晶。

（1）静态回复

图 5.6 给出冷变形金属加热时组织和性能变化。在回复阶段，点缺陷减少。原先变形晶粒内位错密度有所下降，位错分布形态经过重新调整和组合而处于低能态、胞壁的缠结位错变薄、网络更清晰。亚晶增大，但晶粒形状没有发生变化。所有这些，使金属晶格畸变程度大为减小，其性能也发生相应的变化，主要表现为强度、硬度有所降低，塑性、韧性有所提高。

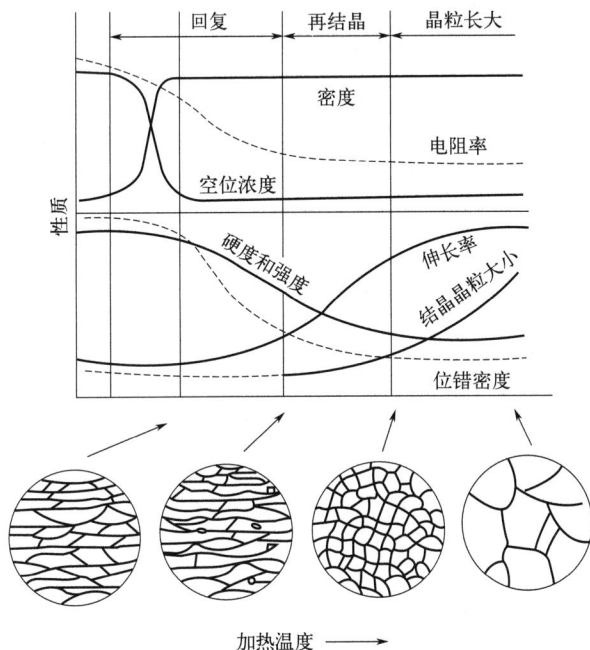

图 5.6　冷变形加热时组织和性能变化

（2）静态再结晶

冷变形金属加热到更高的温度后，金属原子获得更大的活动能力，原来变形的金属会重新形成新的无畸变的等轴晶，直至完全取代金属的冷变形组织，这个过程称为金属的再结晶。与前述的回复不同，再结晶是一个显微组织彻底重新改组的过程，通过再结晶形核和生长来完成。再结晶形核机理比较复杂，不同的金属和不同的变形条件，其形核的方式也不同。实验表明，回复阶段的多边形化是再结晶形核的必要准备阶段，再结晶核心是在多边形化所产生的无畸变亚晶的基础上形成的。多边形化产生的由小角度晶界所包围的某些无畸变的较大亚晶，可以通过两种不同方式生长：一种是通过亚晶界的移动，吞并相邻的亚晶而生长；另一种方式是通过两个亚晶之间亚晶界的消失，使两相邻亚晶合并而生长。随着亚晶的生长，包围着它的亚晶界位向差必然越来越大，最后构成了大角度晶界。由大角度晶界包围的无畸变晶体就成为再结晶的核心。当各个再结晶核心生长到相互接触时，就形成了完全以大角度晶界分界的无畸变的晶粒组织。此时，金属在性能方面也发生了根本性的变化，表现为金属的强度、硬度显著下降，塑性大为提高，加工硬化和内应力完全消除，物理性能也得到恢复，金属大体上恢复到冷变形前的状态。但是再结晶并不只是一个简单地恢复到变形前组织的过程，通过控制变形和再结晶条件可以调整再结晶晶粒的大小和再结晶的体积分数，以达到改善和控制金属性能的目的。

5.1.2.3 金属热态下的塑性变形

从金属学的角度看，在再结晶温度以上进行的塑性变形，称为热塑性变形或热塑性加工。在热塑性变形过程中，回复、再结晶与加工硬化同时发生，加工硬化不断被回复或再结晶所抵消，而使金属处于高塑性、低变形抗力的软化状态。

（1）热塑性变形时的软化过程

热塑性变形时的软化过程比较复杂，它与变形温度、应变速率、变形程度以及金属本身的性质等因素密切相关。按其性质可分为：动态回复、动态再结晶、静态回复、静态再结晶、亚动态再结晶等。动态回复和动态再结晶是在热塑性变形过程中发生的；而静态回复、静态再结晶和亚动态再结晶则是在热变形的间歇期间或热变形后，利用金属的高温余热进行的。图5.7给出热轧和热挤时，动、静态回复和再结晶的示意图。图5.7(a)表示高层错能金属（如铝及铝合金、铁素体钢及密排六方的金属等）在热轧变形程度较小（50%）时，只发生动态回复，随后发生静态回复；图5.7(b)表示低层错能金属（如奥氏体钢、铜等）在热轧变形程度较小（50%）时，只发生动态回复，随后发生静态回复和静态再结晶；图5.7(c)表示高层错能金属在热挤压变形程度很大（99%）时，发生动态回复，出模孔后发生静

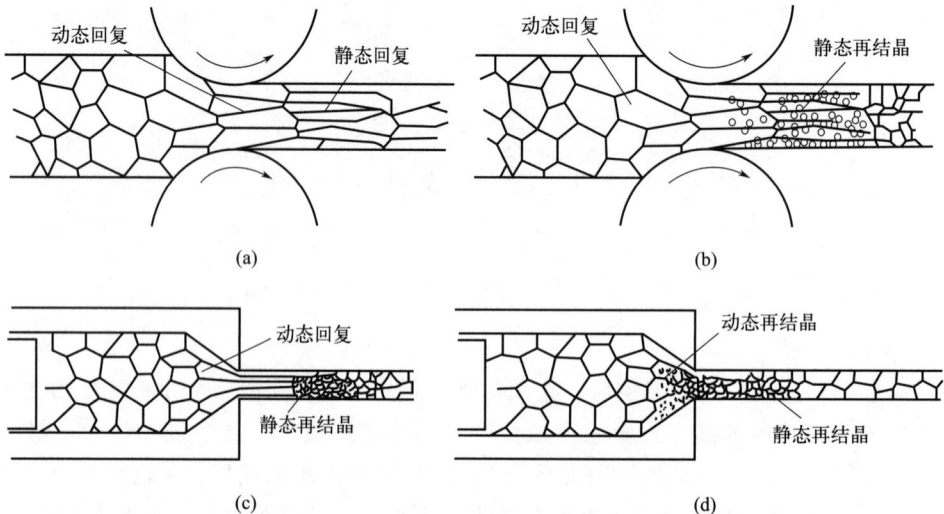

图 5.7　金属在热轧和挤压时的软化过程

态回复和静态再结晶；图 5.7(d) 表示低层错能金属在热挤压变形程度很大（90％）时，发生动态再结晶，出模孔后发生亚动态再结晶。

　　① 动态回复。动态回复是在热变形过程中发生的回复，在它未被人们认识之前，一直错误地认为再结晶是热变形过程中唯一的软化机制。而事实上，金属即使在远高于静态再结晶温度下塑性变形时，一般也只发生动态回复，且对于有些金属（如铝及铝合金、铁素体钢以及密排六方金属锌、镁等），由于它们的层错能高，扩展位错的宽度小，集束容易，有利于位错的滑移和攀移，位错容易在滑移面间转移，结果使异号位错互相抵消，位错密度下降，畸变能降低，不足以达到动态再结晶所需的能量水平。因此对于这类高层错能的金属，即使变形程度很大，也只能发生动态回复，而不发生动态再结晶。至于如奥氏体钢、铜及铜合金一类的低层错能金属的热变形，实验表明，如果变形程度较小，通常也只发生动态回复，因此可以说，动态回复在热塑性变形的软化过程中占有很重要的地位。

　　金属经动态回复后，其显微组织仍为沿变形方向拉长的晶粒，而其亚晶仍保持等轴状；金属的位错密度一般高于相应的冷变形后经静态回复的位错密度，而亚晶的尺寸一般小于相应的冷变形后经静态回复的亚晶尺寸。

　　② 动态再结晶。动态再结晶是在热变形过程中发生的再结晶，动态再结晶和静态再结晶基本一样，也是通过形核和生长来完成的。动态再结晶容易在热变形程度很大且层错能较低的金属中发生。这是因为层错能低，其扩展位错宽度就大，集束困难，不易进行位错的交滑移和攀移；而已知动态回复主要是通过位错的交滑移和攀移来完成的，这就意味着这类金属动态回复的速率和程度都很低，金属中的一些局部区域会积累足够高的位错密度差（也即畸变能差），且由于动态回复很不充分，所形成的胞状亚组织的尺寸较小，边界较不规整，胞壁还有较多的位错缠结，这种不完整的亚组织正好有利于再结晶形核，所有这些都有利于动态再结晶的发生。之所以需要更大的变形程度，是因为动态再结晶需要一定的驱动力（畸变能差），这类金属在热变形过程中，动态回复尽管很不充分但毕竟随时在进行，畸变能也随时在释放，因此只有当变形程度远高于静态再结晶所需的临界变形程度时，畸变能差才能积累到再结晶所需的水平，动态再结晶才能启动，否则也只能发生动态回复。

　　在动态再结晶过程中，由于塑性变形还在进行，生长中的再结晶晶粒随即发生变形，而静态再结晶的晶粒却是无应变的。因此，动态再结晶晶粒与同等大小的静态再结晶晶粒相比，具有更高的强度和硬度。

　　③ 热变形后的软化过程。在热变形的间歇时间或者热变形完成之后，由于金属仍处于高温状态，一般会发生以下三种软化过程：静态回复、静态再结晶和亚动态再结晶。

　　金属热变形时除少数发生动态再结晶情况外，会形成亚晶组织，使内能提高，处于热力学不稳定状态。因此在变形停止后，若热变形程度不大，将发生静态回复；若热变形程度较大，且变形后金属仍保持在再结晶温度以上，则将发生静态再结晶。静态再结晶进行得比较缓慢，需要有一定的孕育期才能完成，在孕育期内发生静态回复。再结晶完成后，重新形成无畸变的等轴晶。

　　对于在热变形时发生动态再结晶的金属，热变形后迅即发生亚动态再结晶。所谓亚动态再结晶，是指热变形过程中已经形成的、但尚未长大的动态再结晶晶核，以及长大到中途的再结晶晶粒被遗留下来，当变形停止后而温度又足够高时，这些晶核和晶粒会继续长大，此软化过程即称为亚动态再结晶。由于这类再结晶不需要形核时间，没有孕育期，所以热变形后进行得很迅速。

（2）热塑性变形对金属组织和性能的影响

① 改善晶粒组织。对于铸态金属，粗大的树枝状晶经塑性变形及再结晶而变成等轴（细）晶粒组织；对于经轧制、锻造或挤压的钢坯或型材，在以后的热加工中通过塑性变形与再结晶，其晶粒组织一般也可得到改善。

② 锻合内部缺陷。铸态金属中的疏松、空隙和微裂纹等内部缺陷被压实，从而提高了金属的致密度。内部缺陷的锻合效果，与变形温度、变形程度、应力状态及缺陷表面的纯洁度等因素有关。宏观缺陷的锻合通常经历两个阶段：首先是缺陷区发生塑性变形，使空隙变形、两壁靠合，此称闭合阶段；然后在三向压应力作用下，加上高温条件，使空隙两壁金属焊合成一体，此称焊合阶段。如果没有足够大的变形程度，不能实现空隙的闭合，虽有三向压应力作用，也很难达到宏观缺陷的焊合。对于微观缺陷，则只要有足够大的三向压应力，就能实现锻合。

③ 破碎并改善碳化物和非金属夹杂物在钢中的分布。对于高速钢、高铬钢、高碳工具钢等，其内部含有大量的碳化物。这些碳化物有的呈粗大的鱼骨状，有的呈网状包围在晶粒周围。通过锻造或轧制，可使这些碳化物被打碎并均匀分布，从而改善了它们对金属基体的削弱作用，并使由这类钢锻制的工件在以后的热处理时硬度分布均匀，提高了工件的使用性能和寿命。为了使碳化物能被充分击碎并均匀分布，通常采用"变向锻造"，即沿毛坯的三个方向上反复进行镦拔。

④ 形成纤维组织。在热塑性变形过程中，随着变形程度的增加，钢锭内部粗大的树枝状晶逐渐沿主变形方向伸长，与此同时，晶间富集的杂质和非金属夹杂物的走向也逐渐与主变形方向一致。其中脆性夹杂物被破碎呈链状分布；而塑性夹杂物（如硫化物和多数硅酸盐等）则被拉成条带状、线状或薄片状。于是在磨面腐蚀的试样上便可以看到沿主变形方向上一条条断断续续的细线，称为流线，具有流线的组织就称为纤维组织。需要指出的是在热变形过程中，由于再结晶的结果，被拉长的晶粒变成细小的等轴晶，而流线却很稳定地保留下来直至室温。因此，这种纤维组织与冷变形时由于晶粒被拉长而形成的纤维组织是不同的。图5.8为锻造过程中纤维组织的形成示意图。纤维组织的形成，使金属的力学性能呈现各向异性，沿流线方向比垂直于流线方向具有较高的力学性能，其中尤以塑性、韧性指标最为显著。

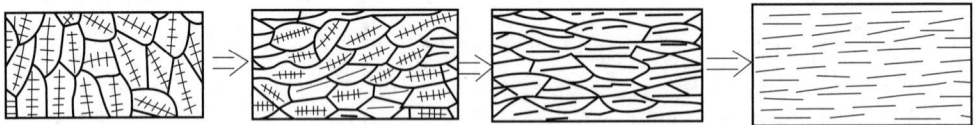

图 5.8　锻造过程中纤维组织的形成示意图

5.1.2.4　金属塑性的影响因素

所谓塑性，是指金属在外力作用下，能稳定地发生永久变形而不破坏其完整性的能力。它是金属的一种重要的加工性能。塑性越好，预示着金属塑性成形的适应能力越强，允许产生的塑性变形量越大；反之，如果金属一受力即断裂，则塑性加工也就无从进行。因此，从工艺角度出发，人们总是希望变形金属具有良好的塑性。特别是随着生产与科技的发展，有越来越多的低塑性、高强度的难变形材料需要进行塑性加工，如何改善其塑性就更具有重要的意义。

金属的塑性不是固定不变的。它既与材料的内在因素，如晶格类型、化学成分、组织状态等有关，又与外部的变形条件，如变形温度、应变速率、变形的力学状态等有关。研究不同变形条件下金属的塑性行为，是塑性成形理论与实践的一个重要课题。其目的在于选择合适的变形方法，确定最好的变形条件，以保证塑性加工的顺利进行，并推动成形技术的发展。

（1）化学成分对塑性的影响

纯金属及呈固溶体状的合金塑性最好，而呈化合物或机械混合物状态的合金塑性差。例如纯铁有很好的塑性，碳在铁中的固溶体（奥氏体）的塑性也很好，而当铁中存在大量化合物 Fe_3C 时金属变脆。钢中碳含量增加时，则钢的强度极限升高，而塑性指数下降，延伸性能降低。

合金钢、高合金钢的合金成分中所含的铬、镍、锰、钼、钨、钒等，对塑性的影响是多样性的。例如钢中锰含量增加，塑性降低，但降低程度不大，当钢中铬含量大于 30% 时，即失去塑性加工能力。

在钢中，一些与铁不形成固溶体，而形成化合物的元素，例如硫、磷，或不溶于铁的铅、锡、砷、锑、铋存在于晶界，加热时溶化，从而削弱了晶间联系使金属塑性降低或完全失掉塑性。再如硫和铁形成易溶的低熔点的物质，其熔点约为 950℃，这些硫化物在初次结晶的晶粒周围，以网状物存在，当加热温度升高时，它们熔化而破坏了晶间联系，导致塑性降低。

气体（氢、氧）及非金属夹杂物（氮化物、氧化物）在晶界上分布时同样会降低金属的塑性。氢气是铜中产生白点缺陷的主要原因，也是造成钢材产生裂纹的原因之一，因此现代炼钢均采用真空脱气处理，以净化钢水。

（2）金属组织结构对塑性的影响

晶粒界面强度、金属密度越大，晶粒大小、晶粒形状、化学成分、杂质分布越均匀及金属可能的滑移面与滑移方向越多时，则金属的塑性越高。例如铸造组织是最不均匀的，塑性较低。因此，生产上用热变形法将铸造组织摧毁，并借助再结晶和扩散作用使其组织均匀化。在变形前用高温均匀化方法也是使合金成分均匀一致，提高其塑性的措施。例如 Cr25Ni20 合金钢在 1250℃ 经过扩散退火，一个小时后可消除铸造中的枝状偏析，然后以适当的温度热轧时其允许压缩率可达 60%～65%。

多相合金的塑性大小取决于强化相的性质、析出的形状和分散度，还取决于强化相在基体中分布的特点、溶解度以及强化相的熔点。一般认为强化相硬度和强度高、熔点低、分散度小、在晶内呈片状析出及呈网状分布于晶界时，皆使合金塑性降低。

（3）变形温度对金属塑性的影响

变形温度对金属的塑性有重大影响，生产中由于变形温度控制不当而造成工件开裂是不乏其例的。确定最佳变形温度范围是制定工艺规范的主要内容之一，特别是对于高强度、低塑性材料以及新钢种的塑性加工尤为重要。

就大多数金属而言，其总的趋势是：随着温度的升高，塑性增加，但是这种增加并非简单的线性上升；在加热过程的某些温度区间，往往由于相变或晶粒边界状态的变化而出现脆性区，使金属的塑性降低。在一般情况下，温度由绝对零度上升到金属熔点时，可能出现几个脆区，包括低温的、中温的和高温的脆区。下面以碳钢为例，说明温度对塑性的影响（图5.9）。在超低温度（区域）时，金属的塑性极低，在 −200℃时，塑性几乎已完全丧失。这可能是原子热振动能力极低所致，也可能与晶界组成物脆化有关。以后随着温度的升高，塑性增加；在 200～400℃ 温度范围内（区域Ⅱ），出现相反情况，塑性有很大的降低，此温度区间称为蓝脆区（金属断口呈蓝色）。其形成的原因说法不一，一般认为是氮化物、氧化物以沉淀形式在晶界滑移面上析出所致，类似于时效硬化。随后，塑性又继续随温度的升高而增加，直至 800～950℃ 时，再一次出现塑性稍有下降的相反情形（区域Ⅲ），此温度区间称为热脆区。这和珠光体转变为奥氏体且形成铁素体和奥氏体两相共存有关，可能还与晶界处出现 FeS-FeO 低熔共晶体（熔点为910℃）有关。过了热脆区塑性又继续增加，一般当温度超过1250℃时，由于发生过热、过烧（晶粒粗大化，继而晶界出现氧化物和低熔物质的局部熔化等），塑性又会急剧下降，此区域称为高温脆区（区域Ⅳ）。由于金属和合金的种类繁多，温度变化所引起的物理—化学状态的变化各不相同，所以温度对塑性的影响相当复杂。

（4）变形速度对塑性的影响

变形速度对金属塑性影响较为复杂。一方面，当增加变形速度时，由于变形的加工硬化及滑移面的封闭，金属的塑性降低；另一方面，随着变形速度的增加，由于消耗于金属变形的能量大部分转变为热能，而来不及散失在空间，因而变形金属的温度升高，使加工硬化部分地或全部得到恢复而使金属的塑性增加。

根据实验结果得出，关于变形速度对金属塑性状态的影响，可综合为下述结论：

① 变形速度增加时，在下述情况下会降低金属的塑性：在变形过程中加工硬化发生的速度超过硬化解除的速度时（考虑变形热效应所发生的加工硬化解除）；由于变形热效应的作用，变形物体的温度升高，处于金属的脆性区域时。在上述情况下，因为增加变形速度会使金属由高塑性的温度区域转变为低塑性的温度区，产生塑性降低的有害影响。

② 变形速度增加时，在下述情况下会使金属的塑性增加：在变形时期金属的软化过程比加工硬化过程进行得快；变形速度增加时，热效应产生使金属的温度升高，处于金属的塑性区域时。在上述情况下，金属由脆性温度区转变为塑性温度区，而使金属的塑性提高。关于变形速度对塑性的影响，可用图5.10描述。

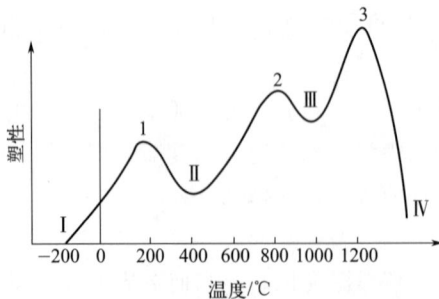

图 5.9　碳钢塑性随温度变化曲线

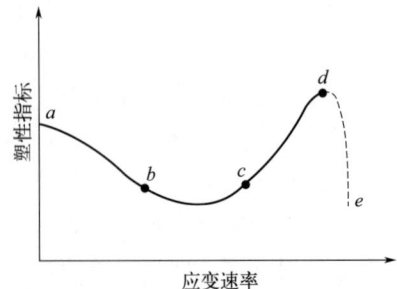

图 5.10　应变速率对塑性的影响

（5）变形力学状态对金属塑性的影响

应力状态的改变，将会在很大程度上改变金属的塑性，甚至会使脆性物体产生塑性变形，或使塑性很好的物体产生脆性破坏。当应力强，特别是在显著的三向压应力状态下，由于三向压应力妨碍了晶间变形的产生，降低了晶间破坏的可能性。反之，当拉应力数值大，数目多，特别是在显著的三向拉应力状态下，由于增加了晶间破坏的可能性，塑性降低。

变形对金属缺陷形状的影响如图 5.11 所示，一个方向拉伸，两个方向压缩为有利于发挥物体塑性的条件。这是由于物体内的缺陷暴露面缩小，降低了对塑性的危害作用。反之，两个方向拉伸，一个方向压缩是发挥物体塑性最差的变形。因为其物体内部缺陷暴露面增大，所以增加了对塑性的危害性。

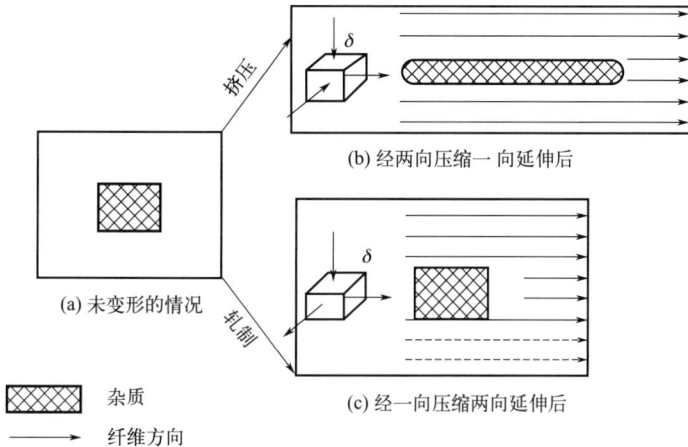

图 5.11　变形力学对金属缺陷形状的影响

（6）变形程度对塑性的影响

冷变形时，变形程度越大，加工硬化越严重，则金属塑性越低；热变形时，随着变形程度增加，晶粒细化且分散均匀，故金属塑性提高。

5.1.3　金属塑性加工力学基础

5.1.3.1　点的应力分析

塑性成形理论的基本任务之一，是确定金属坯料在给定边界条件下发生塑性变形时，其内部的位移（速度）场、应变场和应力场。掌握这些物理变量场，就能进一步预测金属坯料形状尺寸的变化，计算成形力、功能消耗和工模具接触面上的压力分布，分析工件内部的变形分布、工件质量和可能出现的缺陷，从而为合理制定成形工艺、设计成形模具、选用成形设备和控制产品质量提供科学的理论依据。为了确定这些物理变量场，需要具备关于变形体内点的应力状态和应变状态分析的基础知识。

（1）外力、内力和应力

塑性成形时，变形体所受外力可分为两类：一类是作用在变形体内每一质点的体积力，如重力、磁力和惯性力等。分析塑性成形过程时，体积力一般可以不考虑。另一类是作用在变形体表面上的表面力，它包括工模具对变形体的作用力和约束反力等。

在外力作用下，为保持变形体的连续性，其内部各质点间必然产生相互作用力，叫作内力。单位面积的内力，称为应力。

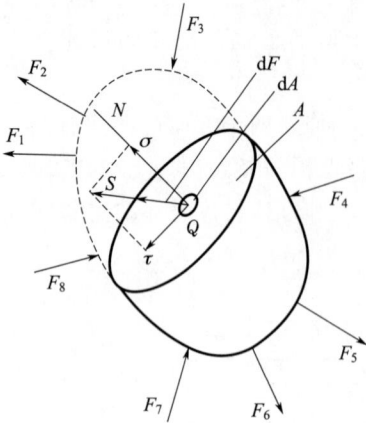

图 5.12　外力、内力和应力

图 5.12 表示工件在一系列外力 F_1、F_2、F_3、…作用下处于平衡状态，为研究物体内任意一点 Q 的受力情况，采用截面法，即过 Q 作一法线为 NQ 的平面 A，将物体切开而移去上半部。这时 A 面即可看成下半部的外表面，A 面上作用的内力应该与下半部其余的外力保持平衡。这样，内力的问题就可以当成外力来处理。

在 A 面上围绕 Q 点取一很小的面积 ΔF，该面积上内力的合力为 ΔP，则定义平均应力为：

$$S = \frac{\Delta P}{\Delta F}$$

点 Q 在截面上的应力是当 ΔF 趋向零时，作用在该面积上的内力 ΔP 与 ΔF 比值的极限，为 A 面上 Q 点的全应力。全应力可以分解成两个分量：一个垂直 A 面的法向应力 σ，称为正应力；另一个为平行于 A 面的切应力 τ，称为剪应力。

$$S = \lim_{\Delta F \to 0} \frac{\Delta P}{\Delta F} = \frac{dP}{dF}$$

过点 Q 可以做无限多的切面，在不同方向的切面上，Q 点的应力显然是不同的。显然不能由一点任意切面上的应力求得该点其他方向切面上的应力，引入应力状态。

（2）直角坐标系中一点的应力状态

设在直角坐标系中有一承受任意力系作用的物体，物体中有一任意点 Q，围绕着 Q 取一无限小的正六面体（又称为单元体），其棱边分别平行于三根坐标轴。在一般情况下，单元体各微分面均有应力矢量作用［图 5.13(a)］，应力矢量沿坐标轴分解为三个分量，则在其每一微面上作用三个应力分量，其中一个正应力，两个剪应力，其方向分别与坐标轴平行。该单元体共有九个应力分量，即一点的应力状态需用九个应力分量来描述［图 5.13(b)］。

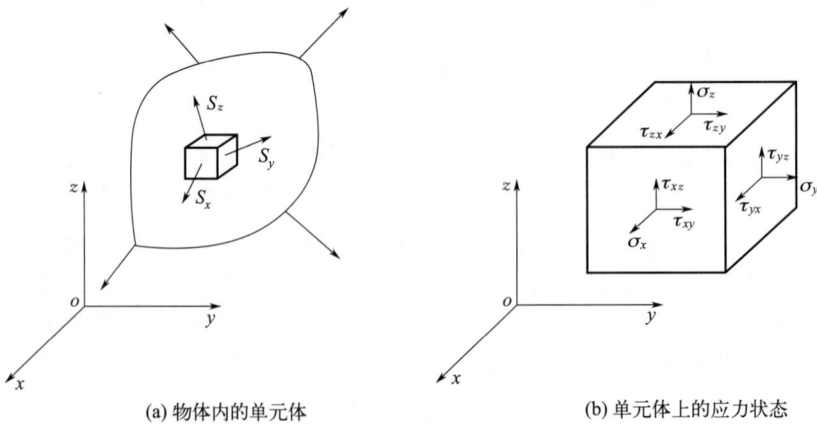

(a) 物体内的单元体　　　　　　　　(b) 单元体上的应力状态

图 5.13　单元体的受力情况

为清楚地表示出各微分面的应力分量，三个微分面都可用各自的法线方向命名：x 面、y 面、z 面。应力分量符号有两个下角标，第一角标表示该应力分量的作用面，第二角标表示它的作用方向。显然，两个下角标相同的是正应力分量。

应力分量的符号按如下规定：

① 在单元体上外法线指向坐标正向的微分面叫作正面，反之，称为负面。

② 对于正面，指向坐标轴正向的应力分量为正，指向负向的为负；对于负面，情况正好相反。

③ 正应力分量以拉为正，压为负。

为表达简便，上述应力可用符号 $\boldsymbol{\sigma}_{ij}(i,j=x,y,z)$ 表示，下角标 i、j 分别依次等于 x、y、z，即可得到九个应力分量，表示成矩阵形式为：

$$\boldsymbol{\sigma}_{ij}=\begin{bmatrix} \sigma_{xx} & \tau_{xy} & \tau_{xz} \\ \tau_{yx} & \sigma_{yy} & \tau_{yz} \\ \tau_{zx} & \tau_{zy} & \sigma_{zz} \end{bmatrix}$$

5.1.3.2 应力状态和主应力图示

（1）应力状态

为解决问题，使用方便，在塑性加工中，常取适当的坐标轴，使按此轴方向所取的截面上只有法线应力，而无切线应力作用。此时的坐标轴称作主轴，所截取的截面称作主平面。作用在主平面上的法线应力叫作主应力，一般用 σ_1、σ_2、σ_3 表示。

当金属受外力或由于物理过程、物理化学过程的作用而在物体内产生内力时，称金属处于应力状态。任一点的应力状态可以用该点的三个主应力来表示。一般规定压应力为负，拉应力为正，$\sigma_1>\sigma_2>\sigma_3$。

（2）主应力图示

在塑性加工中，用主应力表示质点的受力情况的示意图形，称为主应力简图。该示意图只注明该点的三个主应力是否存在及其正、负号，而不注明应力数值。它共有九种类型，如图 5.14 所示。

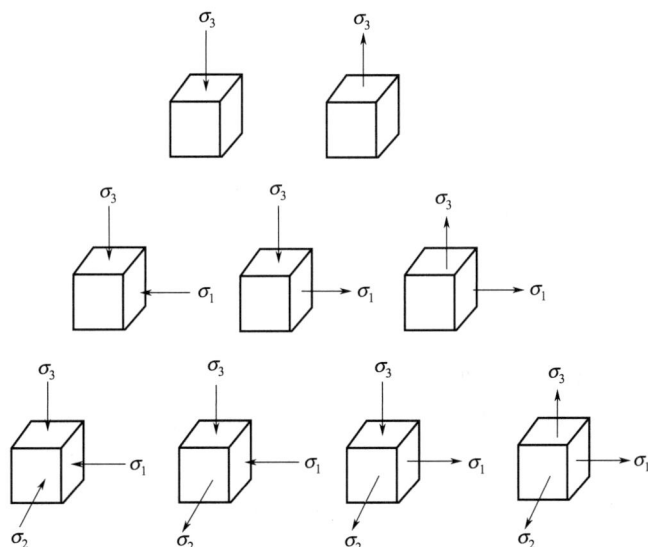

图 5.14 应力状态图示

金属压力加工过程中，金属内各点的主应力图示往往是不一样的。如果变形区中绝大多数金属质点都是同样的主应力图示，则该种主应力图示就表示这种压力加工过程的主应力图示。主应力图示很重要，首先它能定性地反映出该压力加工过程所需单位变形力的大小；另外，它也能定性地说明工件在破坏前可能产生的塑性变形程度，即塑性大小。例如挤压时为显著的三向压应力状态，而拉拔时为一向拉应力两向压应力状态，所以前者的塑性比后者高，但单位变形力却比后者大得多。

5.2 金属板材热冲压成形技术

5.2.1 概述

热冲压成形技术是一种专用于超高强钢板和轻质铝合金复合成形的新技术，是获得超高强度冲压件的有效途径。在热冲压成形加工过程中，成形后板材的性能取决于热冲压中的温度变化和板材变形过程，如高强钢热冲压成形后需要得到更多的马氏体组织，铝合金冲压成形后则需要更多的强化相。

采用铝合金、镁合金和高强钢等轻质材料是汽车轻量化的重要途径之一。例如：高强钢、超高强钢主要用于在保证性能的前提下降低钢板厚度，同时保证汽车结构强度和安全性能；铝合金、镁合金等轻合金低密度材料主要用非结构件替换，以减轻汽车重量。由于成本和价格的关系，目前汽车主要的轻质材料为高强钢、超高强钢，近年来因铝合金具有比强度高、抗冲击好、耐腐蚀性好等优点，铝合金板材件也成为国内外研究热点，并在汽车上推广应用。据分析，达到同样力学性能指标，铝比钢轻60%，承受相同冲击力，铝板比钢板多吸收冲击能50%，铝合金汽车也以其节能降耗、安全舒适、相对载重能力大等优点而备受青睐。如通用汽车公司制造的Precet型汽车配有铝质车身、底盘以及前排座框架，车体结构上也有铝制部件。铝合金代替传统的钢铁制造汽车，可使整车重量减轻30%～40%，汽车上使用1kg铝即可降低自重2.25kg，减重达125%，在汽车整个使用寿命期内，可减少废气排放20kg。

5.2.2 超高强钢热冲压成形技术

超高强钢热冲压成形技术通过加热炉对板料进行加热保温，快速转移到压机上进行快速冲压成形及保压，板料在热冲压模具内完成成形与淬火实现马氏体转变，可获得强度在1500MPa左右的超高强钢零件。热冲压成形整个工艺流程包括：落料、加热、冲压、成形、淬火、切割、抛丸等。热冲压成形关键工艺是加热与冲压，对应的关键工艺参数有板料加热温度、保温时间、冲压速度、保压时间、冷却水温度及流速等。该技术因变形抗力低、压机吨位小、零件强度和精度高、复杂零件可一次成形等诸多优势，在汽车工业，尤其是在汽车本身和底盘结构件中大量应用，成为汽车结构件制造新途径。

在超高强钢热冲压的核心技术研发方面，国外研究较早并且发展迅速。热冲压中的温度和板材变形过程对板材性能起重要作用，国内外在热冲压成形工艺、有限元模拟分析以及实验测试等方面开展了相关研究。亚琛工业大学、纽伦堡大学机械学院、慕尼黑工业大学、帕德博恩大学等在车身轻量化设计、热冲压工艺优化等方面领先。尤其是帕德博恩大学作为Benteler 汽车技术公司总部所在地，在局部热冲压、变截面热冲压等方面做了大量的探索性工作。瑞典吕勒奥理工大学分析了热冲压过程中的成形力、板料厚度分布、硬度分布等，研究了材料的流动性能与轧制方向和应变速率的关系；意大利帕多瓦大学研究了在非等温条件下不同初始温度和不同应变速率下材料的流动应力；美国俄亥俄州立大学近净成形研究中心在超高强钢热冲压铝硅镀层钢板与普通钢板性能对比、成形性能与失效分析等关键技术方面进行了有益的探索。日本丰桥技术科学大学对超高强钢剪切性能和模具开发进行了研究。东京大学研究了热冲压回弹行为。国外热成形技术研究进展和工程应用非常迅速，目前全世界有热冲压生产线几百条。德国、法国等工业发达国家走在前列，德国的蒂森-克虏伯（Thyssen-Krupp）、舒勒（Schule）、本特勒（Benteler），瑞典的 AP&T，西班牙的 Gestamp，加拿大的 Cosma，美国的 Interlaken，法国的阿塞洛（Arcelor）等知名公司都推进热冲压业务，热成形超高强度冲压件已经在国内外汽车上广泛应用。

国内大学、科研机构以及企业对热成形工艺和模具在内的基础研究起步晚。单忠德团队联合北汽福田、一汽轿车和吉林大学等单位以某车型实际产品为研究开发对象，承担了国家科技重大专项等研发任务，开展了超高强钢热冲压成形工艺机理、模具设计与制造、热冲压成形装备及生产线系统的基础研究与应用基础研究，设计制造了超高强钢热成形成套装备，建立了冷却环试验平台、表面高温防护平台、冷热冲压基础试验平台等完备的试验环境，建立起超高强钢热冲压成形技术与装备研究试验测试环境和虚拟设计、开发装配及运行平台，开展了专用模具材料、相变硬化机理等基础研究，2011 年建成超高强钢热冲压生产试验线，为自主建立 100 万量级生产线打下坚实基础。典型研究及应用情况如下：

① 研发并系统掌握了超高强钢热冲压件设计开发基础。在超高强钢热冲压结构件方面已经开展了系统的设计优化和整车匹配性能的模拟分析，开发了福田新能源车型迷迪的车门防撞梁三维数模，满足整车性能要求，使用超高强钢热冲压件，以提升安全性能并实现车身减重。

② 研制出超高强钢热成形的工艺参数和模具设计方法。在超高强钢力学性能测试及分析方面，研究了板材的基本力学性能参数，获得了不同加热温度和冷却速率条件下的力学性能，为优化热冲压批量生产工艺积累了大量实验数据。

对超高强钢热冲压成形过程进行了数值模拟分析，建立了材料的热力耦合关系及有限元模型，采用热力耦合体积单元，对帽形截面典型件的热冲压成形过程进行了模拟研究，对不同冲压工艺参数下热冲压成形性能进行了数值模拟分析，提高了成形质量和性能。温度参数对超高强钢热冲压成形件质量的影响至关重要，直接决定奥氏体化是否充分，关系到零件最终马氏体转变是否彻底，是零件组织性能转变的前提，也是批量生产中零件质量一致性的保障。温度控制的难点体现在奥氏体化温度是否合理、保温时间是否充分、板料转移过程温降如何控制和预测以及初始成形温度如何控制在奥氏体相区间。综合考虑加热温度对晶粒尺寸和组织的影响，将板料转移过程的温降也补偿到加热温度上，加热温度范围为 $900 \sim 950℃$。研发的典型件重量降低 10%，刚度提高 2.2 倍，抗拉强度提升近 3 倍，达到 1500MPa以上。

在超高强钢热冲压过程中，高温状态钢板需在模具内同时完成形变和组织转变，故热冲压模具被称为成形淬火一体化模具。与常规模具相比，模具冷却管道设计是超高强钢热冲压模具的特色与难点，需考虑模具结构强度、冷却管道散热能力、管道加工难度等，采用理论解析和数值模拟手段计算管道直径、管道间隙等参数。考虑到模具冷却均匀性的需求，复杂模具需考虑如何进行体结构设计、分块等。目前热冲压模具广泛采用钻孔式加工方法，钻孔式热冲压模具设计的难点在于如何兼顾模具强度与冷却性能。热冲压模具冷却系统设计参数主要有管道布置方式、管道直径、管道间距、管道距型腔深度。在超高强钢热冲压模具开发及优化分析方面，通过成形性分析、加热与冷却模拟等方法实现模具结构及冷却通道优化设计，提高模具寿命。

③ 研究开发热冲压表面防护涂料和喷涂方法获得了表面防护涂料配方及喷涂方法。在超高强钢板被保护表面形成致密的二氧化硅薄膜层，起到隔绝氧气的作用，解决了高温氧化防护的技术难题。

④ 结合福田需求研制出新能源车型超高强钢热冲压车门防撞梁。自主开发了超高强钢热冲压专用模具，为福田迷迪车型制造的超高强钢车门防撞梁，其碰撞测试达到16分的满分成绩。自主开发出专用模具和防撞梁样件测试，经测试刚度提高2.2倍，碰撞测试成绩从10.85分提高到16分，其中对胸部的保护，从0分提高到4分，效果明显；对腹部的保护，从2.914分提高到4分；对盆骨的保护，从3.94分提高到4分，相比传统防撞梁均有明显提高。

⑤ 开展了生产线自动化控制系统研发工作。根据热冲压生产工艺需求，其生产线成套设备通常包括开卷落料设备、加热炉上料机器人、底式加热炉高速上料机械手、快速压机、下料机械手、在线监测、激光切割设备、喷砂设备等。其中，关键设备主要有辊底式加热炉、高速上料机械手、快速压机。为建设自动化热冲压生产线，开发出具有自主知识产权的专用抓料机械手，创新设计出热冲压专用高温防护端拾器，减小了转移过程中钢板温度的下降量，提高了机械手气动部件和传动件的精度与寿命。在软件开发和控制系统研究方面，开展了基于NC＋PC的开放式多轴运动系统及应用技术研究。辊底式加热炉可实现辊道运行和温度自动控制，具有保护气氛防止板料氧化，采用预热或燃气加热，快速出料和定位。炉温控制精度为＋10℃，最高加热温度1000℃，保温时间为3~8min连续可调。

5.2.3　铝合金热冲压成形技术

铝合金热冲压成形技术综合了热冲压成形与热处理的双重技术优势。英国帝国理工学院林建国教授提出一种新的热成形技术——淬火一体化技术。该技术是将热处理与热冲压结合起来，以期获得形状更加复杂、强度更高的零部件。该技术的加工原理是首先把坯料加热至固溶温度，保温一段时间，该过程的目的是提高板料的塑性流动性，在热冲压过程中易于成形；然后通过机械手将板料迅速转移至模具中快速成形，模具中的冷却管道通入循环冷却水，保证板料的快速淬火，减少次生相的析出，同时保压一段时间，避免热处理产生的变形，保证产品的尺寸精度和形状精度；在成形结束后，为进一步提高零部件的强度和刚度，将保压后的零部件转移至热时效炉内，进行一定温度和一定时间的时效处理，通过强化相的弥散析出，增加位错运动的阻力，进一步提高产品的强度和刚度。

　　铝合金在常温下塑性变形能力差，成形能力有限，但随着变形温度的升高，其塑性变形能力有很大的提高。对于 6016 铝合金采用温冲压工艺，可以利用加热后的模具及材料自身加热，提高铝合金的成形性能，同时对铝合金进行加热后可以提高零件的力学性能。对于 6016 铝合金热冲压成形工艺，可以利用材料高温下良好的塑性变形能力，制造出复杂的铝合金零件，而且可通过成形过程中的冷模具淬火和后续的人工时效增加零件的强度，提高产品性能。机械科学研究总院黄江华开展对铝合金温冲压成形工艺与热冲压成形工艺的研究，通过 Gleeble-3500 热模拟试验及时效热处理试验，模拟分析了铝合金温冲压与热冲压工艺过程中工艺参数（如加热温度、保温时间、冷却速度等）对 6016 铝合金力学性能的影响规律，获得温/热冲压成形工艺力学性能的较优参数，为后续温/热成形工艺提供指导；采用 Gleeble-3500 热拉伸机对 6016 铝合金温/热变形行为进行研究，建立了 6016 铝合金在温/热变形条件下的真应力-真应变曲线，分析变形温度和应变速率对峰值应力的影响规律。根据试验结果，利用回归方法建立了 6016 铝合金采用 Z 参数的本构模型，能够较好地描述该合金温/热变形下的流动应力-应变关系，为热冲压数值模拟提供材料模型数据。采用板材成形通用有限元软件 PAMSTAMP 对铝合金地板温冲压及铝合金后风挡下横梁热冲压工艺进行了数值模拟研究，分析了成形过程中的应力、应变、温度以及厚度的分布规律，对成形模面进行了优化。研究了冲压过程中主要工艺参数（成形温度与摩擦系数）对铝合金地板温冲压及铝合金后风挡下横梁热冲压的影响规律，优化了铝合金地板温冲压及铝合金后风挡下横梁热冲压成形工艺。

　　机械科学研究总院黄江华等人设计并制造了汽车铝合金地板温冲压模具与后风挡下横梁热冲压模具，进行了铝合金地板温冲压试验与热冲压试验对 6016 铝合金温冲压与热冲压力学性能进行了研究，当加热温度为 270℃、保温时间为 16min 以及加热温度为 570℃、保温时间为 12min 时，温冲压与热冲压均可以获得较优的力学性能，证明了地板温冲压与后风挡下横梁热冲压的可行性。以长城汽车有限公司某款 SUV 车型的铝合金地板为例，开展轻合金热成形技术分析，具体包括模型分析与工艺优化、模具设计与开发、试验研究与装车验证等。

　　① 模型分析与工艺优化：根据轻量化设计标准，选用 6016 铝合金 T6 态板料为原始材料，根据零件的外形结构尺寸分析，进行了热成形工艺有限元模拟及工艺优化。

　　② 模具设计与开发：模具总吨位为 5.6t，整体结构包括加热棒、隔热板、导向板、水冷板、连接及压边圈等。

　　③ 试验研究与装车验证：该零件结构复杂，成形难度大，通过优化热成形工艺路线，指导模具结构设计与制造，利用工艺试验，获得满足技术指标的合格零部件，并进行装车验证。

5.3　管类件塑性加工成形技术

5.3.1　变截面构件磁流变柔性介质成形技术

　　变截面构件柔性介质成形技术采用磁流变弹性体作为压力成形的柔性介质，通过主动设计磁流变弹性体的组分和磁性粒子的分布，在外加磁场的作用下流变弹性体的表面硬度、弹性模量等磁致力学性能参数在成形过程中发生改变，可同时实现管坯轴向补料和径向压力成形。

成形过程中，磁流变弹性体内部磁性颗粒间的作用力通过构建磁偶极子模型来描述，考虑到橡胶基体本身的性能，通过耦合两者力学性能，得到磁流变弹性体在磁场下的力学行为。根据磁流变弹性体是否存在各向异性行为，磁流变弹性体可分为各向同性磁流变弹性体和各向异性磁流变弹性体。其中，各向异性磁流变弹性体通过在橡胶基体固化时施加外磁场，使磁性粒子以链状结构分布在基体中，从而达到各向异性的目的；而各向同性磁流变弹性体则无须在磁流变弹性体的制备过程中施加磁场，通过搅拌均匀，使磁性粒子均匀分布在基体中。对于具有复杂变截面特征的构件介质压力成形，通常采用各向异性磁流变弹性体作为内部介质。

（1）磁流变弹性体磁性粒子分布控制技术

变截面构件柔性介质成形质量受到磁流变弹性体的组分、磁性粒子分布及外加磁场强度和磁场方向等多因素共同影响，外加磁场通过影响磁流变弹性体中的磁性粒子，对磁流变弹性体力学性能具有重要的影响。

为精确控制磁性粒子的轴向分布，改善其磁控性能以适应最终构件的成形可采用轴向分层浇注的方法制备磁流变弹性体样品，主要操作步骤如下：根据所设计的磁性粒子梯度分布规律，将所需制备的磁流变弹性体在轴向上分成若干段；将磁性粒子与橡胶基体混合后充分搅拌均匀；在一定压力和温度下，对搅拌后得到的单体抽真空，去除其中气泡；将抽真空得到的磁流变单体浇注进模具中，在烘箱中对其进行加热，直至混合物中的橡胶开始发生交联，即让橡胶处于凝胶前的状态。

通过上述步骤即可得到磁流变弹性体的轴向单体。为确保磁流变弹性体在轴向上的单体浇注成整体样品后不会出现轴向上明显的界面分层，需通过加热使每个单体混合物迅速达到凝胶前的状态，并使下一层单体在此状态下进行浇注，依次类推，浇注得到完美的磁流变弹性体样品，待完全化后即可脱取出样品。

（2）磁流变弹性体介质压力成形缺陷调控及尺寸精确控制技术

在成形过程中，通过改变外加外磁场强度、调控磁流变弹性体的力学性能，进而得到各向异性磁流变弹性体。各向异性磁流变弹性体的不同部位可对管坯成形区内部产生不同的支撑作用，有利于管坯在补料区轴向补料及成形区径向贴模，对于具有大变径比、大截面变化的空心构件常出现的破皱协调难控制、成形尺寸精度低等问题具有一定改善作用。在磁流变弹性体介质压力成形过程中，将管坯及磁流变弹性体置于压力成形模具中，调节磁场电流并用特斯拉计测试磁场强度，开启压力供给设备后，在两端冲头轴向进给及磁流变弹性体的作用下，管坯产生变形，两端冲头停止进给后，保持一段时间的压力和磁场强度后再卸载。

采用高温合金三通管零件进行不同磁场加载条件下的多组成形试验，试验后测量不同位置的壁厚分布。以构件顶部鼓包处分析为例，在介质压力胀形开始之前，磁场发生装置所产生的均匀磁场主要集中在模具的中心，两侧引导区受磁场影响较小，流变弹性体中的磁性粒子沿磁感线方向均匀分布。胀形工艺初始阶段，构件变形区产生胀形高度较小的鼓包，两侧的磁流变弹性体在冲头的推动下聚集在中间，鼓包区域的磁性颗粒体积分数增加，链状磁性粒子间距减小，磁感应剪切模量增大。后区链状磁性粒子间距增大，磁感应剪切模量减小，即导向区和后区的磁感应剪切模量小于胀形区的感应剪切模量，宏观表现为磁流变弹性体在导向区对管坯的压力小于胀形区、导向区的推力，大于管坯与模具之间的摩擦力。同时，鼓包区的磁流变弹性体在外部磁场的作用下提供了足够的内部支撑作用，抑制了此处壁厚的增加，更多的物料流入支管，使支管高度增加，支管顶部壁厚减小。

（3）变截面构件磁流变柔性介质成形试验平台

为了研究不同磁场加载件对成形构件壁厚分布和尺寸精度的影响，南京航空航天大学郭训忠团队搭建了变截面构件磁流变柔性介质成形试验平台。该试验平台由可调节加载电流和磁场间隙的磁场调节装置、压力成形模具、成形模具夹持装置（模具压板和支撑架）、两端冲头及压力供给设备组成。该试验平台基于其在磁场作用下磁致力学性能可控、可逆性好（撤去磁场后，又恢复原始状态）、响应速度快（ms 量级）等特性，应用于变截面复杂构件精密成形领域将会有效提高构件的成形质量，主要体现在较小的壁厚减薄率、更均匀的壁厚分布调控及更精确的成形尺寸，可以实现变截面复杂构件的精密整体绿色成形。

（4）高温合金波纹管变径复杂曲面构件柔性介质成形技术应用分析

航空用高温合金波纹管变径复杂曲面构件，有对称分布的变径比分别为 3 和 2.5 的波纹节，波纹节宽度均为 28mm，属于大变径比、大截面变化比的复杂零件。对于该类零件，采用单道次整体成形的方法往往较为困难，同时易产生表面应力分布不均、壁厚分布不均、破裂和起皱等缺陷，为此，考虑采用分步成形工艺。南京航空航天大学郭训忠团队实现了基于磁流变弹性体的航空用高温合金波纹管变径复杂曲面构件的柔性整体成形。

基于单道次成形工艺进行工艺探索，分析缺陷出现的位置及原因。该条件下单个波纹节内已有较大区域范围的材料处于高应力态，接近 GH4169 的抗拉强度。流变弹性体产生的内压不足，易导致成形材料产生堆积以至折叠，而加大磁流变弹性体产生的内压，则会造成材料破裂。

管材轴向补料量与内压之间的匹配关系难以控制，导致单道次成形工艺不适用于这种类型零件的整体成形，因此考虑采用分步成形工艺来实现大变径比、大截面变化比的波纹管成形。分步成形顺序为先成形较大的主波纹节，再成形较小的副波纹节。

采用该方法成形的最终零件未出现起皱或破裂缺陷，且尺寸均符合要求，该模拟结果为试验提供了良好指导，因此后续试验采用滑动模来成形最终零件。磁流变柔性介质成形过程中，先在管坯内部填充磁流变弹性体，成形时外加磁场，在外加磁场和两端冲头的共同作用下完成大变径比、大截面变化比波纹管的磁流变弹性体介质压力成形。在验证分层浇注方法可精确控制磁性粒子在轴向的分布后，制备图 5.15 所示直径为 36mm、长度为 520mm 的磁性粒子轴向分布的磁流变弹性体样品。

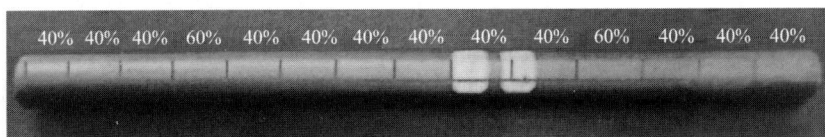

图 5.15　磁流体变弹性体样品（图中百分数表示铁含量）

滑动模成形试验装置由左推头、右推头、上模板、下模板、导轨、磁场发生装置等组成。依据前期研究结果，将双组分室温硫化硅橡胶和羟基铁粉按照一定比例制备得到流变弹性体试样，并填充在管坯内部，在磁场作用下两端冲头向内进给，实现波纹管的磁流变弹性体介质压力成形。

5.3.2 金属管材热态内压成形技术

金属管材的热态内压成形技术原理是在热态内压成形时，将坯料和模具加热到一定温度后，向管坯中通入专用高压传力介质进行加压，使热态管坯在内压和轴向载荷的耦合作用下发生变形，成为所需形状的零件。根据所采用的高压传力介质，可将热态内压成形分为热油介质成形和热气压成形。由于现有热油闪点温度的限制，热油介质成形时温度不能超过300℃。热气压成形是采用高压气体作为传力介质，可用于1000℃甚至更高的成形技术。

热气压成形技术主要通过提高成形温度来改善材料的塑性变形能力，同时辅以必要的轴向补料来改变坯料应力应变状态，实现复杂零件成形。热气压成形时，首先需要将管材加热到一定温度，使材料的变形能力提高、变形力降低，然后利用内部气压使管材发生胀形变形。由于气体热容小，其对热态管材的温度影响不大，所以一般可向热态管坯中直接充入高压气体实现快速成形。与传统热成形技术相比，热气压成形的优点在于：对材料初始状态没有特殊要求，可用于大部分金属材料；成形速度快，成形过程往往数秒内完成，成形效率是超塑性成形的几十倍；成形压力较高，零件形状尺寸精度高。

近年来，国内外围绕该技术开展了研究开发，特别是对铝合金管材、镁合金管材的气压胀形性能以及胀形过程中的瞬态蠕变行为等进行了较深入研究，并已在汽车制造领域获得成功应用。哈尔滨工业大学、大连理工大学对轻合金管材热态内压成形技术特别是热气压成形技术开展了系统深入的研究，研制了专用的热气压成形系统，测试了热态下典型材料的变形性能及组织演变规律并实现了多种铝合金、镁合金管件的试制和应用。热气压成形技术作为一种先进成形技术，已成功用于航空航天、轨道交通等国家重大装备关键构件的研制。

5.3.2.1 铝合金变截面管件热气压成形

铝合金管状构件在航空、航天、新能源汽车等领域应用广泛，以航天用某型号铝合金为例，开展铝合金变截面管件的热气压成形技术分析。

大连理工大学何祝斌等研制的航天某型号铝合金异形截面管件的主要特征是弯曲轴线、截面周长变化大，小端周长为87.47mm，大端周长为115.12mm，胀形率为31.6%，最终零件壁厚不小于0.8mm，管材初始壁厚为1.2mm。

因零件的截面结构复杂且周长差较大，若采用等直径管直接胀形，则无法保证成形后管件的壁厚均匀性，为此，该铝合金异形截面管件的加工采用管坯预先变径的工艺。其工艺方案为：原始管坯→变径→弯曲→压扁→热气压成形。

铝合金管件热气压成形的模具工装不同于常温成形，除了模具外，还包括水冷板、隔热板、加热板等。对铝合金变径锥管进行弯曲、压扁后，获得了可用于最终热气压成形的管坯。

铝合金管件热气压成形设备由压力机、模具工装、冷/热高压介质、加热系统、计算机控制系统等组成。其中，计算机控制系统可实现温度、加压速率、轴向位移等多个工艺参数的集成控制。通过热气压成形，实现了高档铝合金自行车下叉、上管和下管等零件的大批量生产，管材的最大长度为 780mm，管材直径范围为 25～70mm，所成形的制件表面质量好、尺寸稳定性高，产品的品质优。热气压成形后，经固溶时效处理（T6 态），铝合金管件的综合力学性能及微观组织状态完全达到设计要求，贴模度≤0.5mm，明显优于传统硬模成形。

5.3.2.2　硼钢异形截面管件热气压成形

封闭截面管坯制造的扭力梁因具有优异的承载能力和抗疲劳性能，已逐渐成为新一代汽车中的首选结构。采用超高强度的硼钢（如 22MnB5、BR1S00HS 等）焊管制造扭力梁，可以进一步提高结构强度，实现管件轻量化。

大连理工大学何祝斌构建的某车型硼钢扭力梁模型，该零件沿轴向为左右对称结构，从端部到中间位置，截面形状逐渐从 A 截面的梯形变化到 F 截面的双层 V 形。由各截面的等效直径和胀形率可知，该零件成形时主要发生截面形状的变化，而环向伸长量很小。零件的整体长约 1100mm，工艺段的管坯长度约为 1300mm，原始管坯外直径为 90mm，壁厚为 3.2mm，采用 22MnB5 板坯通过激光焊接方法制成。

该零件的成形关键是使各位置的截面形状发生变化，并贴合模具，同时要在管坯贴合模具型腔后，实现快速淬火以得到需要的马氏体组织。考虑到实际工艺条件，特制定工艺方案：先采用钢模冲压使截面形状发生变化，然后快速向管坯内充入高压气体实现胀形。

为了对高温成形和冷却淬火过程实现独立、精确控制，需要开发专用的模具工装。硼钢扭力梁热气压成形上下模具合模后实现热态下管坯的压制，初步获得需要的截面形状。在两侧的冲头快速进入管端并实现密封后，由冲头上的充气孔向管坯内快速充入气体进行胀形。

5.3.3　管类构件三维自由弯曲成形技术

5.3.3.1　三维自由弯曲成形原理

三维自由弯曲成形系统主要由管坯、弯曲模、球面轴承、导向机构、压紧机构和推进机构等核心部件组成。其中，弯曲模的尾部内表面和导向机构前端外表面通过特殊的机械设计互相配合，而弯曲模的外球面与球面轴承的内球面采用球面配合。当该系统处于零点位置时，球面轴承、弯曲模、导向机构、压紧机构和推进机构的中心处于同一轴线上。当管材弯曲成形时，弯曲模处于随动状态，管坯与弯曲模保持动态接触。一方面，弯曲模球心随球面轴承在 XY 面内的移动发生相对应的偏移；另一方面，弯曲模在随球面轴承移动的同时还绕导向机构发生转动。因此，弯曲模姿态受面内的移动及绕导向机构的转动同时控制。

在成形过程中，球面轴承在电动机作用下于 XY 平面内发生运动，进而带动弯曲模偏离平衡位置，此时弯曲模球心偏离坐标原点的距离称为偏心距 U，挤压载荷 P 的大小取决于偏心距 U 的大小，弯曲模球心与导向机构前端在 Z 向的水平距离为 A，且保持不变。A 值和偏心距 U 值的大小共同决定了弯曲模对管坯所施加弯矩的大小。A 值越小，U 值越大，则弯曲模对管坯施加的弯矩越大，所成形管坯的弯曲半径越小。在成形过程中，管坯受到弯曲模对其施加的垂直于管坯轴线方向的作用力 P_U，和推进机构对其施加的沿 Z 向的作用力 P_L，在 P_U 和 P_L 的共同作用下，形成了管坯所受到的弯矩 M，计算公式为：

$$M = P_U A + P_L U$$

5.3.3.2　三维自由弯曲成形工艺解析

对于具有复杂形状的金属空心构件，根据三维自由弯曲成形特点，其几何形状特征可划分为直线段和弯曲段的不同组合。其中，弯曲段的成形质量决定了目标构件的整体成形精度。管材弯曲弧段的弯曲半径 R 和弯曲角度 θ 由弯曲模的偏距 U 及其空间位置所决定。

在自由弯曲过程中，实现目标构件精确成形的前提是将构件的几何尺寸特征解算为自由弯曲的相关工艺参数。传统的自由弯曲工艺解析方式主要是基于目标构件轴线与成形机构关键部件之间的几何关系进行理论分析，且分析过程中未考虑管坯与导向机构之间的间隙值对目标构件成形精度的影响。鉴于此，为实现传统的自由弯曲空心构件弯曲半径及弯曲角度的高效率协同修正，通过引入修正因子 k，对传统自由弯曲工艺解析算法进行了修正，实现了弯曲半径及弯曲角度的协同完善。

空间弯曲构件几何工艺解析的基本过程为：首先根据构件的轴线将其划分为弯曲段和直线段，并获取相应构件的尺寸特征；然后对构件的各弯曲段进行细分，确定相应的过渡段和弧段；最后基于划分结果，建立每一小段成形时偏心距 U_x 和 U_y 与管材轴向进给速度 v、进给时间 t 之间的函数关系。

5.3.3.3　自由弯曲成形的缺陷形式

① 内弧起皱。管类构件在弯曲过程中，若弯曲模的偏心距过大，弯曲机与管坯轴线不垂直，对管坯产生额外的作用力，造成轴向补料不及时，易在弯曲内侧产生材料堆积和起皱缺陷。

② 外弧表面质量较差。在弯曲成形过程中，当球面轴承的运动速度过大时，弯曲模与管类构件弯曲外侧的表面产生剧烈剐蹭，导致表面凹凸不平且表面质量较差。

③ 自转扭曲。若在弯曲成形过程中，沿周向没有完全固定管材，则弯曲模经过平衡位置时管材易发生自转，导致已成形管材与所设定的形状误差较大。

④ 表面划伤。当局部润滑不良时，管坯与弯曲模的摩擦过大，很容易使管材表面划伤。

5.4　数字化近净锻造成形技术

近净锻造是在普通锻造基础上发展起来的一项先进成形技术，零件锻造成形后不需要再加工或者只需要少量加工就可以得到所需要尺寸和形状的机械零件，具有成形精度高、后续机加工量少、成形件内部组织致密、生产率高和产品材料利用率高等优点。该技术主要应用于批量生产的零件，如航空航天复杂件，特别是一些难切削的贵重材料（如钛合金、高温合金）的复杂零部件。

5.4.1　温锻/冷锻联合成形与异种材料复合锻造

传统精密锻造工艺主要包括冷精锻、温精锻、热精锻、复合精锻及等温锻造工艺。冷精锻锻件表面质量可高达 $Ra<10\mu m$，而温精锻及热精锻锻件表面质量较低，温精锻的锻件表面质量 $Ra<50\mu m$，热精锻的锻件表面质量 $Ra>100\mu m$，由于高温锻可提高材料流动性能，因此该工艺更适用于复杂结构构件的锻造。为了提高材料利用率，工业上常采用复合精锻，即温精锻（提高塑性，快速成形预制坯）加冷精锻（整形，提高表面质量）的方式，实现构件的高效近净成形。经过复合精锻后，其产品尺寸精度和表面质量均能达到要求，无须后续切削加工。重庆工商大学伍太宾研究了 30CrMnSi2 钢制薄壁壳体温冷复合成形技术，发现与常规的金属切削加工工艺相比，使用该工艺的壳体内孔型面光洁，表面粗糙度达到 $Ra=0.8\sim1.6\mu m$，材料的利用率由原来的 50% 提高到 90% 以上。

复合锻造成形是将不同金属材质坯体放置于模具型腔内特定位置后，对坯料进行同步镦粗，并依靠机械互锁和冶金结合来确保两部分之间的连接。复合锻造技术能够实现异种金属坯料整体较大变形量下的复合成形连接一体化，可以直接用于高性能双金属构件的精密成形，其优势包括：工艺简单、生产率高、产品机械加工余量小、力学性能好等。为解决多材料复合加工问题，Lin 等人提出了多金属齿轮的单冲程近净锻造成形工艺，采用该工艺能融合铝合金和齿轮钢加工工序，简化加工工序，节约了 50% 以上锻造齿轮材料。

等温锻造是一种常用于钛合金、铝合金、镁合金等难变形材料的精密成形技术，该工艺通过加热模具及坯料的方式，大幅降低变形抗力 $2/3\sim3/4$，提材料利用率至 $80\%\sim95\%$。该工艺向着半等温模锻和近似超速性锻造工艺发展。山东大学的徐洪强教授使用锻造温度相对较低的 7075 铝合金，开展半等温锻造成形技术研究。半等温锻造既包含了等温锻造的优点，又兼顾了成形和生产率，在提高生产率的同时，可获得形状完整、质量好的锻件。

中空分流锻造是在传统锻造闭式（塞）模锻基础上发展起来的一种将锻件内孔作为分流降压腔的精密模锻新工艺。该工艺能够降低模锻成形负荷，提高其使用寿命和锻件成形性能。将该工艺与冷精整相结合形成一个复合精锻成形工艺。该复合工艺与传统加工方法相比，材料利用率提高到 90% 以上，加工一些齿轮精密锻件其齿形标准公差等级可达 IT7～TT8，齿面的表面粗糙度 $Ra=0.2\sim0.8\mu m$，生产率提高 5～6 倍，生产成本大幅降低。

5.4.2　数字化多工位高速锻造技术

多工位高速锻造工艺的一般顺序为：棒料切断→镦粗→预成形→终成形→冲孔（或切边）。与传统单工位多工序锻造不同，多工位高速锻造工艺因高速成形、高速传递以及材料加工硬化的滞后效应，减少了热处理工序，减少了设备，节省了能源、场地与人员，是一种节能减耗的先进成形技术。该技术特别适合 20000 件以上规模的大批量生产。该技术弥补了传统锻造工艺的缺点，具有材料利用率高、锻件精度高以及自动化程度和生产率高的优点，主要表现如下：

① 材料利用率高。在锻造成形过程中，只有原材料的料头和冲孔料芯会有损失，其中损失的料头质量为毛坯质量的 $2.5\%\sim5.5\%$，损失的冲孔料芯质量为毛坯质量的 $3\%\sim10\%$，材料利用率高。

② 锻件精度。瑞士哈特贝尔公司研发的 AMP-70（XL）自动化多工位高速锻造机，其最大锻件外径为 165mm，通常加工余量单侧为 $0.6\sim1mm$，壁厚极限偏差为 $\pm0.5mm$，壁厚公差为 1.0mm。而一般锻件外径为 160mm，加工余量单边为 $1.5\sim2mm$，壁厚偏差范围

为 $-0.5\sim+1.5$mm。

③ 自动化程度和生产率高。瑞士哈特贝尔公司的 AMP30S 自动化多工位高速锻造机，其生产速度可达 $50\sim200$ 件/min，相当于 10 台 20MN 自动化热模锻压力机的生产能力。在法国的一家汽车制造厂中，一台自动化多工位高速锻造机每 8h 的班产量可以生产汽车零件 3 万多件，操作人员由原来的 25 人减少到 4 人，减少了人员开支，大大提高了生产率。

5.4.3 核电异形大锻件一体化成形关键技术

随着我国超大型核电工程的推出，大型异形锻件需求量在不断增加，其制造难度也越来越大。例如，AP1000 核电常规岛汽轮机整锻低压转子锻件的直径达到 3000mm，CAP1400 核电常规岛发电机转子净重超过 250t。核电部件传统制造大多采用分体组焊，组焊焊缝的风险系数较高，一次性合格率较低，返修工作复杂烦琐；同时由于接管组焊焊缝数量多，受焊接残余应力影响，接管变形较大，即使使用防变形工艺，也要增加校形工序，大幅增加了制造周期。为此，核电锻件大型化、一体化是发展趋势。核电异形大锻件一体化成形技术，可以将大锻件自由锻工艺升级为挤压-模锻工艺。使用大型模锻液压机可使锻件在胎模锻模具内实现三向压应力锻造，同时能获得细小、均匀的晶粒，确保锻件内部组织致密，大幅度提高锻件内在质量且节约材料。

我国一重集团有限公司、二重集团有限公司、宏润重工集团有限公司、北京机电研究所等国内优势企业、科研院所及高校，通过协同创新，开展封头、泵壳等核电大锻件近净成形应用研究，实现节材、节能，提高材料利用率，降低制造成本。自由锻工艺需要 400t 坯料，挤压-模锻成形工艺只需 220t 坯料，同时大幅度缩短了机械加工周期。河北宏润核装备科技股份有限公司应用 5 万吨垂直挤压机实现百万千瓦核电不锈钢泵壳热胎模挤压成形，同时实现了核电主泵泵壳、核电主管道、斜三通、阀门体等复杂管道产品的一次挤压成形。

针对核电 RPV 整体顶盖和 SG 水室封头等形状复杂的封头类锻件，宏润重工集团有限公司等单位采用数值模拟和试验模拟方法，对工艺方案进行评价，整体拉深工艺中板坯形状、凸凹模结构、凸凹模间隙为主要影响参数，研究了旋转锻造成形工艺和整体拉深工艺，在此基础上优化主要工艺参数，实现了封头锻件形状尺寸的有效控制。核电 RPV 一体化接管段为一端带内、外法兰的直筒形，核电 SG 锥形筒体为两端带过渡直段的锥形筒段，两者均为核电最为复杂的筒形锻件。仿形锻造具有锻件纤维流线连续、变形均匀、均质性好、使用寿命长、机加工量少、材料利用率高等优点，是锻造行业的高端技术，也是大型复杂锻件制造技术的发展趋势。采用数值模拟和试验模拟技术，开发了 RP 接管段和 SG 锥形筒体的仿形锻造技术，并优化其工装模具及锻件形状尺寸控制。

核电大锻件成形技术，由自由锻发展为胎模锻造，解决了钢锭心部冶金缺陷压实、镦压过程应力应变控制等难题，节材 20% 以上，缩短制造周期 30 多天。核电大锻件成形技术，由实心锻件到空心锻件，不锈钢主管道空心锻件整体仿形锻造可实现节材 30%。为更好地实现核电大锻件数字化精确成形制造，需要进一步开展核电异形大锻件一体化成形工艺开发与形性控制技术研究，研究核电异形大锻件一体化成形工艺及工装模具，揭示核电异形大锻件一体化成形中的微观组织演变规律、建模与不均匀组织控制方法，开展核电用钢热变形行为、缺陷和组织性能控制、性能热处理技术研究，建立大型复杂核电管道挤压成形技术规范、大型复杂管道绿色热处理工艺规范等。

另外，机器人锻造是一种先进制造方式，旨在使锻造过程完全自动化。英国帝国理工学院完成柔性化智能机器人的设计，并研发出全自动机器人锻造设备，所研制的机器人锻造设备适用于小批量复杂结构件的锻造生产，具有结构设计简单、效率成形高的优点。美国俄亥俄州立大学 LFT 团队基于共享机器人锻造设计理念，研制了机器人锻造设备的部分样机。

韩国蔚山大学 Hong-Seok Park 等采用数值模拟方法对制造生产历史数据进行分析，并对工艺链进行整体优化，开发了一种基于离散事件模拟的方法，实现了对锻造件的智能锻造加工。结果表明，与现有锻造工艺相比，该锻造工艺链的能量效率可提高约 10%，采用该方法制备的曲轴具有更加环保和高效的优势。智能装备技术以数据库实时诊断为核心，将生产过程中各种设备的信息和数据集成，实现了对设备的管控。

5.5　热轧板带近终形制造技术

5.5.1　近终形制造技术概念与分类

5.5.2　薄板坯连铸连轧技术流程关键技术

CSP 技术由德国西马克开发，在其 1986 年所申请的专利 ES2029818 就已经提出采用 3~4 个机架的轧机与连铸工序进行连接的工艺思想，如图 5.16 所示。在 1988 年所申请的专利 EP0327854 中提出了一种轧制带钢的方法和装置，已经可以看到 CSP 技术的原型。

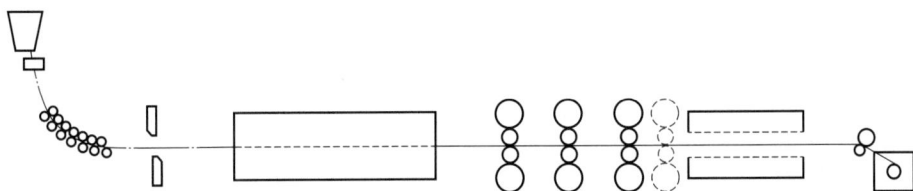

图 5.16　西马克专利 ES2029818 的产线布置

1989 年 7 月，全球第一条 CSP 产线在美国纽柯的克劳福兹维尔厂建成投产，随后在美国纽柯的希克曼厂、伯克利厂、加勒廷厂以及韩国的现代制铁唐津厂、西班牙的希尔沙厂、德国的蒂森克虏伯杜伊斯堡厂等也成功实现了工业化应用。另外，我国的珠钢、邯钢、包钢、涟钢和武钢等薄板坯连铸连轧生产线采用的也是 CSP 技术。

典型 CSP 产线的布置示意图如图 5.17 所示。CSP 是最早实现工业化应用的薄板坯连铸连轧技术，与传统的热轧制造技术相比，其工艺特点主要表现在以下几个方面：

① 基于近终形制造的初衷，采用薄板坯连铸，铸坯厚度一般为 50~70mm，并且为了实现薄板坯连铸，采用漏斗形结晶器，利于浸入式水口的插入和保护渣的熔化，提高产品表面质量；

② 基于提高工序连续性的初衷，连铸与轧机之间采用辊底式均热炉进行衔接；

③ 由于铸坯厚度减薄，轧机机架数量有所减少，初期基本完全取消粗轧；

④ 由于除鳞道次减少，为保证产品的表面质量，采用高压除鳞技术，除鳞水压力达到 40MPa，并减少喷嘴与板坯的间距。

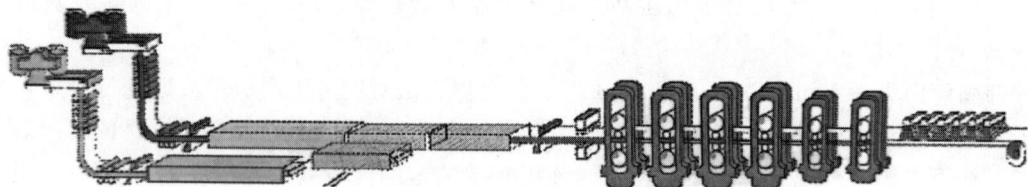

图 5.17　典型 CSP 产线的布置示意图

5.5.2.1　ISP 技术

ISP（inline strip production）技术由德国德马克开发，是其在 1982 年公开的专利 US4698897 中提到的一种用连铸坯生产热轧带钢的方法。该方法是先把连铸扁坯卷成坯卷，经加热后在轧机前再把坯卷打开并按最终要求的截面尺寸轧制成材。1988 年专利 EP0369555 则公开了一种与连铸机联机的热轧设备和热轧方法。1995 年公开的专利 JP3807628 中提到了一种具有冷轧性能的带钢制造方法和设备，如图 5.18 所示。该方法采用了类似 ISP 工艺的设计。

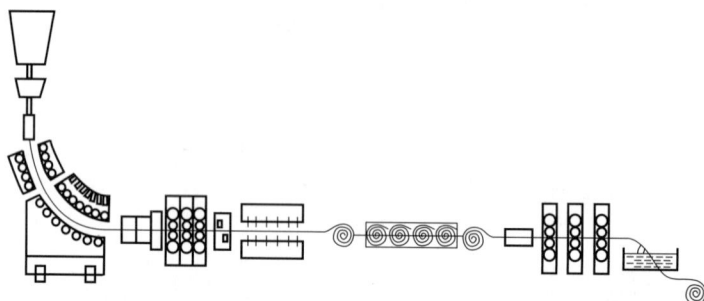

图 5.18　德马克专利 JP3807628 的产线布置

1992 年 1 月，全球第一条 ISP 产线在意大利阿维迪建成投产，随后在荷兰霍戈文厂、韩国光阳厂和俄罗斯耶弗拉兹里贾纳厂也成功实现了工业化应用。典型的 ISP 产线布置示意图如图 5.19 所示，其工艺特点主要表现在以下几个方面：

① 连铸之后首次直接采用液芯压下和固相铸轧技术，这是 ISP 最突出的技术特征；

② 不采用长的均热炉，而是采用克日莫纳炉（热卷箱）对中间坯进行补热，生产线布

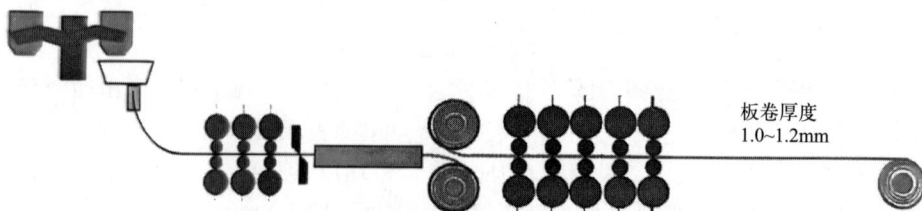

图 5.19　典型 ISP 产线的布置示意图

置紧凑，产线长度仅为 180m 左右；

③ 结晶器最初采用平行板形，因为薄片形水口寿命低、铸坯表面质量问题等原因，后来将其优化为带有小鼓肚的橄榄球形，也称为小漏斗形。

5.5.2.2　CONROLL 技术

CONROLL（continuous rolling）技术由奥地利奥钢联（VAI）开发，其在 1990 年申请的专利 AT396559 就提出了一种紧跟薄板坯连铸的轧机布置方法，在 1993 年公开的专利 US5964275 中也提到了一种用于生产带钢、薄板坯或初轧板坯的方法，这是 CONROLL 技术的原型。1995 年 4 月，全球第一条 CONROLL 产线在美国阿姆科（Armco）钢铁公司曼斯菲尔德（Mansfeld）钢厂（现为美国 AK 钢铁公司曼斯菲尔德钢厂）建成投产，随后在奥地利奥钢联林茨厂、瑞典谢菲尔德公司阿维斯塔厂和捷克的诺瓦胡特（NovaHut）厂也成功实现了工业化生产。

典型的 CONROLL 产线布置示意图如图 5.20 所示，其工艺特点主要表现在以下几个方面：

① CONROLL 技术最主要的工艺思想是既要获得近终形制造所带来的优势，同时又要尽可能避免铸坯过薄带来的铸坯质量和结晶器的问题，因此其铸坯厚度选择的是 75～125mm 的中薄板坯；

② 主要工艺装备全部采用成熟技术，如连铸采用传统的平行板形结晶器、超低头弧形连铸机，均热炉采用传统的步进式加热炉等。

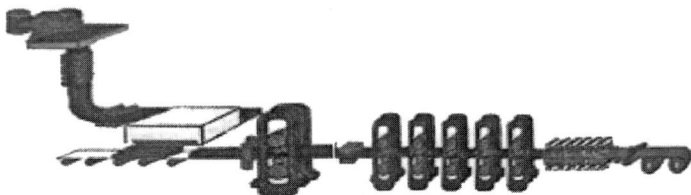

图 5.20　典型 CONROLL 产线的布置示意图

5.5.2.3　QSP 技术

QSP（quality slab production）技术由日本住友公司开发，其在 1985 年所申请的专利 JPS6289502 中提出了一种薄板坯连铸连轧的方法，由连铸机生产的 90mm 厚的薄板坯经剪切、加热、轧制、卷取、保温、开卷后再进行热轧，最后形成带材进行卷取。1993 年公开的专利 JPH07164002 中提到了在薄板坯连铸连轧装置中使用森吉米尔式轧机生产带材的方法。1996 年，全球第一条 QSP 工业化产线在美国北极星钢厂（North Star BHP Steel）建成投产，第二条产线于次年在美国特瑞柯钢厂（当时是住友金属、英钢联和 LTV 的合资公司，位于美国阿拉巴马州）正式运行。1999 年，泰国 G 钢铁投资建设了一条 QSP 产线。

典型的 QSP 产线布置示意图如图 5.21 所示。其工艺设计思想与 CONROLL 类似，采用的也是中薄板坯、平行板形结晶器，铸坯厚度为 70/90mm 或 80/100mm，与 CONROLL 不同的是，它采用的是辊底式均热炉，并且粗轧之后采用热卷箱进行补热。

图 5.21　典型 QSP 产线的布置示意图

5.5.2.4　FTSR 技术

FTSR (flexible thin slab rolling) 技术由意大利达涅利开发，其在 1987 年所申请的专利 ES2030453 及 FR2612098 中就分别公开了其自主开发的薄板坯连铸用结晶器和薄板坯连铸设备。1993 年，专利 KR100263778 中提出了一种用于连续铸造薄板坯的凸透镜形结晶器。1994 年，专利 BRPI9401981 中提出了一种带材和/或板材生产线工艺。该生产线包括薄或中等厚度的板坯连铸机、剪切机、加热系统、轧机和冷却系统等，加热系统包括一台电磁感应加热炉，其后设有除鳞机和隧道炉、一台应急剪切机以及隧道炉和轧机之间的高压除鳞机。1997 年，全球第一条 FTSR 产线在加拿大安大略省的阿尔戈马（Agoma）钢铁公司（现为印度埃萨钢铁公司阿尔戈马厂）建成投产，目前全世界共有 9 条此种技术类型的薄板坯连铸连轧产线。

典型的 FTSR 产线布置示意图如图 5.22 所示，其工艺特点主要表现在以下几个方面：

① 采用了达涅利薄板坯连铸机的核心技术——H^2 漏斗形结晶器。H^2 的含义是高可靠性和高灵活性，这种结晶器呈凸透镜形，把变形区穿过整个结晶器，进入扇形段，使坯壳的变形更加缓慢，坯壳附加的内应力更小。这种结晶器通常也被称为长漏斗形结晶器。

② 为提高产品的表面质量，采用多点除鳞，在铸机输出辊道出口采用旋转除鳞，另外在粗轧机和精轧机前还各有一道高压水除鳞工序。

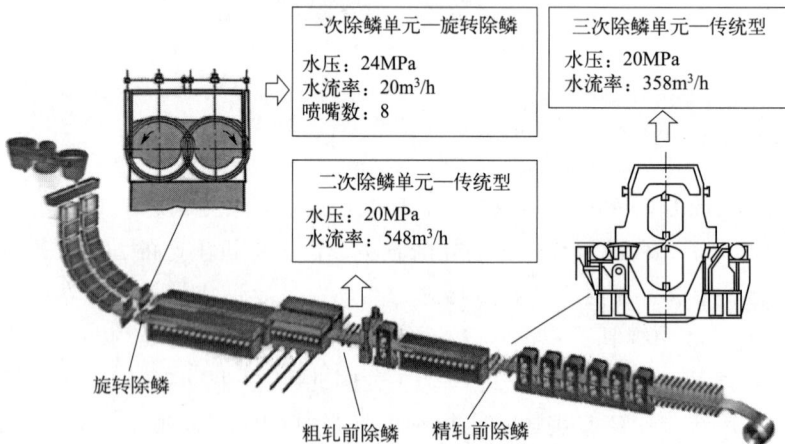

图 5.22　典型 FTSR 产线的布置示意图

5.5.2.5　ASP 技术

ASP (anshan strip production) 技术是由我国鞍钢研发的具有自主知识产权的技术。

1999 年，鞍钢在原有 1700mm 热连轧产线的基础上，将旧设备改造后与新建的中等厚度板坯连铸机和步进式加热炉一起组成了 ASP 产线，2000 年正式投产。该技术后来又在鞍钢内部和济钢进行推广应用，目前国内共有 4 条此种技术类型的中薄板坯连铸连轧产线。

典型 ASP 产线布置示意图如图 5.23 所示。ASP 技术也是采用中薄板坯的工艺思想，主要工艺装备大多采用比较成熟的技术等。

图 5.23　典型 ASP 产线的布置示意图

5.5.2.6　ESP 技术

ESP（endless strip production）技术由意大利阿维迪开发，早在 1990 年其与荷兰霍戈文共同申请的专利 FI98896 就提出了一种用连铸连轧的方法生产厚度可能小的热轧带钢的方法。这种方法的关键点是从结晶器中引出的铸坯在液芯的状态下先进行一次成形，在液芯完全凝固后再实施一次成形，在此之后，将中间坯进行加热、卷取，然后再进行热精轧工序。另外，在其 1993 年公开的专利 US5307864 中，也提出了板坯经粗轧后进入加热炉，然后除鳞、卷取后进入精轧机，并且采用电磁感应加热装置对中间坯进行补热。这些工艺特点已经基本具备了 ESP 技术的原型。2008 年 12 月 23 日，世界上第一条 ESP 产线在意大利阿维迪开始热试，2009 年 2 月底生产出第一卷钢，2009 年 6 月开始工业化生产。国内日照引进此项技术，目前已经有 4 条建成投产，另有 1 条待建。

典型的 ESP 产线布置示意图如图 5.24 所示。其工艺特点主要表现在以下几个方面：

① 首次实现了从钢水到地下卷取机整个制造过程的全连续，真正意义上地实现了带钢的全无头轧制，这是 ESP 相对于其他技术类型最大的技术创新和突破；

② 因为采用全无头轧制，因此只能一流连铸机对一套热轧机组，为确保产线的产能，铸坯厚度选择 90～110mm，最大拉速超过 6m/min；

③ 连铸之后采用液芯压下和固相铸轧技术；

④ 采用电磁感应加热炉而非辊底式均热炉对板坯进行补热，产线布置较为紧凑；

⑤ 采用高速飞剪实现带钢的分切。

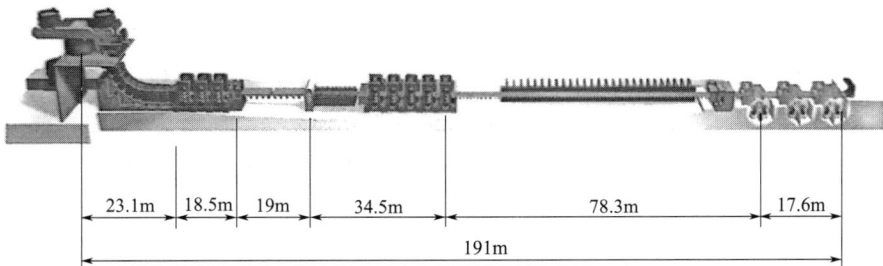

图 5.24　典型 ESP 产线的布置示意图

5.5.2.7　CEM技术

浦项CEM（compact endless casting & rolling mill）产线的前身为1996年建成投产的ISP产线，如图5.25所示，采用电炉炼钢，2流铸机对1流轧机，用热卷箱进行衔接。

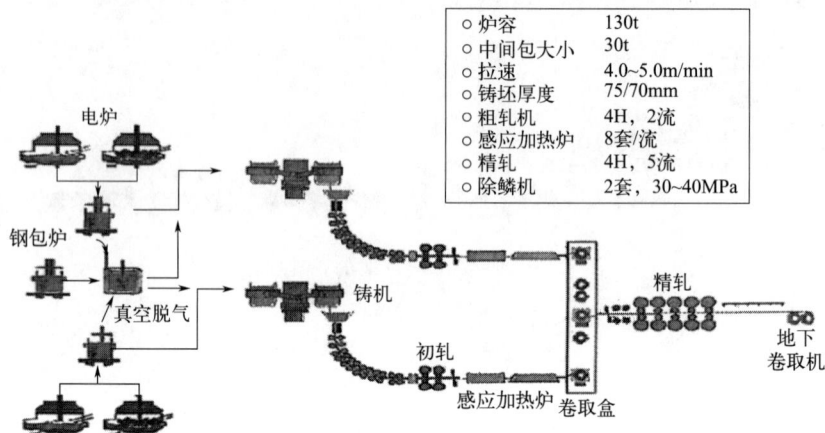

图5.25　浦项ISP产线示意图

该产线于2007年开始进行停产改造，2009年6月实现了无头轧制，并将其称为CEM技术，流程布置示意图如图5.26所示。ISP改造为CEM后，炼钢部分原配置的电炉取消，改由转炉提供钢水，目前配置有3个工位的LF炉，2个VOD炉。

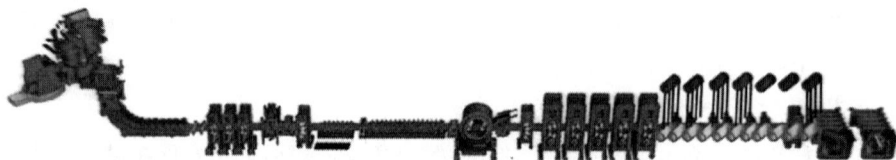

图5.26　浦项CEM产线示意图

CEM产线全长187m，现有工艺流程为1流连铸机→摆剪→高压除鳞（单排集管，20MPa）→3机架四辊粗轧机组（机架间距2.8m）→摆剪→出板台（5～10m）→电磁感应炉（17组，共计24MW）→热卷箱（单块轧制，摆剪切断板坯由热卷箱卷上后再精轧；无头轧制，板坯则空过热卷箱）→圆盘剪→高压除鳞（双排集管，40MPa）→5机架四辊精轧连轧机组（机架间距5.5m）→层流冷却（60～70m，其中湿区约50m）→飞剪→2台地下卷取机。

CEM产线采用的钢包约为140t，结晶器总长度1200mm，配置有EMBr系统，连铸冶金长度20m，弧半径5.5m，液芯压下为20mm，共设计有12个扇形段，液芯压下时各扇形段均可以压下。钢包容量130～140t，中间包容量60t。连铸坯厚一般为90mm，平均拉速6.5m/min，最大拉速达到8.0m/min。轧钢区域，除精轧F5外，其他机架均使用高速钢材质轧辊；层流冷却设置有8组，层流冷却最后出口设置有2根立式管（每根管子装配有3个喷嘴），用于侧向吹扫去除带钢表面余水；卷取机前配置有表面检测仪和测宽仪各一台。CEM产线具备单坯轧制和无头轧制的功能，如图5.27所示，两种模式可以切换。

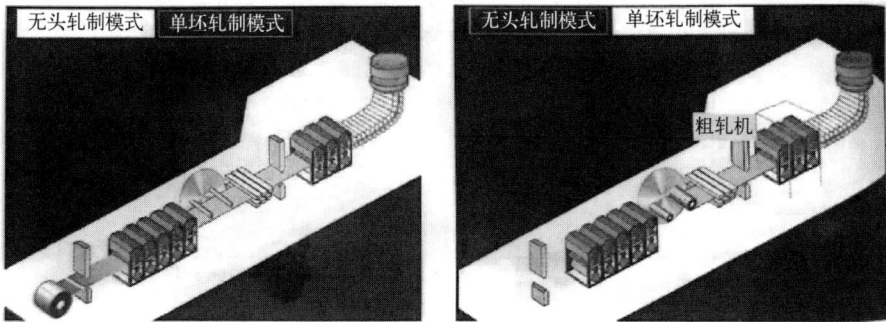

图 5.27　无头轧制模式和单坯轧制模式

5.5.3　薄带坯连铸连轧技术流程关键技术

5.5.3.1　薄带连铸技术及分类

　　薄带连铸技术相比较板坯连铸和薄板坯连铸，它更接近最终产品形状，主要用于制造超薄热轧带钢。160 多年的研究开发过程中，先行者众多，各大钢铁企业和知名高等院校、科研院所，如麻省理工学院、卡内基梅隆大学、牛津大学、亚琛大学、重庆大学、东北大学、日本材料研究所、上海钢铁研究所、德国马普研究所、意大利材料研究所等都进行了研究开发。

　　由于研究者众多，技术发展路径不尽相同，针对不同的材料（铝、钢、铜等）及产品形式（板、管、线、异形等），薄带连铸技术方式五花八门，但区别主要还是集中在结晶器。根据结晶器的结构特征及布置方法，薄带连铸技术分为三类（图 5.28）：轮带式、单辊式和双辊式。其中研究最多、发展最快的是单辊和立式等径双辊式薄带连铸工艺（表 5.1）。

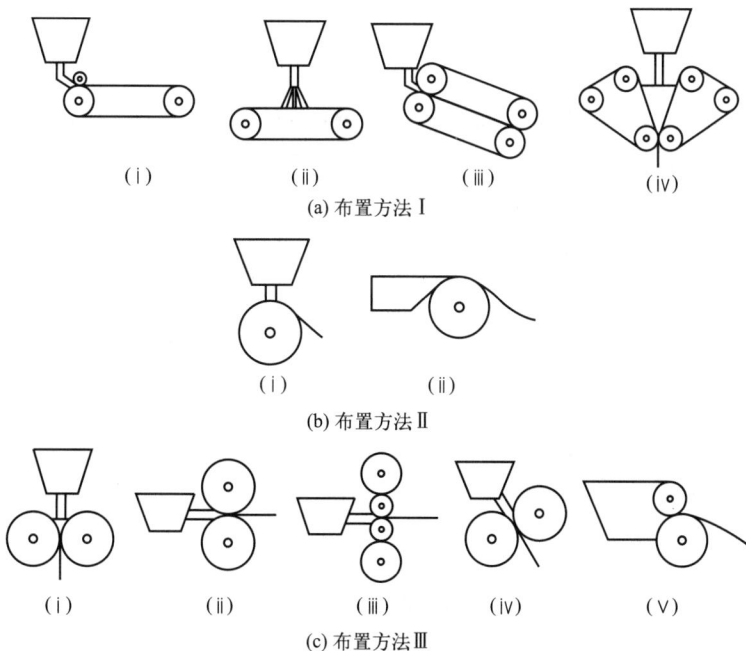

图 5.28　薄带连铸技术分类

169

表 5.1　20 世纪 80 年代以来世界各地开展的薄带连铸研究项目统计

国家或地区	工艺方法		
	单辊式	双辊式	轮带式
德国	1	3	1
欧洲(除德国)	5	10	—
日本	—	19	—
中国	—	3	—
美国	6	3	1
韩国		1	
合计	12	39	2

5.5.3.2　轮带式薄带连铸

轮带式薄带连铸机主要分为水平单带、喷射单带、斜双带式和垂直双带式四种形式 [图 5.28(a)]，其中最为成熟的是 Hazelett 斜双带式薄带连铸机和西马克开发的 BCT 水平单带式薄带连铸机。

Hazelett 斜双带式薄带连铸机由上下两个轮带机架组成，每个机架内由通水冷却辊和冷却板组成一个可以转动的系统；两个带环形槽沟的大辊，外套一条薄带钢制的冷却带，在两个机架的冷却带上分左右设置一对钢制的侧端挡块链，在冷却带和挡块链之间构成直平面的铸型。根据上部机架可能抬高的高度和挡块高度及挡块链间距的不同，可以获得不同厚度和宽度的薄带坯（图 5.29）。

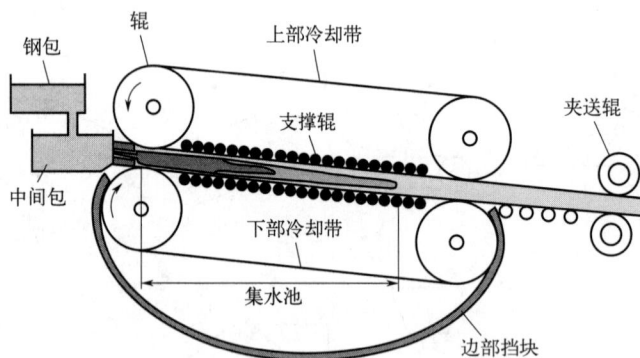

图 5.29　Hazelett 双轮带式薄带连铸机原理示意图

BCT 水平单带式薄带连铸机则由一个铸钢系统和一个轮带机架组成，钢水通过铸钢系统流入轮带机上，通过调整铸嘴与轮带的间隙和铸嘴的布流宽度就可以获得不同厚度和宽度的薄带坯（图 5.30）。

5.5.3.3　单辊式薄带连铸

单辊式薄带连铸又分为立式单辊 [图 5.28(a)]、水平单辊 [图 5.28(b)]。单辊式薄带连铸机主要用于厚度比较薄的带材的生产，在生产非晶合金带材的制造领域技术优势明显，

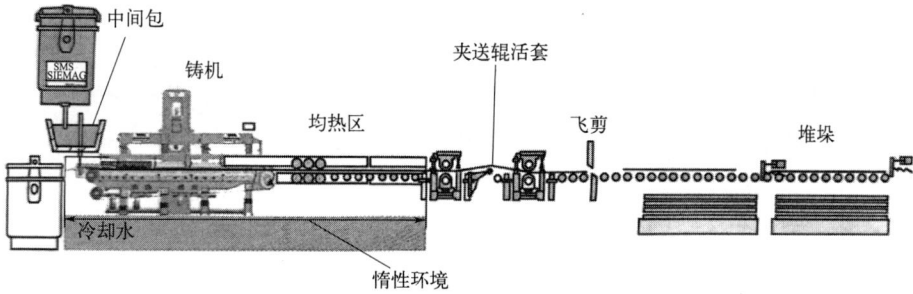

图 5.30　BCT 水平单带式薄带连铸机原理示意图

发展迅速。

通常，单辊式薄带连铸过程是中间包钢水从侧面流至旋转结晶辊的表面，钢水在辊面上凝固，随着结晶辊的旋转牵引形成带钢，带钢厚度一般不超过 2mm。这种浇铸方式对于厚规格来说由于是单向冷却，浇铸得到的带钢上、下表面质量差异明显，边部不规则，内部组织也不均匀，因此该种方法在钢的薄带连铸上应用不多。

单辊式薄带连铸技术目前主要用于非晶合金带材制备，其原理如图 5.31 所示，将熔融的钢水通过一个狭缝的喷嘴喷铸到一个高速旋转的水冷铜辊圆周表面，在极短时间内凝固，并被剥离、抓取、收集，最后获得非晶带卷或非晶薄片的过程。过程中冷却速度大约为 $10^6 K/s$，熔融的钢水一次成形为厚度小于 $50\mu m$（$20\sim30\mu m$）的薄片。

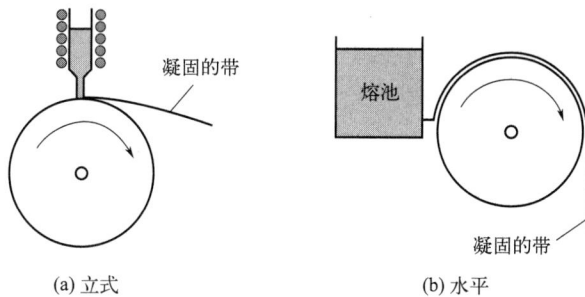

图 5.31　单辊式薄带连铸技术原理示意图

5.5.3.4　等径双辊式薄带连铸

双辊式薄带连铸技术是以转动的铸辊为结晶器，依靠双辊的表面冷却液态钢水并使之凝固生产薄带钢的技术。其特点是液态金属在结晶凝固的同时，承受压力加工和塑性变形，在很短的时间内完成从液态到固态薄带的全过程。双辊式薄带连铸工艺 [图 5.28(c)]，包括等径和异径等有多种形式，其中最常见的为等径双辊式薄带连铸工艺，其中也包括有多种形式（图 5.32），而其中的主流为立式等径双辊式薄带连铸工艺 [图 5.32(a)]。

立式等径双辊式薄带连铸机是由两支轴线平行放置、相向旋转的结晶辊与置于结晶辊两端面的陶瓷侧封板构成熔池，形成一个移动式的结晶器；结晶辊内部通过冷却水冷却，液态钢水浇铸到熔池中，由液面开始钢水逐渐在结晶辊的表面凝固；随着结晶辊的转动，在结晶辊上凝固的坯壳，在咬合点轧制成带，如图 5.33 所示。其主要特点是对称凝固，可以获得组织均匀、表面质量优良且厚度差相对较小的带钢。

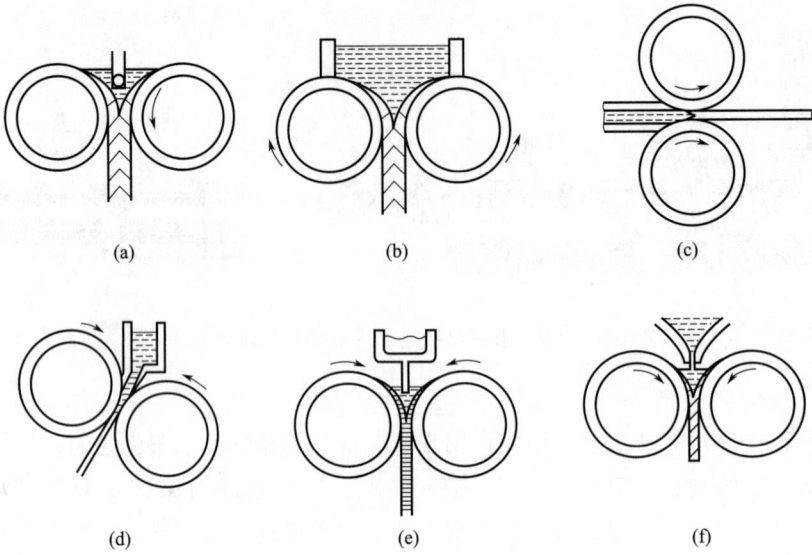

(a)　　　　　　　　　　(b)　　　　　　　　　　(c)

(d)　　　　　　　　　　(e)　　　　　　　　　　(f)

图 5.32　等径双辊式薄带连铸布置形式

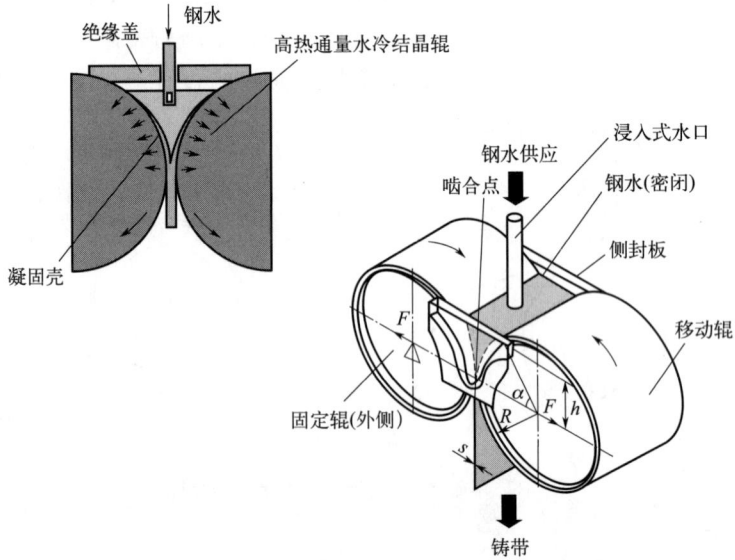

图 5.33　立式等径双辊式薄带连铸工艺原理图

5.6　铝合金连续铸轧与连铸连轧技术

5.6.1　概述

5.6.1.1　连续铸轧与连铸连轧技术的区别

连续铸轧是将连续铸造和轧制变形结合在一个工序中完成，即铸轧过程是在一对轧辊的转动中完成。铝液在冷却凝固的同时，受到一定的压力，产生一定量的塑性变形。铸轧中铸造过程与轧制过程是完全同步的，目前应用的主要是双辊连续铸轧。连续铸轧的产品主要用于食品、建筑、汽车等民用工业。

连铸连轧是在连续铸造机后面紧接着配置热轧机，在连续铸造板（杆）坯还没有冷却到再结晶温度以下，板（杆）坯就在轧机的轧制力作用下发生塑性变形。在连铸连轧中，连续铸造过程与连续轧制过程基本是同步的。而连铸连轧工艺则是金属在结晶器中凝固后，在后续的轧机上进行轧制。

显然，连铸连轧不同于连续铸轧，后者是在旋转的铸轧辊中，铝熔体同时完成凝固及轧制变形两个过程；但两种方法的共同点均是将熔炼、铸造、轧制集中于一条生产线，从而实现了连续性生产，缩短了常规的熔炼→铸造→铣面→加热→热轧的间断式生产流程。

5.6.1.2　连续铸轧与连铸连轧技术的简介

铝合金连续铸轧和连铸连轧技术都是金属液体连续通过旋转的结晶器制备金属板带坯的一种方法。连续铸轧和连铸连轧技术工艺有多种类型。其主要差别在于结晶方法不同和结晶器的构造不同，因此辅助工序和设备结构也就不同。

连续铸轧的基本流程为：铝锭→熔炼炉→静置炉→除气→过滤→铸嘴→铸轧机→导向辊→卷取机。其特点是将熔融的铝液铸轧成 610mm 厚、650～1800mm 宽的板坯并收卷，然后直接送冷轧处。这样在铝板带材的生产过程中，省略了铸锭、加热、热轧、开坯等工艺，既缩短了铝板带材生产的工艺流程，减少了生产过程中的金属烧损，节约能源，又能方便地实现铝板带材的连续生产。连续铸轧以工业纯铝和镁含量低的铝镁合金为对象，再经冷轧生产出成品板、带及箔材。

轮带式连续铸造及连轧工艺是 20 世纪 80 年代从国外引进的一种先进的生产工艺，目前我国已有许多企业采用轮带式连铸连轧方法生产铝杆坯。国外新型履带式连铸连轧机已用于工业化生产，近年来我国才开始引进。履带式连续铸造的厚 14～25mm、宽 1750mm 的带坯，经两机架四辊轧机连轧轧到 3～6mm 厚，卷取成卷后供冷轧厂作为坯料，可制造包括硬铝合金在内的各种合金。

5.6.2　铝合金连续铸轧主要流程与关键技术

5.6.2.1　连续铸轧的工艺流程

（1）合金的配制及熔炼

首先根据合金成分进行备料，在熔炼炉中将备好的铝锭、中间合金或金属添加剂熔化后，铝熔体通过扒渣、搅拌，分析成分合格后，将温度控制在 735～755℃导入静置炉，液体在静置炉中进行静置、精炼后，控制静置炉熔体温度为 730～745℃。

（2）浇注及铸轧

精炼后的铝熔体温度控制在 730～745℃，从流口进入流槽，在流槽中加入 Al-Ti-B 丝晶粒细化剂，再进入净化处理装置。铝熔体从净化处理装置流出后，进入可以控制液面高度的前箱内，通过前箱底侧的横浇道流入由保温材料制成的供料嘴中，液体金属靠静压力由供料嘴直接进入一对相反方向旋转的铸轧辊中间。与两表面接触的熔体，其热量通过辊套传送给辊内冷却水导出。这时，铸轧使液体金属快速结晶。随着铸轧辊的转动，铝熔体的热量不断通过凝固壳铸轧辊带走，结晶前沿温度持续下降。结晶面不断向熔体内部推进，当上、下两个结晶层增厚并相遇时，即完成铸造过程而进入轧制区经轧制变形成为铸轧带坯。

（3）铸轧带坯引出及卷取

铸轧带坯离开轧辊，经牵引机送进机列，切掉头部，至卷取机卷成所需直径的大卷。当板带坯达到给定尺寸时，切断卷，再重新开始下一个卷。

由此可见，从铸轧辊的一方不断供应液体金属，从铸轧辊的另一方不断铸轧出板带坯，使进、出铸轧区的金属量始终保持平衡，这样就实现了连续铸轧的稳定过程。尽管连铸轧机有多种规格型号，但它们的工艺过程都基本相同。

5.6.2.2　连续铸轧的关键技术

（1）合金成分控制技术

金属材料的组织和性能，除了工艺因素的影响外，主要依靠化学成分来保证。因此，准确控制熔体的化学成分，是保证熔体质量的首要任务。金属材料的化学成分包括主要合金元素和杂质两部分。出现化学成分超标的原因是多方面的，诸如管理不善造成混料，备料、配料计算、称量及化学分析工作的失误等。因此严格管理原材料，正确进行配料和计算，精心控制熔炼工艺过程，及时可靠地分析和调整炉前成分，都是控制熔体成分的重要环节。

① 配料。根据制品合金成分和加工技术条件的要求，在国家标准或有关标准所规定的成分范围内，确定合金的配料标准、炉料组成和配料比。通常将计算出每炉的全部炉料量，进行炉料的称量和准备的过程称为配料。

铝加工产品的合金成分应符合《变形铝及铝合金化学成分》（GB/T 3190）的规定，但是由于生产经验的不同，合金的用途及使用性能、加工方法及工艺性能的不同，同一企业对于同一牌号的合金也有不同的配比。合金元素含量和微量杂质，对铸轧产品的质量有重要的影响。

对炉料种类及比例的选择，以产品质量和成本均衡为原则。在保证产品质量的前提下，应合理充分利用废料，以降低产品成本。一般新旧料比在 4∶6 或 6∶4 范围内，对于纯铝尽可能利用本牌号废料。对于杂质允许量较宽且无特殊要求的合金，可选用较多的废料。

② 成分调整。在熔炼过程中，由于各种因素的影响，熔体的实际成分可能与配料成分产生较大的偏差，甚至出现超标现象，因此需在炉料熔化完毕后进行快速分析，以便根据分析结果确定是否需要进行成分调整，这是控制成分的最后一关。

应该指出，所取样的代表性对快速分析结果是至关重要的。当发现快速分析结果与实际情况相差较大时，应分析产生偏差的原因。产生偏差的可能原因之一是所取试样没有代表性。这是由于某些元素密度过大，溶解扩散速度慢，或易于偏析分层。取样应充分搅拌，以均匀其成分。取样部位和操作方法要正确，试样要在熔池中部最深部位的二分之一处取样。取样时温度要适当，某些密度大的元素，其溶解扩散速度随温度的升高而加快。如果取样前熔体温度低，则经过多次搅拌，其溶解扩散速度仍然缓慢，此时取出的试样仍然无代表性，因此取样前应控制熔体温度适当高些。

化学分析本身也存在误差，一般工厂的分析误差最大可达 $\pm(0.02\% \sim 0.08\%)$，光谱分析误差更大。显然，若合金成分控制在偏上限或偏下限，加上正的或负的最大分析误差，便有可能使成分超出规定。

补料和冲淡时一般都用中间合金，应避免使用熔点较高的新料。补料和冲淡量在保证合金元素的前提下，应越少越好，在冲淡时应考虑熔炼炉的容量。在冲淡量过多时，还应补入其他合金元素。

（2）熔体净化技术

① 铝熔体中夹杂。铝熔体中的杂质，除来自金属炉料外，在熔炼过程中还可能从炉衬、炉气、熔剂、炉料及操作工具中吸收杂质。

a. 从炉衬中吸收杂质。在熔炼温度下，金属与炉衬作用包括物理作用和化学作用。在高温下，铝液在炉内要使炉衬承受高温和高压，炉内熔池液面越高，炉衬所承受的压力越大。温度和压力综合作用的结果会使炉衬材料熔蚀破损，不仅降低炉衬寿命，而且会使某些杂质进入金属内。金属与炉衬作用大致有三种：纯金属或合金与炉衬作用；金属氧化物与炉衬作用；金属或合金中的杂质与炉衬作用。

b. 从炉气中吸收杂质。例如，Al、Mg 与炉气作用生成 Al_2O_3 和 MgO，成为氧化夹渣。

c. 从熔剂和熔炼添加剂中吸收杂质。熔剂选用不当时，不仅精炼及保护作用不佳，有时反而会使熔剂中的某些元素进入熔体中，成为熔体中的杂质，增加了杂质含量。

d. 从炉料及炉渣中吸收杂质。金属炉料尤其是回炉废料含有多种杂质。用同一熔炉先后熔炼两种成分不同的合金时，由于两种合金的主要成分及杂质含量各不相同，残留在炉内的熔体及炉渣都可能是杂质的来源之一。高温下铁制工具在金属溶液中的溶解，也是高纯铝合金中增铁的重要原因之一。对于铝熔体的非金属夹杂，主要指的是三氧化二铝（即氧化铝），它的性质是密实坚韧，无论在固体状态还是液体状态，都容易形成坚实的紧密附着于表面的保护层。氧化铝膜在熔融状态下如果受到冲击，容易成为细碎皮膜，造成最大的危害。氧化铝的密度虽然可达 $3\sim4g/cm^3$，但在高温状态时只有 $2.3\sim2.4g/cm^3$，和铝溶液的密度相差无几。因此在熔融状态的铝熔体中，它们实际上都处于悬浮状态。氧化夹渣经凝固过程混入铸轧带材，它既不能固溶于铝合金之中，也不能和其他元素形成中间化合物，只能以固体状态分布于晶粒的晶界，从而破坏了晶粒间的结合力。这种破坏晶间结合力的氧化夹渣的存在，造成了许多危害，降低了压力加工时的工艺性能，使加工时的金属分层，产生裂纹；使制品强度不稳定，伸长率大大下降；特别是在冲击负荷或振动负荷下，产生韧性断裂，影响材料使用寿命。

在熔炼中，氧化膜浸没在熔体中，有的漂浮在铝熔体表面或粘在炉壁上，而那些铝液滴和熔体表面再次氧化，也形成上述的夹杂，一旦随金属熔体混入铸轧带材中，将会引起夹渣、氧化膜等缺陷。它使制品的力学性能和抗腐蚀性能显著降低。因此，在连续铸轧过程中，必须对熔体进行精炼与净化处理，才能有效地减少气体和夹杂物的含量，最终生产出优质的板箔材。铝熔体净化技术是近代各国研究的主要课题，其基本方向是在防止环境污染的前提下，尽可能提高精炼效果，提高金属纯洁度。

为减少杂质对金属的污染可采用以下措施：根据熔炼金属或合金的化学性质不同，选用化学稳定性高的耐火材料；铝合金宜选用高铝耐火材料炉衬；在可能的条件下采用纯度较高的新金属以保证某些合金纯度的要求；火焰炉应选用低硫燃料；所有与金属炉料接触的工具尽可能采用不会带入杂质的材料制作，或用适当涂料保护好；转换合金时，应根据前后两种合金的纯度和性能的要求，对熔炉进行大清炉处理；注意辅助材料的选用；加强炉料管理，杜绝混料现象。

② 除渣原理。

a. 化合造渣。此法是利用碱性氧化物和酸性熔剂，或酸性氧化物和碱性熔剂相互作用形成的复杂化合物或络合物为基础的。因为在铝液中，氧化物之间或氧化物与熔剂之间具有较强的结合力时，在一定的温度条件下，可相互作用而形成密度更小、熔点较低且易于与金属分离的复盐式炉渣，以便把它们由铝液面上扒出。化合造渣作用主要在金属熔体表面进行，在炉渣与炉衬接触处也会发生这种反应。悬浮于金属熔体中的非金属夹杂物，在分配定律和密度差作用下，不断地从熔体内部上浮到表面炉渣中参与造渣反应。例如为除去铝熔体中的 Al_2O_3 夹杂，可选用冰晶石或焙烧苏打的熔剂。

b. 密度差作用法。此法适用于金属熔体与非金属夹杂物间密度差较大，且夹杂物颗粒较大的合金。密度差法一般是让金属熔体在精炼温度和熔剂覆盖下保持一段时间，使夹杂物上浮或下沉而除去。夹渣的上浮或下沉速度与两者的密度差成正比，与熔体的黏度成反比，与夹渣颗粒半径的平方成正比。铝液温度低，夹杂物数量多，则铝液的黏度大，夹渣上浮或下沉的时间就长。当合金温度一定时，由于熔体的黏度及熔体与夹渣的密度差不会有很大变化，夹渣的尺寸和形状对上浮或下沉时间影响较大，所以主要靠增大夹渣尺寸以使其易于与熔体分离。对于铝的熔炼，当 Al_2O_3 的半径由 0.1mm 减小到 0.001mm 时，所需静置时间即由 5s 增加到 13.8h，即夹渣上浮或下沉都不利。铝合金通常静置 20～30min，但除渣效果仍很有限。该法耗时费能，且难以除去细小分散的夹渣，一般要在一定的过热温度下，在熔剂搅拌结渣后，静置一段时间，才能收到一定的除渣效果。

c. 浮选造渣。该法是利用熔剂或惰性气体与氧化物产生的某种物理化学作用，即吸附及部分溶解作用，造成浮渣，从而将氧化物除去。铝合金的熔炼温度较低，而其氧化物的熔点却很高，在这种情况下，采用化合造渣法很难奏效。因此，对于铝合金用熔剂浮选造渣较为合适。当铝合金通氮气精炼时，去氢的同时还有很多氧化夹渣浮出液面。这种气体浮选去渣的情况和熔剂浮选去渣基本相同。当气泡通过铝液中时，呈分散状的氧化物颗粒碰到气泡后，即被吸附在气泡上，并随气泡上升而浮到液面。气泡的数目越多，气泡尺寸越大，则去渣的效果也越好。所用惰性气体一般为氮气和氩气。铝合金还常用以氯盐为主的熔剂作浮选剂。

d. 溶剂溶解法。非金属夹杂物溶解于液态熔剂中后，可随熔剂的浮沉而脱离金属熔体。熔剂溶解夹渣的能力取决于它们的分子结构和由此产生的化学性质。当其分子结构和化学性质相近时，在一定温度就能互溶，如阳离子结构类同的 Al_2O_3 和 Na_3AlF_6、MgO 和 $MgCl_2$，都有一定的互溶能力。等量的氯化钠和氯化钾混合物中加入 10% 的冰晶石，能溶解 0.15% Al_2O_3。且随着冰晶石的增加，氧化铝在熔剂中的溶解度也随之增加。

e. 机械过滤法。上述几种去渣法对于熔体密度相差不大，粒度小而分散度极高的非金属夹杂物是无能为力的。因此，利用机械过滤作用，当金属熔体通过过滤介质时，对非金属夹杂物有机械阻挡作用，此外，过滤介质还有对夹杂物的吸附作用。通常过滤介质的空隙越小，厚度越大，铝液流速越低，机械过滤效果越好。根据过滤介质的不同，过滤法可分为网状过滤法、填充床过滤法、刚性微孔过滤法等。

（3）铸轧坯的晶粒控制技术

晶粒细化是提高铝及铝合金板带材强度和塑韧性的重要手段，也是提高铝材质量的重要途径。随着铝材的广泛应用，尤其是在高新技术领域的应用，对后续深加工工艺中的组织提出了严格的要求，而控制其组织和性能的关键之一是在熔炼铸轧过程中获得最佳的铸轧晶粒组织。晶粒尺寸和形态是铸轧组织的最重要特征，细小均匀的等轴晶是其最佳的铸轧组织。铸轧带材具有细小等轴组织，可以使制品的各向异性小，加工时变形均匀，且易使偏聚在晶界上的杂质、夹杂物及低熔点共晶组织分布更均匀，铸轧带材力学性能和加工性能良好。要得到这种组织，必须通过多种手段来细化晶粒，即结晶组织的微细化处理。凡是能促进形核、抑制晶粒长大的处理，都能细化晶粒，包括铸轧时工艺参数的调整，也包括液态时加入各种中间合金细化剂或借助外来能量（如机械振动、电磁搅拌、对流、超声波处理等）使 α-Al 基体细化。在铝及铝合金铸轧生产中，常用以下几种方法。

① 控制过冷度。形核率与长大速度和过冷度有关，过冷度增加，形核率与长大速度都增加，但两者的增加速度不同，形核率的增长率大于长大速度的增长率。在一般金属结晶时的过冷范围内，过冷度越大，晶粒越细小。

铝铸轧生产中，增大过冷度的方法主要有降低铸轧速度、提高液态金属的冷却速度、降低铸轧温度等。大量的研究表明，铸轧带材具有细小晶粒的有效条件是：熔体中有大量的相当弥散的 $TiAl_3$、TiB_2 或是 TiC 粒子；提高合金在结晶范围的冷却速度；熔体要有一定的成分过冷；金属间化合物粒子在结晶时的熔体内均匀分布。

② 形核变质处理。形核变质剂作用机理是向铝熔体中加入一些能够产生非自发形核的物质，使其在凝固过程中通过异质形核达到细化晶粒的目的，在铝铸轧生产中也称晶粒细化剂。

20 世纪 60 年代中期，出现了专门生产铝中间合金的加工厂。在研究和使用 Al-Ti 中间合金的过程中，发现硼存在时细化效果显著提高。最初是通过 K_2TiF_6 和 KBF_4（氟盐）向熔体中添加 Ti、B 的，但由于细化效果差和难以稳定控制，目前已基本被淘汰。

为克服铝及铝合金直接加入盐类化合物的缺点，人们研究并采用了中间合金形式的细化剂。为了提高钛剂的细化效果，常添加微量硼，即铝钛硼中间合金，但在熔炼炉中加入铝钛硼中间合金容易搅拌不均匀，存在着细化效果衰退、TiB_2 粒子集聚、Zr 中毒现象，造成产品成分不均、细化效果不佳等。随着连续铸轧的发展，20 世纪 70 年代中期，美国研制出新的 Al-Ti-B 细化技术，即以丝（线）状形式连续加入炉外流槽的熔体中。其最早由美国专利 3857705 报道为（2%～5%）Al-（0.8%～1.4%）Ti-B 铝基合金。该技术得到了很大发展，国外有许多公司，如美国的 KBM 公司、英国的 ISM 公司、荷兰的 KBM 公司等已研究和生产出线状 Al-5T-1B 细化剂。这种线状细化方式正逐步取代炉内细化技术，成为铝加工企业可接受的方法。其优点是：细化效果好，Ti 和 B 利用率高，可减少细化剂用量，细化剂均匀分布，细化效果较稳定连续，可实现细化处理的自动化，改善劳动条件。

虽然 Al-Ti-B 细化剂具有较优异的细化晶粒能力，但 Ti 以可溶的 $TiAl_3$ 的形式进入熔体，相反 TiB_2 在铝熔体里却不溶解，易聚集沉淀，当 TiB_2 质点聚集成团块，特别是密集的团块时，不但影响晶粒细化效果，而且还会影响铝合金产品的质量，且 TiB_2 易受 ZCr 等毒化而失去细化晶粒作用。所以，它能造成熔体污染、流动性差、易衰退等。为此，人们一直在寻找研究更有效的细化剂及处理技术。

而 Al-Ti-C 晶粒细化剂则避免了这种现象。最近的研究证明 Al-Ti-C 晶粒细化剂不存在与 Al-Ti-B 丝中 TiB_2 有关的缺点，TiC 聚集倾向小，对锆、铬中毒免疫。因此专家极力推荐使用 Al-Ti-C 丝作为晶粒细化剂，但 Al-Ti-C 晶粒细化剂细化能力还低于 Al-Ti-B 中间合金，且表现出明显的衰减性。然而含 TiC 的 Al-Ti-C 晶粒细化剂对于凝固前温度梯度的敏感性不同于 Al-Ti-B 晶粒细化剂，要求在凝固面之前有尽量小的温度梯度（即最低铸轧温度）才能发挥作用，所以又促进新型 Al-Ti-B 细化剂的研制，该细化剂被认为是一种高效、长效的细化剂。与此同时，近年来国内研究者发现含有稀土元素的 Al-Ti-B 使细化相不易沉淀，提高了细化效果和抗衰减性。稀土元素包括化学周期表中第三副族元素的镧系 15 个元素和第四、第五周期的钪和钇。稀土元素属于典型的金属元素，它的活性仅次于碱金属元素和碱土金属元素，比其他金属元素活泼得多。他们还开发了相应的新型晶粒细化剂 Al-Ti-B-RE 中间合金，为生产高效、稳定、成本较低的细化剂开辟了一条途径。

但这些新型细化剂的效果和稳定性等还缺乏系统深入的研究，应用范围仍有限；在铝晶粒细化机理方面远不能令人满意，值得人们深入研究探讨。

5.6.3 铝合金连续铸轧缺陷与预防措施

5.6.3.1 分层裂纹

（1）定义与特征

铸轧带表层下出现由低熔点相和 Fe、Si 等杂质隔开的分层。有时分层延伸到表面，形成马蹄形裂口。延伸或未延伸到表面的这种缺陷称为分层裂纹。

分层裂纹一般是各个分离且成群出现。裂纹两侧组织差异较大，表面侧低熔点相和杂质相较少，晶粒较粗大；内侧低熔点相和杂质相较多，晶粒细小。

（2）产生原因

① 结晶过程的影响。在铸轧区，液态金属与辊套进行热交换沿辊套周向发生凝固，由于凝固壳较薄，易产生裂纹。产生裂纹的原因是：一方面，凝壳在结晶潜热的作用下发生重熔，形成结晶裂纹；另一方面，在凝固收缩过程中产生应力裂纹，若裂纹得不到补缩和焊合，则在铸轧板表面上表现出来。产生裂纹的倾向和合金的收缩系数及结晶区间有关。收缩系数越大，结晶区间越宽，裂纹倾向越大。

② 轧制变形和剪切应力的作用。铸轧区结晶前沿，由于嘴腔垫片分布、辊面状况等，其温度是不均匀的，有些地方可能出现较深的液穴。在铸轧过程中，一方面受轧制力作用发生变形；另一方面由于轧辊向前转运，内层液态金属相对于表面凝壳有较大的后滑运动，产生剪切作用。这两种作用会使晶界撕裂，形成裂纹。

由于铸轧辊辊面粗糙，摩擦系数很大，轧前熔体温度很高而辊面温度低，与辊面接触时，熔体便附着在辊面结晶，形成很大的黏着区。黏着区随辊面一起运动，不产生相对滑动，因而黏着区内不发生变形、减薄，中心部分的金属要向前后流动。在铸轧条件下，前端是刚端，金属向前流动受阻；后端是液穴，这样在黏着区与中心层之间就会发生相对的剪切运动，产生一个附剪切应力。这个力超过固液界面的强度时，就可能发生裂纹（马形裂纹）。

液穴越深，后端两相区所受轧制变形越大，内层与表层间切应力也就越大，越易发生较大的相对剪切运动，形成分层，分层露出表面便成为马蹄形裂纹。凡是增大液穴深度的因素，例如增大铸轧区、提高铸轧温度、加快铸轧速度，都使之容易产生裂纹。

（3）预防措施

合理布置供料嘴垫片，保持良好的辊面状态，使结晶前沿的温度分布均匀；适当减小铸轧区，降低铸轧速度和铸轧温度，使铸轧区内的凝固壳增厚，在轧制变形时不易撕裂；尽量缩短熔炼时间，避免熔体过热；采用细化剂，增加形核能力，细化晶粒，提高塑性，减少裂纹倾向；加强精炼除气，提高过滤精度，减少夹渣，防止局部出现应力集中。

5.6.3.2　热带

（1）定义与特征

铸轧带局部未受轧制变形，具有自由结晶表面的区域称为热带，缺陷严重时会穿透板厚，形成孔洞。热带形状不规则，有不同程度的凹陷，凹陷的表面不平整，往往伴随有裂缝出现，有时有偏析浮出物。

（2）产生原因

前箱温度太高，在铸轧区内由于温度分布不均匀，温度偏高时易导致液穴变深，熔融金属来不及凝固即被轧辊带出，形成热带；前箱温度偏低，由于静压力不足和金属流动性差，局部金属供流不足，或提前凝固堵塞，板面出现金属缺省；铸轧速度太快，由于结晶前沿宽度方向上的温度分布不均匀，液穴深度不一致，当铸轧速度超过极限时，液穴较深部分来不及结晶即被轧辊带出而形成热带；供料嘴腔内部堵塞、铸嘴挂渣、掉嘴皮、边部耳子损坏等，会引起轧制条件的改变而形成热带。

（3）预防措施

合理地安排铸嘴垫片，尽量使金属液流通畅和温度均匀；适当调整工艺参数，前箱温度偏高时要降温，温度偏低时要升温，液面低时要适当提高液面，同时适当提高铸轧速度；若是嘴腔堵塞、挂渣等，可采用断板措施，断板时及时清理堵塞金属或挂渣；若是铸嘴及边部耳子破损，则应停机重新立板。

5.6.3.3　气道

（1）定义与特征

铸轧带内形成的纵向连续或断续延伸的空洞缺陷被称为气道。习惯上低倍试片肉眼可见的空洞被称为气道，借助放大镜才能发现的被称为微孔。

气道附近晶位发生歪扭，表面多显现白道，严重时可延至带全长，常伴有通条横裂纹和麦穗晶带。

气道分横向位置固定的气道和游动性气道（位置不固定）。铸轧时，相距较近的两游动性气道会相互"吸引"，逐渐靠近直至汇合，汇合处形成气三角。

（2）产生原因

① 当熔体夹杂较多时，易导致供料嘴挂渣或堵塞，阻碍液体金属供给，在两侧液流交汇处气体易聚集形成气泡。

② 氢大多以原子或离子状态溶于铝合金熔体中，尽管在铸轧前采取种种去气措施，但

熔体中仍含有一定量的氢。这种溶解于熔体中的氢，随着温度的下降和结晶过程的进行，由于其溶解度的不同一部分可能以气态的形式释放出来，其余以过饱和形式间隙于固熔体中。铸轧过程中，由于结晶速度很快，铝液中溶解的氢在结晶前沿生核、长大、逸出是不太可能的，气体的析出很困难，但是在铸嘴中情况就不一样了。由于流体流线需绕过障碍而弯曲，流速减低，熔体难以充满。熔体温度越低，流动性越差，这种情况越严重。同时氧化渣和挡块都可能有大量疏松、气隙，且多不为铝熔体润湿，因而这些地方很容易成为外来气体核心，开始时其氢的分压等于零，于是，原子往里扩散，复合成氢气，形成所谓气体锥，当气体锥长到一定程度和一定长度时，就被铝熔体裹入铸轧区，形成气道。

③ 若辊套存在较深的裂纹，其在热交换时储存的水和气体在铸轧过程中溢出，进入熔体形成微小气泡。

④ 若采用毛毡清辊器，毡毛会堆积在铸嘴前沿，在高温浇铸时产生气体，进入熔体中形成气泡；若采用石墨水溶液喷涂在辊面上，如果没有完全挥发，则会在铸轧区内析出气体形成气泡；供料嘴干燥不好或吸潮也会产生气泡。

（3）预防措施

加强精炼除气，提高过滤精度，确保铝熔体的洁净；尽量缩短熔化时间，避免熔体过热；适当地提高温度，使熔体流动性增加，填充性能好，挂渣少，则形成气道的概率也就减小；改进轧辊防粘系统，轧辊出现裂纹时要及时更换。

5.6.3.4 粗大晶粒

（1）定义与特征

铸轧带晶粒大小超过标准要求的，称为粗大晶粒。粗大晶粒组织具有很强的各向异性；冷轧后表面出现白条缺陷；再结晶退火后晶粒易长大。

五级大晶粒的铸轧带侵蚀后，表面呈现粗大的纵向带状花纹，横截面表层为排列紧密的片状胞晶，表层往内为羽毛状晶。

（2）产生原因

① 铸轧辊的散热不好，冷却强度小，则金属凝固时过冷度小，铸轧铝板坯的晶粒度就会偏大。

② 嘴子扇过长，供料嘴加工不合理，装配不精确，都会导致嘴腔内有大量的铝熔体，使得冷却区和铸造区过长，造成冷却强度偏小，而使晶粒度偏大；阻流块分布不合理，垫块过厚，也会造成嘴腔内铝熔体过多，使晶粒偏大。

③ 铸轧区偏大时，冷却区和铸造区过长，则循环水带走的热量多，会使金属凝固时过冷度过小，凝固时间相应长些，从而使晶粒粗大。

④ 铸轧速度过大时，会相应地增加液穴长度，则增加铸造区的长度，使熔体凝固时过冷度偏小，晶粒会粗大。

⑤ 熔体过热，前箱熔体温度过高，会产生粗大晶粒。

⑥ 熔体在炉中停留时间过长，冷却强度低。

⑦ 冷却水温度偏高和流量偏低，造成铸轧板局部晶粒粗大。

（3）预防措施

可采取的预防措施有：采用晶粒细化剂；避免熔体过热，尽量缩短熔化和静置时间；提高冷却强度，对于因铸嘴局部破损、堵塞等铸轧条件变化引起的局部晶粒粗大，要根据现场的情况进行调整；当铸轧辊径减小时，需要缩短铸轧区的长度，以保证足够的冷却强度。

5.6.3.5　表面偏析带

（1）定义与特征

铸轧带表面点状缺陷集聚，呈带状，纵贯铸轧带坯全长。未经侵蚀时缺陷不易发现，缺陷部位反光性稍差，较暗，经高浓度混合酸或碱溶液侵蚀后发黑。显微组织为两相共晶组织，缺陷部位化合物比正常部位明显增多，其中 Si、Fe、Cu 等与铝形成共晶转变的元素含量升高，而与铝形成包晶转变的 T 的含量则明显降低。具有上述特征的缺陷称为表面偏析带。表面偏析带是逆偏析。

表面偏析产生的条纹，在铸轧板上、下表面都可能出现，它在铸轧板上的位置及宽度不定，但有明显规律，即表面偏析一旦出现后，则在同一位置不间断地出现，一直贯穿于整个铸轧带，在轧制过程中易造成起鼓缺陷。试验表明，用有偏析的铸轧板生产出的冷轧板和正常冷轧板对比，所有带偏析的试样都不在偏析处拉断，强度无明显差别，但是伸长率降低了 3.4%。

（2）产生原因

① 铸轧速度过高，熔体过热，导致铸轧区内液穴加深，壳变薄，易发生重熔析出，形成表面偏析。

② 铸轧供料嘴在安装时，供料嘴与铸辊间隙过小或过大，造成表面偏析。当嘴辊间隙过小时，铸轧生产中会将铝渣带入嘴皮外侧前沿，使铝渣处在轧辊表面形成一条沿圆周方向上细小的、凹凸不平的粘铝带，使带坯表面产生一条相对应的、沿长度方向凹凸不平的纵向条纹；嘴辊间隙过大时，由于氧与铝液的亲和力加大，氧化膜增厚到一定程度，使得氧化膜破裂轧到板面，残余氧化物黏着在轧辊上带入嘴辊间隙，产生黏渣，这样就使带坯表面的凝固速度周期变化，枝晶间距也产生了周期变化，纵向条纹伴随而生。

③ 供料嘴使用过程中，供料嘴局部损坏，使得该处的熔体先和铸轧辊面接触，首先形成凝壳，两侧熔体的热量不断地从这里导出，则凝壳区两边的晶粒逐渐向两侧熔体中生长延伸，直到两侧体和以铸轧辊面为主生长的熔体会合，才生成正常组织。分析偏析区的组织也证明了这一点，表面偏析区为细晶粒，两侧为五级粗晶粒，并且细晶粒区两边为单侧麦穗晶。由麦穗晶的成长方向可以断定，偏析区先结晶，两侧五级粗晶粒区后结晶。

④ 供料嘴前沿开口过大，易出现表面偏析。

⑤ 轧辊材质不均或辊芯堵塞，必然使局部发生较薄凝壳，液穴区拉长，易出现重熔，共晶熔体从板中心部位向表面枝晶间渗透易出现表面偏析。对于结晶区间较大的合金，其表面偏析较重。

（3）预防措施

可采取的预防措施有：避免熔体过热，适当降低铸轧速度；适当调整铸轧区及板厚，使变形区增大，板辊接触更紧密，减少重熔析出；铸嘴磨削后要保证辊的清洁和嘴腔的畅通，合理的嘴腔厚度和垫片分布，确保结晶前沿的温度分布；及时清洗铸轧辊沟槽，保持冷却水的通畅和足够的冷却强度；将嘴辊间隙调整适当，当嘴子宽时宜采用大一些的间隙，当嘴子窄时宜采用较小一点的间隙。

5.6.3.6 中心面偏析

（1）定义与特征

铸轧带坯中，最终凝固的中心面附近集中了不平衡过剩组成物称为中心面偏析。

（2）产生原因

在轧辊压力作用下，富集合金元素的液态铝沿枝晶间隙，从较冷区挤到中部较热区（即所谓孔道效应），全部凝固后在中部形成共晶，局部还可能出现过共晶。当铸轧速度偏高、熔体过热、液穴深度加深时，中心面偏析增加；冷却强度低、板面与辊面热交换效率低导致凝固时间长，中心线偏析增加，合金结晶范围宽、板增加、腔前沿开口偏小，都易产生中心面偏板。

（3）预防措施

可采取的预防措施有：防止熔体过热，适当降低铸轧速度；提高冷却强度，增加水量和水压，定期清理辊芯，确定水道通畅；选择合适的嘴腔前沿开口，根据板厚选择工艺条件，每一铸轧板厚都存在一个不产生偏析的极限速度，不出现偏析的板厚随铸轧速度的提高而减薄；加入晶粒细化剂，改善化学成分的均匀性，避免中心偏析。

思考题

1. 简述金属塑性加工的物理本质。金属塑性加工过程中的组织性能有什么变化？

2. 常用的金属塑性加工技术有哪些？简述轧制成形技术概念与原理。

3. 热冲压成形技术的基本方法有哪些？简述热冲压成形技术特点。

4. 简述近终形制造技术概念与分类。薄板坯连铸连轧技术流程关键技术有哪些？

5. 简述铝合金连续铸轧主要流程与关键技术。该技术发展过程中有哪些关键技术方面的创新？简述连续铸轧缺陷与预防措施。

6. 简述金属塑性成形方法的最新进展。

参考文献

[1] 樊自田，蒋文明. 先进金属材料成形技术与理论 [M]. 武汉：华中科技大学出版社，2019.

[2] 胥福顺，陈德斌. 铝及铝合金轧制技术 [M]. 北京：冶金工业出版社，2021.

[3] 霍晓阳，杨林. 轧制技术基础 [M]. 哈尔滨：哈尔滨工业大学出版社，2013.

[4] 单忠德，刘丰，孙启利. 绿色制造工艺与装备 [M]. 北京：机械工业出版社，2022.

[5] 毛新平. 热轧板带近终成形制造技术 [M]. 北京：冶金工业出版社，2020.

第6章

"双碳"战略下金属材料制备技术前景展望

在“双碳”背景下，冶金行业正面临着前所未有的机遇和挑战。技术的创新与突破对于实现钢铁工业碳中和至关重要，未来仍存在许多颠覆性的低碳技术需要进一步探索和突破，其减碳效果备受期待。钢铁工业的清洁低碳转型不仅需要加大技术创新力度，更需要持续的技术支持和发展。另外，有色金属行业作为我国“双碳”行动的重点领域之一，也需要不断探索先进的节能减碳技术，并积极开发前沿技术以推动行业的清洁低碳化转型。通过对钢铁和有色金属行业的低碳技术进行前瞻性探讨，本章将展望冶金行业在技术创新方面迈向绿色、可持续发展的未来路径。

6.1 “双碳”背景下冶金行业面临的机遇与挑战

6.1.1 “双碳”背景下钢铁行业面临的机遇与挑战

6.1.1.1 钢铁行业面临的机遇

（1）构建更高水平供需动态平衡

在“双碳”要求下推动形成一个更高水平、更高质量的供需平衡。一是需要控制产量过快增长，利用环保、碳排放、能耗等约束手段，借助信息技术加强预警，防止粗钢产量过快释放；二是发挥政策导向作用，控制钢坯等初级产品、普通钢材出口，扩大钢铁再生料、钢坯等初级产品的进口，缓解国内粗钢供应压力；三是以创新驱动持续提升有效供给水平，创造并引领新需求，与用钢行业密切协同，大力发展具有轻量化、长寿命、耐腐蚀、耐磨、耐候等特点的绿色低碳产品，引导建筑、机械、汽车、家电、造船等下游行业绿色低碳消费，鼓励政府工程优先选用绿色低碳钢铁产品，通过提高消费质量和档次实现下游行业减量钢，促进全社会低碳发展。

（2）助推工艺流程结构优化

废钢是可无限循环使用的绿色载能资源，是目前唯一可以逐步代替铁矿石的优质原料。增加废钢供应能力是缓解铁矿石供应压力的重要途径。每用 1t 废钢，可相应少消耗 1.7t 铁精矿粉，从而少开采 43t 铁矿石原矿，同时也有利于降低焦化、烧结、炼铁等高能耗工序的生产压力。每用 1t 废钢，也可以节约 0.4t 焦炭或 1t 左右的原煤，比用铁水节能 60%、节水 40%。推动工艺流程调整，加大废钢的应用对钢铁工业节能降碳具有重要意义。

从不同钢铁生产工艺来看，含有烧结的长流程生产工艺二氧化碳排放量最大，含有球团的长流程生产工艺次之，采用废钢的短流程工艺二氧化碳排放量最低。长流程的吨钢碳排放相对于短流程高 1.2～1.4t。

（3）推动行业技术革命

当前，我国钢铁企业中高炉-转炉长流程炼钢占据主导地位。一般来说，传统高炉工艺生产 1t 生铁需要消耗 350kg 焦炭和 150kg 煤粉，化石能源的使用造成炼铁、炼钢过程中二氧化碳和一氧化碳大量排放。低碳冶金技术被认为是未来钢铁行业碳减排的重要抓手，我国钢铁行业在推进绿色低碳发展过程中，核心还是依靠技术革命，关键共性技术突破将是重要支撑。我国需要着力推动低碳冶金工艺技术攻关示范,有序发展电炉钢,促进废钢资源高质高效利用。最终实现深度减碳及碳中和,还需要全氢冶金和二氧化碳捕集、利用与封存/二氧化碳捕集与封存等技术实现突破。

近期,在"双碳"大环境下,我国碳达峰相关政策和配套实施方案陆续出台,进一步加大了对低碳技术创新发展的支持力度,加速推动了钢铁行业低碳技术的突破。中国宝武钢铁集团有限公司(简称中国宝武)、中国核工业集团有限公司(简称中核集团)与清华大学等开展核能制氢与核能冶金合作,宝钢湛江钢铁有限公司(简称湛江钢铁)正建设国内首套百万吨级氢基竖炉,宝钢集团新疆八一钢铁有限公司(简称八钢)正突破富氧冶炼技术;河钢集团有限公司(简称河钢集团)与卡斯特兰萨-特诺恩拟建高科技的氢能源开发和利用工程,其中包括全球首座年产 60 万吨使用富氢气体的直接还原铁工业化生产厂;山西晋南钢铁集团有限公司(简称晋南钢铁集团)积极开展高炉喷氢工业试验;酒泉钢铁(集团)有限责任公司(简称酒钢集团)成立中国首家氢冶金研究院,建设世界上首套煤基氢冶金中试装置等。

(4)促进行业智能化升级

① 国家政策大力支持制造业数字化、智能化。《中共中央 国务院关于完整准确全面贯彻新发展理念做好碳达峰碳中和工作的意见》明确指出,要提升数据中心等信息化基础设施能效水平,推动人工智能新兴技术与绿色低碳产业深度融合。《"十四五"智能制造发展规划》提出,要推动制造业产业模式和企业形态根本性转变,减少资源能源消耗,畅通产业链供应链,助力碳达峰、碳中和。可见,智能制造正成为新一轮工业革命、数字经济和实体经济融合的核心驱动力。

② 新一轮科技革命和产业变革助力行业转型升级。随着 5G、大数据、人工智能、区块链等新一代信息技术和传统制造业深度融合,企业生产效率和行业治理水平大幅提高。应用 5G 技术实现全生产要素、全流程互联互通、工厂全生产要素全生命周期的实时数据跟踪,通过人工智能技术实现行业在产品研发设计、生产计划和调度、生产过程控制等方面的智能升级。智能技术正成为经济增长的新动能、高质量发展的新引擎。

③ 智能制造加速赋能钢铁行业。钢铁行业作为流程型制造业的代表,实施智能制造可以提高效率、降低成本、提高产品质量和能源利用率、减少人员。因此,发展钢铁智能制造是行业转型升级的重要方向,也是实现我国钢铁工业由大到强转变的重要保障。

(5)加快推动多产业协同

发挥钢铁生产流程能源加工转化功能,构建以钢铁生产为核心的能源产业链,因地制宜,选择经济合理供应半径,与钢铁生产企业周边石化、化工、建材、有色等工业企业,工业气体公司,居民及商业用户等实现煤气、蒸汽、氧氮氩气、水等能源互供,替代区域内能耗、污染物、碳排放较高的供应设施,实现区域能源、环境资源协同优化。

推动钢铁与建材、发电、化工等多关联产业协同发展,通过资源能源链接实现全社会资源和能源高效循环利用:利用低温余热、废热为周边企业、居民区提供清洁能源,促进二次能源回收利用;与建材行业协同发展,进行冶金渣综合利用等;与电力行业协同发展,用钢铁副产煤气发电,实现钢企煤气"零排放";与化工行业协同发展,鼓励实施钢化联产,打造钢铁、焦化间循环经济产业链;发挥钢铁制造消纳处理大宗废弃物功能,消纳社会废塑料、废轮胎等废弃物,进行循环利用。

（6）协同促进环境治理

温室气体与大气污染物"同根、同源、同过程"，可实现协同减排。钢铁行业低碳转型推进工艺、流程、原燃料结构优化，从源头减少污染物的产生。同时，将促进环保更多地转向精益化源头减排，通过强化源头削减、严格过程控制、优化末端治理，实现精准治污，倒逼企业进行结构调整，实现由过去粗放型管理向集约化管理、由传统经验管理向科学化及数字化管理的转变，从而促进环保的协同高效治理。

（7）深化产品全生命周期理念

生命周期评价是国际上通用的认定绿色产品的方法，是国际绿色发展领域交流的标准语言，也是工信部绿色设计产品申报的重要支撑技术。

《"十四五"工业绿色发展规划》提出引导产品供给绿色化转型、强化全生命周期理念，全方位全过程推行工业产品绿色设计，到2025年开发推广万种绿色产品。这为生命周期评价工作的进一步推广和深化提供了有力的政策支撑和路径。

近几年，中国宝武、包头钢铁（集团）有限责任公司（简称包钢集团）、河钢集团等钢铁企业开展关于生命周期评价技术研究的大量工作，应用于支持生态产品设计、技术研发、协同创新、持续减排等研究工作；建设以产品全生命周期低碳为核心的上下游产业生态圈；积极推进产品生态设计，为下游用户提供绿色低碳钢铁产品，并积极开展生命周期评价、产品碳足迹核算和环境产品声明，从产业链协同角度降低碳排放，推进全社会低碳发展。

6.1.1.2 钢铁行业面临的挑战

（1）时间紧、任务重

全球钢铁碳排放量占全球能源系统排放量的7%左右，其中中国占全球钢铁碳排放量比重超过60%，中国钢铁行业碳排放量占全国碳排放总量的15%左右。

从能源资源禀赋看，我国高炉-转炉长流程工艺结构占主导地位，能源结构高碳化，煤、焦炭占能源投入近90%。我国粗钢产量大、钢铁企业数量多，具有冶炼能力的企业达500多家，且各企业之间结构、水平差异大。同时，碳排放机理复杂，涉及能源燃烧排放、工业生产过程排放、电力和热力消耗所对应的间接排放等多种碳排放机理，如何科学、准确和及时地计算碳排放量和碳排放强度面临巨大挑战。我国钢铁行业的低碳转型存在难度大且任务重的突出特点。

低碳发展将对钢铁行业产生深远影响，甚至带来广泛而深刻的生产、消费、能源和技术革命，进而重塑全行业乃至经济社会发展格局。钢铁行业作为碳减排的重点行业，未来将面临碳排放强度的"相对约束"、碳排放总量的绝对约束以及严峻的"碳经济"挑战。钢铁行业从实现"碳达峰"到"深度脱碳"乃至"碳中和"仅有35年时间，留给我国钢铁行业低碳转型的时间非常有限。

（2）技术、人才等基础能力薄弱

随着碳达峰碳中和"1＋N"政策体系中的"1"，即《中共中央 国务院关于完整准确全面贯彻新发展理念做好碳达峰碳中和工作的意见》和国务院印发的《2030年前碳达峰行动方案》的陆续出台，标志着我国低碳发展由前期谋划阶段全面转入实质性推进阶段。

钢铁行业是制造业31个门类中碳排放量最大的行业，是落实碳减排目标的重中之重，是实现"双碳"目标的重要组成部分。面对如此严峻的碳减排任务，钢铁行业的技术创新能力不足。目前，钢铁行业尚无成熟可大规模应用的突破性低碳冶炼技术来有效支撑钢铁行业的碳减排目标。结合陆续发布的政策发展要求，钢铁行业目前配套的智能化、标准化等技术工具仍不完善，大多数钢铁企业缺乏完善的碳排放管理及考核评价体系。在摸清企业自身碳排放水平的基础上，需培养相关储备人才，进一步提升自身的碳排放管理水平。

（3）绿色低碳发展水平参差不齐

我国钢铁企业数量多，各企业之间结构、水平差异大。不同企业的绿色发展水平不同，碳减排成本存在较大差距。处于行业略低水平的企业，面临风险与机会管理、构建目标体系、测算分析碳配额盈缺、最优减排策略分析、能力建设等挑战；处于行业平均水平的企业，面临构建全过程管控及评估平台、绿色供应链管理等挑战；处于行业较高水平的企业，面临碳资产管理、探索创新低碳技术及示范应用等挑战。

（4）工艺流程结构优化面临障碍

① 废钢资源是制约我国电炉钢发展的最大因素。现阶段我国废钢供应远未达到充沛低廉的程度，加之我国转炉钢产量巨大也要消耗大量废钢，因而对电炉炼钢的发展造成了较大制约。按照我国转炉钢产量 9 亿吨、最大废钢单耗 300 千克/吨钢粗略估算，仅转炉用废钢需求就在 2.7 亿吨左右。因此，从目前废钢产出量来看，尚不足以支撑电炉钢快速发展。

② 电价是我国电炉钢发展的重要影响因素。我国煤电价格联动机制不完善和交叉补贴持续存在造成我国工业用电价格相对较高。与转炉炼钢相比，全废钢电炉炼钢需增加 300 千瓦·时/吨左右的用电量，造成电炉炼钢成本偏高。按照 0.6 元/千瓦·时电价粗略估算，仅电费成本就高出 180 元/吨。

③ 电炉工艺装备水平仍需进一步提升。20 世纪 90 年代起，我国引进了一批电炉设备，在消化、吸收国外技术并不断改进的基础上，目前国内已能够自主研发全套电炉装备，但近年来市场普及度不如国外成套设备公司，仍需进一步加大支持力度。此外，近年来电炉钢企业不断提升电炉装备水平，尤其在装备大型化、提升生产效率方面的技改居多，但智能化水平仍有待提高。

6.1.2 "双碳"背景下有色金属行业面临的机遇与挑战

我国有色金属行业已建立起较为完整的采、选、冶和材料加工体系，基本满足了经济社会发展和国防科技工业建设的需要。但与世界强国相比，在技术创新、产业结构、绿色发展、资源保障、循环利用等方面仍存在一定差距。

6.1.2.1 铝冶金行业

铝是"有色金属之首"，原铝产量与消费量均居所有有色金属之首。近年来，氧化铝和电解铝生产都处于平稳发展态势，变化幅度不大。

近 20 年来，我国电解铝技术与产业快速发展，达到国际领先水平，并成为世界上单槽容量最大、原铝能耗最低的国家。在普遍采用超大容量点式中间下料预焙阳极电解槽技术后，我国电解铝单元能耗持续降低，绿色节能成效显著，能效水平目前处于国际领先水平，而且随着冶炼技术以及环保技术的提高，铝冶炼单位污染物排放也在显著降低。

与国外先进水平相比，我国铝冶金产业低碳发展存在以下技术瓶颈：

① 全氟化碳气体消减效果不理想，与国外先进水平差距明显。铝电解过程是温室气体全氟化碳的主要产生源。面对气候变化的严峻形势，温室气体尤其是全氟化碳的减排成为铝电解行业生存和发展的基础。虽然目前我国电解铝已经普遍采用先进的点式中间下料预焙烧电解技术，但是全氟化碳减排效果并不理想。

② 用电用能清洁水平较低，上游发电累计碳排放负重。电解铝单元为原铝生产的主要用能过程，吨原铝综合交流电耗约为 13000 瓦·时。在我国以燃煤发电为主的电力结构下，上游发电累计碳排放较高。

③ 染控制与环境保护措施有待加强。我国铝冶炼高产量的同时也带来了大量固体废物的产生，其中赤泥的年产量已超过 1 亿吨，但一直处于不到 10％ 的低位利用水平。其当前的主流处置方式还是直接堆放，已经成为氧化铝冶炼厂最大的污染源。此外，电解铝生产过程中产生的废槽衬、铝灰、炭渣等固体废物中含有氟、氰化物等强毒性组分，不但物相结构繁杂，而且高效转化难度大，在无害化处置技术方面与国外大型铝冶炼公司差距明显。

6.1.2.2　铜冶金行业

2012 年，我国成为世界第一大精炼铜生产国和消费国，精炼铜产量与消费量分别占全球总份额的 29％ 和 38％。2020 年，我国精炼铜产量为 1002 万吨，首次突破千万吨，约占全球产量的 36％，同时消费量占世界总量一半以上。2024 年，我国精炼铜产量达 1364.4 万吨。

近年来，由于铜工业技术不断发展，企业越来越注重绿色节能低碳生产，无论在铜矿采选还是冶炼方面，节能减排的成效十分明显，单位产品的综合能耗持续下降。其中，云南铜业股份有限公司等部分企业能耗已居世界领先水平。

在排放方面，我国铜行业环境排放显著降低，基本实现达标排放。通过持续的技术进步与严格化管理，主要铜冶炼企业均基本实现了废水和废气达标排放。2019 年不少企业的排放达到特别排放限值标准，其中新投产的中铝东南铜业烟气二氧化硫、颗粒物浓度均远低于国家最新排放标准。

与国外先进水平相比，我国铜冶金产业低碳发展存在以下技术瓶颈：

① 协同冶炼回收刚刚起步，单位产出与国际先进水平有明显差距。主要冶炼企业仍奉行"规模取胜，扩产增效"的传统策略，重心仍在扩产增效，对于国内迅速增长的城市矿产（电子废物、废旧电池）等高价值二次资源明显关注不够。

② 部分特征污染物排放系数明显高于国外优秀企业，污染控制与环境保护有待进一步加强。

③ 工厂智能化建设刚刚起步，落后的运行管理方式导致能耗及排放较高。

6.1.2.3　铅冶金行业

目前，国内原生铅冶炼厂主要分布在河南、湖南和云南三省，三省产能之和占全国比重的近 70％。另外，再生铅回收已经成为国内铅冶炼的重要组成部分，再生铅占铅产量的 40％。

近年来，我国原生铅产量呈逐渐减少趋势，产能增长主要来自现有铅冶炼厂的技术升级改造。铅冶炼企业通过富氧底吹熔炼-液态高铅渣直接还原技术升级改造，节能减排效果明显，铅冶炼综合能耗明显下降。铅冶炼行业主流企业的废气（二氧化硫）、废水（铅、镉、砷、汞等重金属）基本实现达标排放，其中少数先进企业单位产品的污染物排放量（二氧化硫、重金属）已经达到国际先进水平。

与国外先进水平相比，我国铅冶金产业低碳发展还存在以下技术瓶颈：

① 污染控制与劳动防护仍然任重道远。虽然主流冶炼企业基本实现达标排放，但是离国际先进水平与当地人民生活实际需要还有明显差距。

② 再生铅冶炼及综合回收水平有待提高。再生铅冶炼脱硫-还原熔炼、直接脱硫富氧还原熔炼、原生/再生混合富氧熔炼技术的发展明显推动了再生铅冶炼行业的发展，但行业采用竖炉、鼓风炉等落后工艺较多，仍然面临能耗大、运行成本高等问题，需进一步转型升级。

③ 过程自动化、智能化水平不高，智能工厂建设亟待启航。

6.1.2.4 锌冶金行业

2024 年，我国锌产量约达到 683.7 万吨，占全球总产量的 50％以上。经过一系列技术改造，国内代表性锌冶炼企业的工艺装备水平明显提升，生产技术经济与世界同类企业不相上下，甚至达到了世界先进水平。在节能减排方面，我国电锌（湿法工艺）冶炼综合能耗持续下降。锌冶炼行业主流企业基本实现烟气（二氧化）、废水（重金属）达标排放，其中少数先进企业单位产品主要污染物（二氧化硫、重金属）排放已达国际先进水平。

与国外先进水平相比，我国锌冶金产业低碳发展存在以下技术瓶颈：

① 湿冶炼渣的清洁无害化、资源化亟待加强。目前国内湿法浸出产出的浸出渣（除铁渣仍主要采用回转窑焙烧还原工艺处理回收锌铟）虽然有着不错的回收效果，但是能耗高、烟气收集治理难度大，而且无法综合回收铜、银等有价金属。富氧化还原熔炼是国外先进企业的成功经验，我国亟须强化此方面的技术发展和使用。

② 铅锌混合精矿冶炼技术需进一步发展。国内产出的铅锌混合精矿主要采用帝国熔炼法工艺处理，但此工艺仍需低温烧结，环境污染严重，亟待发展铅锌合精矿的强化熔炼工艺技术，实现冶炼过程低碳化。

③ 过程管理数字化、智能化与国外有明显差距。加拿大特雷尔冶炼厂采用机器学习分析技术，优化设备运行管理已经多年。2019 年加拿大泰克资源公司启动了业务数字化转化的 RACE21TM 计划。与之相比，我国锌冶炼企业过程管理数字化、智能化还刚刚起步，差距明显。

④ 污染控制和治理与国际先进水平仍有明显差距。

6.1.2.5 镁冶金行业

2023 年，我国原镁产量达到 82.24 万吨、镁合金产量达到 34.52 万吨，已成为世界上最主要的原镁生产大国。随着我国皮江法工艺技术的进步，冶炼成本不断降低，各项技术指标趋于稳定。但皮江法工艺属于高能耗、高污染行业，属于国家限制类发展领域。

我国镁工业低碳化发展的技术瓶颈主要有以下几方面：

① 行业清洁水平有待进一步提升。电解法炼镁使用清洁能源，污染排放明显优于皮江法。开展电解法炼镁关键技术，特别是氯化炉尾气和电解槽阴极气体处理等关键环保技术研

究，有助于提升我国镁冶炼行业的整体清洁生产水平。

② 镁冶炼过程自动化程度不高，应全面提升炼镁工艺。

③ 循环经济产业链亟待发展。构建循环经济产业链条，以低能耗低污染为基础，以低碳循环技术为支撑，促进绿色低碳技术创新应用、企业绿色化改造提升、工业园区和先进制造业集群绿色发展、地区优化调整产业结构和布局、构建完善绿色供应链。

④ 污染控制与治理有待加强。研究开发高效回收白云石中二氧化碳的煅烧技术，改变二氧化碳直排大气的现状。另外研究开发以蛇纹石为原料的新型炼镁工艺，实现镁冶炼碳减排。

6.2 冶金行业清洁低碳技术展望

6.2.1 钢铁行业清洁低碳技术展望

技术的创新与突破是实现钢铁工业碳中和的关键，未来还有一批颠覆性的低碳技术亟待进一步突破，其减碳效果非常值得期待。

6.2.1.1 系统能效提升颠覆性技术

随着高效烧结、焦炉大型化、Oxy-gen fuel 燃烧以及余热/余能深度回收等节能创新技术的发展和应用，以单体装备结构升级或单一工序优化为目标的节能潜力逐步趋于极限，未来钢铁工业能效进一步提升的增长点在于从提高全流程能源、资源综合利用效率的角度出发，优化系统能/质结构并实现协同、有效利用。相关颠覆性技术包括以下两种。

（1）热化学余热回收耦合二氧化碳资源化转化技术

热化学余热回收是通过构建合理的化学反应体系，将余热直接作为化学反应热源，使热能转化为化学能储存在产物中，在实现余热高效回收的同时提升余热品位。在此基础上，进一步考虑将其与二氧化碳热还原过程耦合，通过余热温度与二氧化碳热还原反应热的能级匹配，利用高温烟气、固体散料、熔渣等余热直接作为甲烷或水蒸气与二氧化碳化学反应的热源，将热能转化为反应产物（一氧化碳和氢气）的化学能，实现余热的灵活存储利用和二氧化碳的资源化转化。

（2）钢铁流程能/质结构重塑与跨行业协同共生

钢铁生产过程是远离平衡态的不可逆过程，必要的能源和资源输入是维持其有序结构的基础保障。钢铁流程能/质重塑的关键在于揭示多层级能量流/物质流解耦及其有序利用机制，并依据"能量品位对口、物质成分匹配"原则与水泥、化工等构建跨行业能/质互馈、协同共生的绿色低碳工业园区，通过能/质有序利用实现钢铁工业过程极限节能降碳。

6.2.1.2 冶炼工艺颠覆性技术

当前世界的钢铁行业仍是碳基和煤基主导。氢能作为清洁能源，近年来被作为最有潜力的碳基的取代能源而不断被研究。富氢冶金技术日益发展，氢能作为领域的应用不再显得遥不可及。对于黑色金属冶炼行业而言，冶金研究、实验、中试和生产成为近年来的发展重心。

近几年国内氢冶金发展迅速，2019 年中国宝武与中核集团、清华大学签订《核能-制氢-冶金耦合技术战略合作框架协议》，核能制氢将核反应堆与先进制造工艺耦合，目标是实现超低排放下氢的大规模生产，并主要应用于冶金领域。该技术以高温气冷堆核电技术为基础，进行超高温气冷堆核能制氢技术的研发，将核电技术、绿氢制备与钢铁冶炼三种重要工艺耦合，实现钢铁行业的二氧化碳超低排放目标。此外，内蒙古赛思普科技有限公司总投资超过 10 亿元、年产 30 万吨的熔融还原法高纯生铁铸造项目已建成投产。该技术由北京建龙集团联合北京科技大学等国内顶尖冶金院校联合开发，通过富氢熔融还原工艺强化对焦炉煤气的综合利用，推动传统"碳冶金"向新型"氢冶金"转变。

当前，国内氢冶炼技术处于研发起步阶段，只有少数企业设立了以清洁能源生产氢气作为冶炼能源的目标，多数企业还是以利用焦炉煤气、化工副产品等富氢气体作为还原气冶炼的目标。因此，应尽早根据国内需求制定适合我国氢冶金发展的技术路线图，分阶段推进国内氢冶金项目研究进展。2025 年以前，建立中试以确定大规模实现氢冶炼的可行性；2030年，实现以焦炉煤气、化工副产品等产生的富氢气体进行工业化生产；2050 年，实现绿氢的大规模工业化生产，并实现绿氢在钢铁行业的大规模循环利用。对于未来的冶金领域而言，以水电、风电和核电电解水的氢气制备技术，以及质子交换膜电解水制氢技术、核热制氢技术等绿色无污染的氢气制备工艺的规模化发展才是最主要且最具潜力的制氢技术。当前，氢冶金面临的问题不仅在于氢基取代碳基实现铁矿石还原这一个环节，氢气的制备、存储、运输、生产、尾气处理、产品使用，包括过程中的安全问题也是目前氢冶金发展面临的问题。因此，打造产氢、储氢、还原、产品使用一体化的现代氢冶金工艺流程不可忽视。

6.2.1.3 二氧化碳捕集、利用与封存颠覆性技术

低成本、低能耗、大规模、安全可靠的工程化二氧化碳捕集、利用与封存全流程技术体系和产业集群部署建设是二氧化碳捕集、利用与封存的主要目标，加快其关键理论创新与技术研发是实现二氧化碳捕集、利用与封存集群化规模化的紧迫任务。然而，目前工程化二氧化碳捕集、利用与封存全流程关键性技术环节和瓶颈尚未取得实质性突破，存在二氧化碳捕集效率低，二氧化碳地质封存与地质利用安全性、经济性差等诸多问题，实现工程化二氧化碳捕集、利用与封存全流程技术仍面临挑战。

（1）二氧化碳捕集方面

重点突破固体吸附技术，利用固体吸附剂在持续式变温吸附流化床中将二氧化碳与烟气流分离，实现高效吸附，降低捕集成本；加强直接空气捕集系统、阿拉姆循环、煤气化燃料电池联合循环、膜分离法和低温分离法等新一代捕集技术的研究，攻克其成本高、稳定性差、难以大型化等技术瓶颈。当前，二氧化碳捕集环节仍旧是二氧化碳捕集、利用与封存技术成本最高的部分，可以说降低捕集成本是二氧化碳捕集、利用与封存技术推广应用的关键，也是着力发展的颠覆性技术方向之一。

（2）二氧化碳转化利用方面

探索具有高转化率、低能耗、适用于工业化的二氧化碳资源化利用技术路径，如利用电催化技术，使用可再生电力制成的氢气与废弃二氧化碳生产可再生甲醇；使用回收的二氧化

碳作为传统油基原料，应用于工业生产多元醇，即聚酯的主要原料；在特定催化条件下对废弃二氧化碳进行加氢处理，直接获得低碳烃类化合物，甚至直接获得可直接使用的汽油类化石燃料。在电催化方面，寻找生命周期长、催化效率高、成本低的高性能催化剂或电极是实现二氧化碳高效转化的关键。

（3）二氧化碳封存方面

重点研究二氧化碳地质封存，依据我国地质条件的复杂性和封存地质体的多样性，研发具有地质适配性的高效、安全、产业化的二氧化碳利用与地质封存关键技术，重点突破油气藏和深部咸水层封存的安全性技术难题，以及深部煤层封存的有效性（可注性等）技术及关闭矿井（煤炭）和盐腔等地下空间封存技术问题，同时发展地下储氢技术。此外，还需研发创新除碳技术，如将捕获和回收的二氧化碳注入新鲜混凝土中，使其矿化形成纳米矿物，实现永久嵌入；研究二氧化碳海水封存技术等。将自主研发与国际合作相结合，形成自主知识产权的、关键环节实现重大创新的工程化二氧化碳捕集、利用与封存全流程技术。另外，为实现规模氢能经济，需要实现地下储氢技术突破。将二氧化碳注入地下作为垫气使用，助力氢气的高效注采，是降低氢气损失的潜力选择，在此过程中需要考虑如何降低二氧化碳和氢气的混相问题。

6.2.2 有色金属低碳技术发展展望

有色金属行业是我国"双碳"行动的重点领域之一。除前面提到的先进节能减碳技术外，仍有一些前沿技术亟待开发，并有待进一步的工业验证或生产试验。有色金属行业"双碳"目标的实现，需要以创新型减碳技术为支撑，通过基础和前沿技术的不断深入探索与开发，拓展低碳发展技术路径的新思路，构建有色金属生产的新技术、新工艺。目前，一些前沿技术已经被提出或进入研究阶段，如短流程生产氧化铝技术处于理论研究阶段，主要方向是改变现有拜耳法生产流程，减少蒸汽和电能消耗，开发出快速过滤装置取代沉降槽、溶出蒸发一体化设计、无蒸发流程等，达到节能降耗的目的。此外，还有一些技术原型已经被提出。

6.2.2.1 氢冶金技术

氢能由于具备清洁无污染、可再生、安全性可控等特点，逐渐成为国际、国内社会关注的热点，被视为最有发展潜力的清洁能源。氢冶金工艺将从源头上消除化石能源带来的碳排放问题。目前，基于氢能所具有的清洁环保、优越的高还原性能等特点，氢冶金技术应用于钢铁行业已备受关注，其基本思路是氢能实现碳还原剂及化石能源的替代，从而实现降碳。

氢冶金技术在有色金属冶炼和加工制造中的应用目前还处于理论和实验研究阶段。可以预见的是，随着氢能产业的发展、制氢技术的进步，未来氢能将是中国能源体系的重要组成部分，是现有能源形式的有益补充，是中国能源绿色低碳转型的重要载体，也是未来战略性新兴产业的重要发展方向。因此，有色金属行业氢冶金技术的应用是必然趋势。

据报道，中国恩菲工程技术有限公司与河南金利金铅集团有限公司签订了"有色冶炼渣氢基还原实验研究"合作开发协议，开发有色冶炼渣氢基还原技术，探索研究氢基还原铅渣、锑渣、含铁物料（铁矿、赤泥）、镍渣、铜渣、锌渣的可行性，探明影响氢气还原效率的影响因素，确定氢冶金技术的重点发展方向并结合现有有色金属冶炼中碳还原工艺，提出"以氢替碳"的还原工艺，旨在共同推动绿色氢能冶金技术的发展和应用，为突破低碳冶金新技术路线而努力。该项目有助于建立有色金属富氢气基还原技术理论体系，助推有色金属冶炼企业的产业升级和技术革新，减少二氧化碳排放。同时，"以氢替碳"的有色金属冶炼还原工艺对推动有色金属冶炼行业的绿色、可持续发展，实现经济效益和环境效益的同步发展具有重要意义。

6.2.2.2　固态电解回收铝技术

在工业中，铝通常与硅、铜、镁及其他元素一起合金化。在锻造合金中通常含有约 5% 的合金元素，而在铸造合金中含有 6%～27% 的合金元素。铝的化学性质决定了依靠传统重熔工艺无法除去废旧铝中的合金元素，因此目前大部分再生铝只能降级使用，其中主要用于以汽车发动机为代表的铸造合金。未来电动汽车的发展将大幅度降低这一类铸造合金的需求，同时提高对高纯度铝的需求。因此铝的回收再生策略需要做根本性的改变。如果保持目前的铝再生方式，二次铝的高质量循环利用将成为难题。北京科技大学朱鸿民教授团队与日本仙台东北大学研究团队提出了一种固态电解工艺，使用熔盐电解回收废铝，生产出纯度与原铝相当的再生铝。

固态电解工艺最重要的特点是可以高效分离合金元素。电解实验结果表明，废铝的纯度从电解前的约 90% 提高到了电解后的 99.99%，同时硅、铜等典型合金元素被分离到阳极残余物（阳极泥）中。在固态电解工艺中，阳极是铝铸件和压铸合金废料。在电解过程中，铝以铝离子的形式从阳极溶解，精炼后的铝以阴极沉积的形式收集。由于硅、铜、锌、锰和铁的溶解电位高于铝，铝优先溶解，而这些元素则以阳极泥的形式分离，然后将溶解的铝沉积在阴极上用于收集和再循环。根据阳极泥中的铝残留量和在阴极上的铝沉积量，计算出阳极铝合金中 95% 的铝以阴极沉积物形式被回收。

6.3　冶金行业高质量发展展望

6.3.1　钢铁材料高质量发展展望

我国钢铁工业仍存在供应链安全缺乏保障、生态环境制约等问题，尤其是在百年未有之大变局的影响下，我国钢铁工业实现高质量发展依然任重道远。为推动我国制造业全面升级，满足重大工程、关键装备和国防建设对高质量、生态化钢铁材料的迫切需求，钢铁材料未来将向着绿色化、高性能、数智化方向高质量发展。

6.3.1.1　以"双碳"为目标加速推动钢铁工业绿色低碳转型发展

实现碳达峰碳中和是一场广泛而深刻的经济社会系统性变革，将统领我国经济社会高质量发展。钢铁材料的高质量发展必须走绿色低碳之路，把创新能力建设作为高质量发展的重要动力，核心是技术创新、技术突破和技术推广。创新科技是统筹推进行业生产力提升与绿色低碳发展的关键所在，以再生钢铁为原料生产生态化的钢铁材料是当前全球钢铁业的发展趋势，也是钢铁领域的科学技术前沿。不断探索氢能冶炼和二氧化碳捕集、利用与封存等技术路径，在污染物治理、水资源利用、固体废物资源化、低碳冶金和绿色能源等领域厚植新的领先优势，深层次构建低碳节能绿色产品生产体系，真正做到协同减污降碳绿色发展让绿色钢铁具有更高的"生态颜值"和丰富的"低碳价值"，积极推动钢铁工业绿色低碳转型发展。我国钢铁工业既要在规模和质量上持续引领世界钢铁工业的发展，更要在引领绿色、低碳发展方面实现更大作为。

6.3.1.2 研发具有更高强度、更长寿命、更强效能的高性能先进钢铁材料

钢铁材料是一类不断发展的先进材料。国家重大工程、高端装备、国防建设和国民经济的发展需要不断探索钢铁材料的性能极限，以更好地满足极端服役环境的使用要求。高强化甚至超高强化一直是钢铁材料追求的永恒主题，追求轻质结构材料始终是发展高强度钢的强大动力。提升产品耐蚀、耐磨、抗疲劳性能是实现材料长寿命的关键，探索钢铁材料结构功能一体化是增强效能的重要途径。为满足国家经济和社会发展需求，需要加大科技创新投入力度，着力研发更高强度、更长寿命、更强效能的先进钢铁材料及其加工技术。

6.3.1.3 面向行业技术革命积极推动钢铁制造数字化、智能化转型发展

基于大数据和人工智能的钢铁工业智能制造可为先进钢铁材料的高效研发、高质量控制、绿色低成本生产提供重要的技术支撑。传统炒菜式或试错式的研发模式已难以满足先进钢铁材料高效研发的需求，以航空航天、船舶、轨道交通为代表的高端装备制造用先进钢铁材料的疲劳、持久、蠕变、氢脆、腐蚀等使役性能研究需要大量的数据样本和长期的数据积累，传统研发模式从原型设计到材料应用至少需要 20 年。利用大数据和人工智能技术可加快先进钢铁材料的设计与研发。钢铁工业是典型的流程工业，先进钢铁材料的生产需要经过全流程每一个工艺环节的处理，最终产品性能和质量的优劣由全流程的各个环节共同确定。采用智能手段与方法，对制造全过程的设备状态进行深度感知、对产品性能与质量进行全方位监控，通过一体化的分析、控制与决策实现先进钢铁材料的高质量生产是目前研究的重点，也是未来的重要发展方向。

6.3.2 有色金属材料高质量发展展望

有色金属行业是国民经济建设的重要基础产业，是建设制造强国的重要支撑，也是我国工业领域碳排放的重点行业。未来几年是我国有色金属产业调结构、促转型、建设有色金属材料强国的关键时期，既面临着难得的发展机遇，也面临诸多矛盾相互叠加的严峻挑战。

"十四五"时期是有色金属行业深度调整产业结构、加快构建清洁能源体系、研发应用绿色低碳技术的关键时期，重点品种要依据能效标杆水平持续推进节能改造升级，降低碳排放强度。《"十四五"循环经济发展规划》提出，2025 年我国再生有色金属产量达到 2000 万吨，其中再生铜、再生铝和再生铅产量分别达到 400 万吨、1150 万吨和 290 万吨。《有色金属行业碳达峰实施方案》提出，"十四五"期间，有色金属产业结构、用能结构明显优化，低碳工艺研发应用取得重要进展，重点品种单位产品能耗、碳排放强度进一步降低，再生金

属供应占比达到 24％ 以上。"十五五"时期，我国将建立清洁、低碳、安全、高效的能源体系，到 2030 年形成非化石能源规模化替代化石能源存量的能源生产消费格局。随着电解铝产能向可再生能源富集地区转移，使用可再生能源比例将进一步提高，有色金属行业用能结构将大幅改善，绿色低碳循环发展的产业体系将随之基本形成。

在高性能轻合金材料领域，我国将围绕大飞机、乘用车、高铁的轻量化制造，节能减排需求和船舶、海洋工程等重大装备高端制造需求，取得一批关键材料技术的重大突破；掌握全球领先的航空级轻合金产业化技术体系，打造质优价廉的系列化航空轻合金产品，全面实现航空航天型号自主保障；形成年产 30 万～40 万吨高精度快速时效响应型铝合金薄板、1500 万～2000 万件乘用车覆盖件和框架件的生产制造产业，满足 100 万～150 万辆乘用车的轻量化车体制造需求；形成年产 1 万～2 万吨高耐腐蚀铝合金板材、10 万件铝合金精密管材的生产制造产业，满足我国海洋石油钻探装备和特种船舶发展的需求；创建高性能兼高品质镁合金压铸件、高性能变形镁合金加工材料的生产制造产业，满足年产 100 万～150 万辆乘用车的车体零部件制造需求；创建大卷重、高精度、低残余应力钛带和焊管生产制造产业，满足海水淡化装备产业与工程发展需求；创建高性能大直径钛合金管材和型材的生产制造产业，满足我国海洋石油钻探装备和特种船舶发展的需求。

围绕功能元器件制造、高铁、特高压等新基建发展需求，突破超薄、超细的铜箔、铜丝成形加工的组织性能控制，大卷重带线材的短流程连续制备加工与装备，功能元器件用铜材料谱系化研究与体系建设等重大关键技术，开发出屈服强度为 800～850MPa、弹性模量≥125GPa、导电率为 45％～50％、符合国际退火铜标准（IACS）的高强高弹铜合金带材和抗拉强度>200MPa、延伸率≥2％、厚度<9μm、针孔率≤3 个/平方米的超薄高纯铜箔（电解箔、压延箔），高性能铜材年产量达到 200 万吨；建成高性能铜材料的研发生产和应用示范体系，形成引领世界高性能铜材料的发展能力。围绕核能领域和集成电路制造、平板显示、光伏太阳能和存储记录等领域的关键基础材料需求，开展高性能稀有金属材料钛、锆、铪制备加工技术和高纯专用稀有金属材料制备技术攻关，获得绝对纯度>5N 的超高纯稀土金属及其合金，部分稀土金属纯度提高至 5N5，占有全球市场比例超过 50％，替代普通纯度的稀土金属量为 25％，在电子信息等新兴领域替代现有材料量超过 30％，高纯稀土氧化物及化合物替代同类普通材料量 20％ 以上；新型稀贵金属装联、高温合金和钎焊材料实现产业化生产，形成系列化、标准化和货架化的稀贵金属钎焊材料产品，产能满足国内集成电路等下游产业应用，形成国际竞争优势。

展望未来 15 年，我国高性能有色金属材料产业整体水平达到国际领先水平，实现大规模绿色制造和循环利用，建成高性能有色金属材料产业创新体系，实现绝大部分高性能有色金属材料的自给和输出，领导全球相关产业发展。突破下一代高强韧铝合金大型整体结构件、新一代超强和超高导电铜合金及其复合材料、高性能低成本钛合金和镁合金及其复杂精密加工材的产业化核心技术。国家重大工程用先进有色金属材料国产化率达到 100％，形成 1.2 万亿元的高性能有色金属材料产业并带动相关产业 4 万亿元，促进交通运输领域节能 40％ 以上、减排 50％ 以上。

思考题

1. 简述"双碳"背景下钢铁行业面临的机遇与挑战。在国家战略全面实施的背景下，钢铁行业如何通过新一轮科技革命和产业变革助力实现行业转型升级?

2. 简述"双碳"背景下有色金属行业面临的机遇与挑战。有色金属行业与国外技术相比存在哪些需要尝试突破的技术瓶颈?

3. 简述钢铁行业系统能效提升颠覆性技术与冶炼工艺颠覆性技术内涵与发展方向。

4. 简述有色金属行业氢冶金技术、固态电解回收铝技术重点与实现行业高质量发展的关系。

参考文献

[1] 金之钧,江亿. 碳中和概论 [M]. 北京:北京大学出版社,2023.

[2] 江霞,汪华林. 碳中和技术概论 [M]. 北京:高等教育出版社,2022.

[3] 谢建新,毛新平. 钢铁与有色金属行业清洁低碳转型导论 [M]. 北京:中国科学技术出版社,2023.